高职高专“十一五”规划教材

化工产品检验技术

黄艳杰　徐景峰　主编

化学工业出版社

·北京·

本书采用工作过程系统化的模式编写，精心选择典型化工产品分析工作过程，包括工业浓硝酸、工业氢氧化钠、工业硫化钠、硅酸盐水泥、硝酸磷肥、工业冰乙酸、工业硬脂酸及聚醚多元醇的分析检验八个任务。每个编写项目又包括：任务名、任务内容、工作项目、问题探究、知识拓展及练习六项内容。本书充分挖掘化学分析在工业产品检测中的典型应用，强调化学分析技能，具有实用性和可操作性，涵盖了较为广泛的化工产品领域的化学分析方法。

本书可作为高职高专商检技术、化工分析等专业的教材，也可供从事分析、化验、商检等工作的技术人员参考。

图书在版编目（CIP）数据

化工产品检验技术/黄艳杰，徐景峰主编．—北京：化学工业出版社，2009.5（2024.8重印）
高职高专“十一五”规划教材
ISBN 978-7-122-04997-1

Ⅰ．化… Ⅱ．①黄…②徐… Ⅲ．化工产品-检验-高等学校：技术学院-教材 Ⅳ．TQ075

中国版本图书馆CIP数据核字（2009）第028556号

责任编辑：陈有华　蔡洪伟　　文字编辑：刘志茹
责任校对：王素芹　　装帧设计：尹琳琳

出版发行：化学工业出版社（北京市东城区青年湖南街13号　邮政编码100011）
印　　装：北京科印技术咨询服务有限公司数码印刷分部
787mm×1092mm　1/16　印张12½　字数296千字　2024年8月北京第1版第10次印刷

购书咨询：010-64518888　　售后服务：010-64518899
网　　址：http://www.cip.com.cn
凡购买本书，如有缺损质量问题，本社销售中心负责调换。

定　　价：35.00元

高职高专商检技术专业“十一五”规划教材
建设委员会

（按姓名汉语拼音排列）

高职高专商检技术专业“十一五”规划教材
编审委员会

（按姓名汉语拼音排列）

高职高专商检技术专业“十一五”规划教材
建设单位
（按汉语拼音排列）

北京联合大学师范学院
常州工程职业技术学院
成都市工业学校
重庆化工职工大学
福建交通职业技术学院
广东科贸职业学院
广西工业职业技术学院
河南质量工程职业学院
湖北大学知行学院
黄河水利职业技术学院
江苏经贸职业技术学院
辽宁农业职业技术学院
湄洲湾职业技术学院
南京化工职业技术学院
萍乡高等专科学校
青岛职业技术学院
唐山师范学院
天津渤海职业技术学院
潍坊教育学院
厦门海洋职业技术学院
扬州工业职业技术学院
漳州职业技术学院

前言

以工作过程为导向的职业教育，其指导思想是培养学生参与建构工作世界的能力。

目前，项目化课程改革正逐渐成为高职教育课程改革的重要探索领域。这种“以典型任务为载体，项目驱动为主”的形式，将实践项目贯穿于教学的始终，用实践项目进行新知识的引入，以达到激发学生学习原动力为目的。

在项目课程改革探索中，最关键的就是课程的内容选择，化工产品检验技术课程教学内容指向职业的工作任务、工作的内在联系和工作过程知识，建构理论、实践一体化的职教模式。

《化工产品检验技术》精心选择典型化工产品分析工作过程，充分挖掘化学分析在工业产品检测中的典型应用，强调化学分析技能，具有实用性和可操作性，涵盖了较为广泛的化工产品领域的化学分析方法。

本教材努力体现如下特点。

（一）突出“高职”特色

高职培养的学生是应用型人才，因而《化工产品检验技术》的编写注重培养学生的实践能力，基础理论贯彻“实用为主、必需和够用为度”的教学原则，基本知识采用“广而不深、点到为止”的教学方法，基本技能贯穿于教学的始终。

1. 职业性

本着实用性和实践性的原则，强化了具体的工作观念，把企业的实际工作任务纳入到教学范畴之中，以利于学生专业素养及综合素质的形成。

与以往的分析检验类教材不同，本教材将分析工作融入化工产品的生产过程中，通过对具体产品生产工艺做简单介绍，了解项目检测的目的，使学生真正明白“为什么做”，从而总结体会分析检验工作的“眼睛”和“服务”作用。

2. 技术性

以整体培养规格为目标，优化内容体系，为后续课程的学习和可持续教育打下坚实的基础。

高职教育，重在动手，但不是不讲“理”。我们在选编项目的过程中，精心设计了各个学习项目，使教学活动围绕项目进行，通过正确解读分析方法（分析条件控制），达到在“做”的过程中讲“理”，即“理在其中”的目的，显示出一定的理论高度、深度与广度，使学生掌握分析检验的精髓，提高分析和解决问题的能力。

3. 前瞻性

注意前后知识的连贯性、逻辑性及应用性，力求深入浅出，体现新知识、新技术和新方法。

本教材以介绍在实践中广泛应用的技术和国家标准为主，同时介绍新技术、新设备和新方法，并适当介绍科技发展的趋势，使学生能够了解未来技术进步的趋势。

（二）任务引领下的项目化

现代社会许多职业岗位需要的能力是综合性的，用到的知识涉及多个学科。高职学生知识基础参差不齐，学生的学习能力有较大差异；同时，职业技术岗位又是高度专门化的，必须给予针对性较强的专业指导和训练。

本教材采用工作过程系统化的模式，改变了通常教材章节段落，成为若干任务项目为纲的组合方式。以便于教师对学生进行行为导向教学，并引导解决各种具体问题；便于让学生了解分析检验过程的全部思路与方法，明确这个过程中各科的知识，目的性非常强。

同时，教师在组织教学时也易于找到教学重点，理清教学思路，将相关知识合理连接。通过项目阐明概念，将基础理论融入大量的项目化操作中，使学生在完成项目及工作任务的同时将理论知识消化，理解所学的理论和技能与将来所从事职业的关系。

用中学、学完用，各门课程的知识在实践中得到有机地结合，让学生学到本专业的实用知识。几个项目完成后，学生自然清楚企业如何完成产品的检验工作过程，在解决一个又一个实际出现的问题中得到了知识的提升，促使综合能力的增强。

本教材编写的内容形式由以下六部分组成。

1. 任务名

典型工作任务。

2. 任务内容

工作任务描述，指完成此项任务所需要采取的动作和行为——解答“为什么做”，“要做什么”的问题。

3. 工作项目

项目名，即实践操作，主要是分析方法步骤，除列出国家标准之外，还以提出问题的方式引导学生思考还有什么方法，还可以怎么做——解答“怎么做”的问题。

4. 问题探究

(1) 相关实践知识：是指完成工作任务必须具备的操作性知识，包括技术规则（技术实践方法、程序、技术要求）、技术情境知识和判断知识，主要是完成工作任务过程中可能出现的问题及解决对策。本教材这部分主要介绍分析方法的解读，详解分析条件的控制：如测定条件（酸度、温度、指示剂等）的控制，一些特殊试剂的配制、存放方法及注意要点，特别要结合最新的分析标准及相关科技文献做分析方法改进方面的介绍——解答“怎么做更好”的问题。

(2) 相关理论知识：是指理解工作任务，促进实践能力的迁移，创造性地进行实践的知识。其基本要求是以满足理解工作过程为基本原则，它主要是事实、概念、原理方面的陈述性知识，要解答“是什么”（事实与概念）和“为什么”（原理）的问题。本教材这部分主要介绍各项目中涉及、应用到的分析化学的基础理论——解答“为什么要这样做”的问题。

5. 知识拓展

拓展性知识，举一反三地思考相关的任务，包括技术实践知识和技术理论知识两个方面。其内容应根据项目教学目标及其学习者的发展需要而定。本教材这部分主要介绍与任务测定项目相关但又没有在前几项中出现的知识。如：化工产品中少量氯化物的测定有比浊法、电位滴定法、比色法等多种测定方法的简介，以引导学生开阔知识面，培养学习能力。

6. 练习

完成典型工作任务后，自我评价与测试。

本教材由黄艳杰、徐景峰主编。常州工程职业技术学院徐景峰编写任务一、任务六，广西工业职业技术学院黄艳杰编写任务二、任务四，常州工程职业技术学院叶爱英编写任务三，河南质量工程职业学院张晓丽编写任务五、任务七，潍坊教育学院翟江编写任务八。全书由黄艳杰统稿。

本书的编写和出版得到了化学工业出版社的大力支持，在此致以衷心的感谢！

由于项目化教学改革仍然在探索之中，并且作者水平有限，编写时间紧，难免有疏漏和不妥之处，敬请读者批评指正。

编者

2009 年 2 月

目　录

任务一　工业浓硝酸的分析检验 ………… 1

任务内容 ………… 1

一、工业浓硝酸生产工艺及质量控制 ………… 1

（一）工业浓硝酸生产工艺 ………… 1

（二）工业浓硝酸生产过程质量控制 ………… 2

二、工业浓硝酸产品标准及分析方法标准 ………… 2

（一）工业浓硝酸产品标准 ………… 2

（二）工业浓硝酸分析方法标准 ………… 2

工作项目 ………… 3

项目一　工业浓硝酸分析检验准备工作 ………… 3

一、试样的采取与制备 ………… 3

（一）制定采样方案 ………… 3

（二）采样记录 ………… 3

（三）试样制备 ………… 3

二、溶液、试剂的准备 ………… 3

（一）工业浓硝酸中硝酸含量测定的准备工作 ………… 3

（二）工业浓硝酸中亚硝酸含量测定的准备工作 ………… 4

（三）工业浓硝酸中硫酸含量测定的准备工作 ………… 4

（四）工业浓硝酸灼烧残渣测定的准备工作 ………… 4

项目二　工业浓硝酸中硝酸含量的测定 ………… 4

一、测定步骤 ………… 4

二、分析结果的表述 ………… 5

项目三　工业浓硝酸中亚硝酸含量的测定 ………… 5

一、测定步骤 ………… 5

二、分析结果的表述 ………… 6

项目四　工业浓硝酸中硫酸含量的测定 ………… 6

一、测定步骤 ………… 6

二、分析结果的表述 ………… 6

项目五　工业浓硝酸灼烧残渣的测定 ………… 6

一、测定步骤 ………… 6

二、分析结果的表述 ………… 6

问题探究 ………… 7

一、工业浓硝酸的化学组成、性能及应用 ………… 7

（一）工业浓硝酸的化学组成 ………… 7

（二）工业浓硝酸的性能及应用 ………… 7

二、工业浓硝酸化学分析方法解读 ………… 7

（一）工业浓硝酸中硝酸含量测定的条件控制 ………… 7

（二）工业浓硝酸中亚硝酸含量的测定 ………… 8

（三）工业浓硝酸中硫酸含量的测定 ………… 9

（四）工业浓硝酸灼烧残渣的测定 ………… 10

知识拓展 ………… 10

一、工业硝酸生产中的原料及分析方法 ………… 10

（一）工业硝酸生产中的原料 ………… 10

（二）工业硝酸的分析方法 ………… 10

二、化工产品的分类及特点 ………… 10

（一）化工产品的分类 ………… 10

（二）化工产品的特点 ………… 11

三、液体化工产品的采样及预处理方法 ………… 11

（一）采样方案 ………… 11

（二）采样工具 ………… 11

（三）采样方法 ………… 12

（四）样品的缩分 ………… 13

（五）样品标签和采样报告 ………… 13

（六）样品的贮存 ………… 13

四、化工产品分析中实验数据的处理 ………… 13

（一）离群值的检验与取舍 ………… 13

（二）有效数字及修约规则 ………… 14

（三）待测组分含量的表示 ………… 14

（四）一元线性回归分析 ………… 15

五、化工产品质量等级认定 ………… 15

练　习 ………… 16

任务二　工业氢氧化钠的分析检验 ………… 17

任务内容 ………… 17

一、工业氢氧化钠生产工艺及质量控制 ………… 17

（一）工业氢氧化钠生产工艺简介 ………… 17

（二）离子膜法生产工业氢氧化钠质量控制 ………… 18

二、工业氢氧化钠产品标准及分析方法标准 …… 19
（一）GB 209—2006《工业用氢氧化钠》标准中规定的分析方法标准 …… 20
（二）GB 209—2006 标准中规定的指标要求 …… 20
（三）检验报告内容 …… 22
工作项目 …… 22
项目一　工业用氢氧化钠分析检验准备工作 …… 22
一、试样的采取与制备 …… 22
（一）工业用氢氧化钠样品采取 …… 22
（二）工业用氢氧化钠试样溶液的制备 …… 24
二、溶液、试剂及器材准备 …… 24
（一）工业用氢氧化钠中氢氧化钠和碳酸钠含量测定的准备工作 …… 24
（二）工业用氢氧化钠中氯化钠含量测定的准备工作 …… 24
（三）工业用氢氧化钠中铁含量测定的准备工作 …… 25
项目二　工业用氢氧化钠中氢氧化钠和碳酸钠含量的测定 …… 26
一、氢氧化钠含量的测定 …… 26
二、氢氧化钠和碳酸钠含量的测定 …… 26
三、分析结果的表述 …… 26
项目三　工业用氢氧化钠中氯化钠含量的测定 …… 26
一、氯化钠含量的测定 …… 27
二、分析结果表述 …… 27
项目四　工业用氢氧化钠中铁含量的测定 …… 27
一、标准曲线的绘制 …… 27
（一）试液配制 …… 27
（二）标准参比液吸光度的测定及标准工作曲线的绘制 …… 27
二、样品测定 …… 28
（一）样品溶液及空白试验溶液的配制 …… 28
（二）试样吸光度的测定及结果计算 …… 28
问题探究 …… 28
一、工业用氢氧化钠的化学组成、性能及应用 …… 28
二、工业用氢氧化钠化学分析方法解读 …… 29
（一）工业用氢氧化钠中氢氧化钠和碳酸钠含量的测定——滴定法分析条件控制 …… 29
（二）工业用氢氧化钠中氯化钠含量的测定——汞量法条件控制 …… 30
（三）工业用氢氧化钠中三氧化二铁含量的测定——邻菲啰啉分光光度法条件控制 …… 31
知识拓展 …… 31
一、工业氢氧化钠生产中的原料及分析方法 …… 31
（一）我国关于氢氧化钠产品分析方法的标准 …… 32
（二）型式检验项目 …… 32
二、工业用氢氧化钠中氢氧化钠和碳酸钠含量测定的其他方法 …… 33
（一）仲裁法（GB/T 7698—2003） …… 33
（二）改进氯化钡法 …… 34
（三）双指示剂法 …… 34
三、工业用氢氧化钠中氯化钠含量测定的其他方法 …… 34
四、化工产品中氯化物含量测定的常用方法简介 …… 35
（一）银量法 …… 35
（二）电位滴定法 …… 36
（三）汞量法 …… 36
（四）分光光度法 …… 36
（五）比浊法 …… 36
（六）其他方法 …… 36
五、固体化工产品的采样及预处理方法（GB/T 6678、GB/T 6679） …… 36
（一）固体化工产品的采集 …… 36
（二）采样时安全注意事项 …… 37
（三）样品验收 …… 37
（四）最终样品的贮存与使用 …… 37
练　习 …… 37
任务三　工业硫化钠的分析检验 …… 39
任务内容 …… 39
一、工业硫化钠生产工艺及质量控制 …… 39
（一）工业硫化钠主要生产方法简述 …… 39
（二）煤粉还原法生产工业硫化钠质量控制 …… 40
二、工业硫化钠产品标准及分析方法标准 …… 41

（一）GB/T 10500—2000《工业硫化钠》标准中规定的分析方法标准 …… 41
（二）GB/T 10500—2000 标准中规定的指标要求 …… 41
（三）工业硫化钠的包装运输要求 …… 42
工作项目 …… 43
项目一　工业硫化钠分析检验准备工作 …… 43
一、试样的采取与制备 …… 43
（一）工业硫化钠试样的采取 …… 43
（二）工业硫化钠试样溶液的制备 …… 43
二、溶液、试剂及仪器准备 …… 43
（一）工业硫化钠中硫化钠含量测定的准备工作 …… 43
（二）工业硫化钠中亚硫酸钠含量测定的准备工作 …… 44
（三）工业硫化钠中硫代硫酸钠含量测定的准备工作 …… 45
（四）工业硫化钠中碳酸钠含量测定的准备工作 …… 45
（五）工业硫化钠中铁含量测定的准备工作 …… 46
（六）工业硫化钠中不溶物测定的准备工作 …… 46
项目二　工业硫化钠中硫化钠含量的测定 …… 46
一、试样溶液总还原物含量的测定 …… 46
二、结果计算 …… 47
项目三　工业硫化钠中亚硫酸钠含量的测定 …… 47
一、试样溶液中 Na_2SO_3、$Na_2S_2O_3$ 含量的测定 …… 47
二、结果计算 …… 47
项目四　工业硫化钠中硫代硫酸钠含量的测定 …… 47
一、试样溶液中 $Na_2S_2O_3$ 含量的测定 …… 47
二、结果计算 …… 48
项目五　工业硫化钠中碳酸钠含量的测定 …… 48
一、试样溶液中 Na_2CO_3 含量的测定 …… 48
二、结果计算 …… 49
项目六　工业硫化钠中铁含量的测定 …… 49
一、试样制备 …… 49
二、试样测定 …… 49
三、结果计算 …… 50
项目七　工业硫化钠中水不溶物含量的测定 …… 50
一、试样测定 …… 50
二、结果计算 …… 50
问题探究 …… 51
一、工业硫化钠的化学组成、性能及应用 …… 51
二、工业硫化钠化学分析方法解读 …… 51
（一）间接碘量法测定硫化钠（总还原物）含量的分析条件控制 …… 51
（二）直接碘量法测定亚硫酸钠、硫代硫酸钠含量的分析条件的控制 …… 52
（三）碳酸钠含量的测定——气体吸收法分析条件的控制 …… 53
（四）铁含量的测定 …… 54
（五）水不溶物的测定 …… 54
知识拓展 …… 54
一、工业硫化钠生产中的原料及分析方法 …… 54
（一）工业硫化钠生产中的原料及相关硫化钠产品标准 …… 54
（二）工业硫化钠中硫化钠含量测定的其他方法 …… 55
（三）工业硫化钠中铁含量测定的其他方法 …… 56
（四）工业硫化钠中碳酸钠含量测定的其他方法 …… 57
二、气体分析方法简介 …… 57
（一）气体分析方法特点 …… 57
（二）气体化学分析方法简介 …… 57
三、气体化工产品采样及预处理方法 …… 59
（一）气体化工产品采样基础知识 …… 59
（二）气体采样工具 …… 60
（三）气体采样方法 …… 61
（四）气体样品的预处理 …… 62
四、化工产品检验中的化学分析方法 …… 62
（一）化学分析方法简介 …… 62
（二）化工产品检验中的化学分析方法 …… 62
五、化工产品分析中的仪器分析方法 …… 64
（一）仪器分析方法简介 …… 64
（二）化工产品检验中的仪器分析方法 …… 64

练　　习 ………………………………………… 66
任务四　硅酸盐水泥分析检验 ………………… 68
任务内容 ………………………………………… 68
一、硅酸盐水泥生产工艺及质量控制 … 68
（一）硅酸盐水泥生产方法 ………………… 68
（二）生产工序 ……………………………… 68
（三）生产工艺流程与化验 ………………… 69
（四）水泥生产质量控制 …………………… 69
二、硅酸盐水泥技术性质及分析方法标准 ……………………………………… 70
（一）硅酸盐水泥的技术性质 ……………… 70
（二）硅酸盐水泥检验标准 ………………… 71
工作项目 ………………………………………… 73
项目一　硅酸盐水泥分析检验准备工作 … 73
一、试样的采取与制备 …………………… 73
（一）水泥试样的采取　…………………… 73
（二）水泥试样的制备 ……………………… 74
二、溶液、试剂的准备　…………………… 75
（一）硅酸盐水泥中二氧化硅测定（代用法）的准备工作 ………………… 75
（二）硅酸盐水泥中三氧化二铁测定（基准法）的准备工作　……………… 75
（三）硅酸盐水泥中氧化铝测定（代用法）的准备工作 ……………………… 76
（四）硅酸盐水泥中氧化钙测定（代用法，带硅测定）的准备工作 …… 77
（五）硅酸盐水泥中氧化镁测定（代用法）的准备工作 ……………………… 77
（六）硅酸盐水泥中氧化锰测定（基准法）的准备工作 ……………………… 78
项目二　硅酸盐水泥中二氧化硅的测定（代用法）　………………………… 78
一、试样溶液的制备　……………………… 78
二、试样溶液的测定　……………………… 78
三、结果计算　……………………………… 79
项目三　硅酸盐水泥中三氧化二铁的测定（基准法）　………………………… 79
一、测定 …………………………………… 79
二、结果计算　……………………………… 79
项目四　硅酸盐水泥中氧化铝的测定（代用法）　…………………………… 80
一、测定 …………………………………… 80
二、结果计算 ……………………………… 80
项目五　硅酸盐水泥中氧化钙的测定（代用法，带硅测定） ………………… 80
一、测定 …………………………………… 80
二、结果计算 ……………………………… 80
项目六　硅酸盐水泥中氧化镁的测定（代用法） ……………………………… 81
一、测定 …………………………………… 81
（一）当试样中一氧化锰含量在0.5%以下时 ……………………………… 81
（二）当一氧化锰含量在0.5%以上时 ……………………………… 81
二、结果计算 ……………………………… 81
项目七　硅酸盐水泥中氧化锰的测定（基准法） ……………………………… 82
一、试样溶液制备 ………………………… 82
二、测定 …………………………………… 82
（一）标准系列溶液制备 …………………… 82
（二）工作曲线绘制 ………………………… 82
（三）试液测定 ……………………………… 82
三、结果计算 ……………………………… 82
问题探究 ………………………………………… 83
一、硅酸盐水泥的化学组成、性能及应用 ………………………………… 83
（一）水泥简介 ……………………………… 83
（二）硅酸盐水泥简介 ……………………… 83
二、硅酸盐水泥化学分析方法解读 …… 84
（一）硅酸盐水泥中二氧化硅的测定——氟硅酸钾容量法分析条件控制 ……………………………… 84
（二）硅酸盐水泥中三氧化二铁的测定——EDTA 配位滴定法分析条件控制 ……………………………… 86
（三）硅酸盐水泥中氧化铝的测定——EDTA 配位滴定法分析条件控制 ……………………………………… 87
（四）硅酸盐水泥中氧化钙的测定——EDTA 配位滴定法（带硅测定）分析条件控制 ……………………… 88
（五）硅酸盐水泥中氧化镁的测定——EDTA 配位滴定法分析条件控制 ……………………… 89
（六）硅酸盐水泥中氧化锰的测定——高碘酸盐分光光度法（基准法）分析条件控制 ……………………… 89
知识拓展 ………………………………………… 90
一、硅酸盐水泥生产中的原料　………… 90

(一) 硅酸盐水泥生产中的主要原料 …… 90
(二) 硅酸盐水泥生产中的辅助原料 …… 90
二、硅酸盐试样的分解方法 …… 91
(一) 酸溶法 …… 91
(二) 熔融法 …… 92
三、硅酸盐水泥各组分化学分析其他方法 …… 93
(一) 硅酸盐水泥中二氧化硅含量测定的其他方法 …… 93
(二) 硅酸盐水泥中三氧化二铁含量测定的其他方法 …… 93
(三) 硅酸盐水泥中氧化铝含量测定的其他方法 …… 93
(四) 硅酸盐水泥中氧化钙含量测定的其他方法 …… 94
(五) 硅酸盐水泥中氧化镁含量测定的其他方法 …… 94
(六) 硅酸盐水泥中氧化锰含量测定的其他方法 …… 94
四、化工产品中铁含量测定的常用方法 …… 94
(一) 磺基水杨酸比色法 …… 94
(二) 重铬酸钾法 …… 94
练　习 …… 95
任务五　硝酸磷肥的分析检验 …… 96
任务内容 …… 96
一、硝酸磷肥生产工艺及质量控制 …… 96
(一) 硝酸磷肥生产工艺简介 …… 96
(二) 硝酸磷肥的工艺流程及质量控制 …… 98
二、硝酸磷肥产品质量标准及分析方法标准 …… 99
(一) 硝酸磷肥产品质量标准 …… 99
(二) 硝酸磷肥产品分析方法标准 … 100
工作项目 …… 100
项目一　硝酸磷肥分析检验准备工作 …… 100
一、试样的采取与制备 …… 100
(一) 硝酸磷肥试样的采取 …… 100
(二) 硝酸磷肥试样的制备 …… 102
二、溶液、试剂的准备 …… 103
(一) 硝酸磷肥中总氮含量测定的准备工作 …… 103
(二) 硝酸磷肥中磷含量测定的准备工作 …… 103
(三) 硝酸磷肥中游离水测定的准备工作 …… 104
(四) 硝酸磷肥磷粒度测定的准备工作 …… 104
项目二　硝酸磷肥中总氮含量的测定 …… 104
一、测定 …… 104
(一) 试样的还原 …… 104
(二) 蒸馏 …… 104
(三) 滴定 …… 105
(四) 核对试验 …… 105
二、结果计算 …… 105
项目三　硝酸磷肥中磷含量的测定 …… 105
一、测定 …… 105
(一) 水溶性磷的提取 …… 105
(二) 有效磷的提取 …… 105
二、磷的测定 …… 105
(一) 水溶性磷的测定 …… 105
(二) 有效磷的测定 …… 106
(三) 空白试验 …… 106
三、结果计算 …… 106
项目四　硝酸磷肥中游离水的测定 …… 106
一、分析步骤 …… 106
二、结果计算 …… 106
项目五　硝酸磷肥磷粒度的测定 …… 107
一、操作步骤 …… 107
二、结果计算 …… 107
问题探究 …… 107
一、硝酸磷肥的化学组成、性能及应用 …… 107
二、硝酸磷肥化学分析方法解读 …… 108
(一) 硝酸磷肥中总氮含量的测定——蒸馏后滴定法分析条件控制 … 108
(二) 硝酸磷肥中有效磷含量的测定——磷钼酸喹啉重量法分析条件控制 …… 109
(三) 硝酸磷肥磷粒度的测定——筛分法分析条件控制 …… 111
知识拓展 …… 111
一、化学肥料知识 …… 111
(一) 概述 …… 111
(二) 氮肥 …… 111

（三）磷肥 …… 112
（四）钾肥 …… 112
（五）复混肥料 …… 112
（六）微量元素肥料 …… 112
二、化学肥料中总养分测定的其他方法 …… 113
（一）化学肥料中总氮含量测定的方法 …… 113
（二）化学肥料中磷测定方法 …… 113
（三）化学肥料中氧化钾测定方法 … 114
三、化学肥料水分测定的其他方法 …… 114
四、化工产品中水分的检测方法简介 …… 115
（一）干燥减量法 …… 115
（二）有机溶剂蒸馏法 …… 115
（三）卡尔·费休法 …… 116
（四）气相色谱法 …… 116
五、分析工作者的基本素质 …… 116
练　习 …… 117
任务六　工业冰乙酸的分析检验 …… 119
任务内容 …… 119
一、工业冰乙酸生产工艺及质量控制 …… 119
（一）工业冰乙酸的生产工艺 …… 119
（二）工业冰乙酸的质量控制 …… 119
二、工业冰乙酸产品标准及方法标准 …… 120
（一）工业冰乙酸产品标准 …… 120
（二）工业冰乙酸方法标准 …… 120
工作项目 …… 121
项目一　工业冰乙酸分析检验准备工作 …… 121
一、试样的采取与制备 …… 121
二、溶液、试剂的准备 …… 121
（一）工业冰乙酸色度测定的准备工作 …… 121
（二）工业冰乙酸含量测定的准备工作 …… 122
（三）工业冰乙酸中甲酸含量测定的准备工作 …… 122
（四）工业冰乙酸中乙醛含量测定的准备工作 …… 123
项目二　工业冰乙酸色度的测定 …… 123
一、测定步骤 …… 123
二、分析结果的表述 …… 123
项目三　工业冰乙酸含量的测定 …… 123
一、测定步骤 …… 123
二、分析结果的表述 …… 124
项目四　工业冰乙酸中甲酸含量的测定 …… 124
一、测定步骤 …… 124
二、分析结果的表述 …… 124
项目五　工业冰乙酸中乙醛含量的测定 …… 125
一、测定步骤 …… 125
二、分析结果的表述 …… 125
问题探究 …… 125
一、工业冰乙酸化学组成、性能及应用 …… 125
（一）工业冰乙酸化学组成 …… 125
（二）性能及应用 …… 126
二、工业冰乙酸化学分析方法解读 …… 126
（一）工业冰乙酸色度的测定——目视比色法分析条件控制 …… 126
（二）工业冰乙酸含量的测定——酸碱滴定法分析条件的控制 …… 126
（三）工业冰乙酸中甲酸含量的测定——碘量法分析条件控制 … 127
（四）工业冰乙酸中乙醛含量的测定——滴定法分析条件控制 … 128
知识拓展 …… 128
一、羧酸类化合物的分析方法简介 …… 128
（一）可溶于水的羧酸化合物 …… 128
（二）难溶于水的羧酸化合物 …… 129
（三）测定时可能的干扰 …… 129
二、醛类化合物的分析方法简介 …… 129
（一）亚硫酸氢钠加成法 …… 129
（二）肟化法 …… 130
（三）分光光度法 …… 130
三、化工产品色度的测定方法简介 …… 130
练　习 …… 131
任务七　工业硬脂酸的分析检验 …… 133
任务内容 …… 133
一、工业硬脂酸生产工艺及质量控制 …… 133
（一）硬脂酸的生产方法 …… 133
（二）工业硬脂酸的生产工艺与检测 …… 134

二、工业硬脂酸产品标准及分析方法标准 …………………………………… 136
（一）工业硬脂酸产品标准 ………… 136
（二）工业硬脂酸分析方法标准 …… 136
工作项目 ………………………………… 137
项目一 工业硬脂酸分析检验准备工作 ……………………………… 137
一、试样的采取与制备 ………………… 137
（一）硬脂酸试样的采取 …………… 137
（二）硬脂酸试样的制备与保存 …… 137
二、溶液、试剂的准备 ………………… 137
（一）工业硬脂酸碘值测定的准备工作 ……………………………… 137
（二）工业硬脂酸皂化值测定的准备工作 ……………………………… 138
（三）工业硬脂酸酸值测定的准备工作 ……………………………… 138
（四）工业硬脂酸色度测定的准备工作 ……………………………… 138
（五）工业硬脂酸凝固点测定的准备工作 ……………………………… 139
（六）工业硬脂酸水分测定的准备工作 ……………………………… 139
（七）工业硬脂酸无机酸测定的准备工作 ……………………………… 139
项目二 工业硬脂酸碘值的测定 ………… 139
一、试样溶液的制备 …………………… 139
二、试样的测定 ………………………… 139
三、结果计算 …………………………… 139
项目三 工业硬脂酸皂化值的测定 ……… 140
一、试样的测定 ………………………… 140
二、结果计算 …………………………… 140
项目四 工业硬脂酸酸值的测定 ………… 140
一、试样溶液的制备 …………………… 140
二、试样的测定 ………………………… 140
三、结果计算 …………………………… 140
项目五 工业硬脂酸凝固点的测定 ……… 141
一、试样制备和仪器准备 ……………… 141
二、试样的测定 ………………………… 141
三、结果处理 …………………………… 141
项目六 工业硬脂酸水分的测定 ………… 141
一、试样的测定 ………………………… 141
二、结果计算 …………………………… 142
项目七 工业硬脂酸无机酸的测定 ……… 142
一、试样测定 …………………………… 142
二、结果处理 …………………………… 142
项目八 工业硬脂酸色度的测定 ………… 142
一、分光光度计及校正 ………………… 142
二、标准工作曲线的绘制 ……………… 143
三、样品测定 …………………………… 143
四、结果表示 …………………………… 143
项目九 工业硬脂酸灰分的测定 ………… 143
一、试样的测定 ………………………… 143
二、结果计算 …………………………… 144
问题探究 ………………………………… 144
一、工业硬脂酸化学组成、性能及应用 ……………………………………… 144
（一）工业硬脂酸组成及性质 ……… 144
（二）工业硬脂酸的应用 …………… 144
二、工业硬脂酸的测定方法解读 ……… 144
（一）工业硬脂酸碘值的测定——氯化碘加成法分析条件的控制 …… 144
（二）工业硬脂酸皂化值的测定——皂化回滴法分析条件控制 ………… 146
（三）工业硬脂酸酸值的测定分析条件控制 ………………………… 147
（四）工业硬脂酸凝固点的测定分析条件控制 ………………………… 147
（五）工业硬脂酸水分的测定——干燥减量法分析条件控制 …………… 147
（六）工业硬脂酸色度的测定——分光光度标准工作曲线法分析条件控制 ……………………………… 148
知识拓展 ………………………………… 150
一、硬脂酸生产的主要原料 …………… 150
（一）天然原料 ……………………… 150
（二）合成原料——氢化油 ………… 151
二、基本有机化工产品知识 …………… 151
三、不饱和化合物的测定方法简介 …… 153
（一）不饱和化合物的测定结果表示 …………………………… 153
（二）溴值测定方法 ………………… 153
四、酯类化合物的测定方法简介 ……… 154
（一）皂化-回滴法 ………………… 154
（二）皂化-离子交换法 …………… 155
（三）比色法 ………………………… 155
（四）气相色谱法 …………………… 155
练　习 …………………………………… 155
任务八 聚醚多元醇的分析检验 ……… 157

任务内容 …………………………………… 157
一、聚醚多元醇的简要制法 ……………… 157
（一）制备机理 …………………………… 157
（二）生产工艺及影响因素 ……………… 157
二、聚醚多元醇产品标准及分析方法标准 ………………………………… 158
（一）聚醚多元醇产品检验中的指标术语 ………………………………… 158
（二）聚醚多元醇产品理化性能指标 ………………………………… 158
（三）聚醚多元醇检验相关标准 ……… 158
工作项目 …………………………………… 159
项目一 聚醚多元醇的分析检验准备工作 ……………………………… 159
一、聚醚多元醇羟值测定的准备工作 ………………………………… 159
二、聚醚多元醇酸值测定的准备工作 ………………………………… 159
三、聚醚多元醇不饱和度测定的准备工作 ………………………………… 159
四、聚醚多元醇黏度测定的准备工作 ………………………………… 160
项目二 聚醚多元醇羟值的测定 ……… 160
一、聚醚多元醇中羟值的测定 ………… 160
二、测定结果的计算 …………………… 160
项目三 聚醚多元醇酸值的测定 ……… 161
一、分析测定 …………………………… 161
二、滴定结果的计算 …………………… 162
项目四 聚醚多元醇不饱和度的测定 …… 162
一、分析步骤 …………………………… 162
二、分析结果的计算 …………………… 162
项目五 聚醚多元醇黏度的测定 ……… 163
一、测定步骤 …………………………… 163
（一）试样恒温 ………………………… 163
（二）安装黏度计 ……………………… 163
（三）测定试液黏度 …………………… 163
二、测定结果的计算 …………………… 163
问题探究 …………………………………… 164
一、聚醚多元醇化学组成、性能及应用 ………………………………… 164
（一）聚醚多元醇（PPG）……………… 164
（二）聚合物聚醚多元醇（POP） … 164
（三）聚四氢呋喃型多元醇（PTMEG）……………………… 164
二、聚醚多元醇相关分析方法解读 …… 164
（一）聚醚多元醇羟值的测定分析条件控制 ………………………………… 164
（二）聚醚多元醇酸值的测定分析条件控制 ………………………………… 165
（三）聚醚多元醇不饱和度的测定条件控制 ………………………………… 165
（四）聚醚多元醇黏度的测定条件控制 ………………………………… 166
知识拓展 …………………………………… 167
一、高分子化工 ………………………… 167
（一）高分子化工的发展 ……………… 168
（二）成型加工 ………………………… 168
（三）产品分类 ………………………… 168
（四）工业现状 ………………………… 168
（五）趋势 ……………………………… 169
二、醇类化合物的分析方法简介 ……… 169
（一）乙酰化法 ………………………… 169
（二）高碘酸氧化法 …………………… 169
三、化工产品物性参数测定技术简介 ………………………………… 170
（一）熔点的测定 ……………………… 170
（二）沸点的测定 ……………………… 171
（三）密度的测定 ……………………… 174
（四）黏度的测定 ……………………… 176
练　习 …………………………………… 179
参考文献 …………………………………… 180

任务一 工业浓硝酸的分析检验

【知识目标】

1. 了解工业浓硝酸的生产工艺；

2. 掌握工业浓硝酸产品质量检验和评价方法；

3. 掌握酸碱滴定、氧化还原滴定在工业浓硝酸产品检验中的应用。

【技能目标】

1. 能对挥发性样品进行准确的称量；

2. 能选择标准方法准确测定工业浓硝酸产品中主要成分的含量，能测定或确定产品中杂质的含量或限值；

3. 能根据检验结果判定工业硝酸的质量等级。

任务内容

一、工业浓硝酸生产工艺及质量控制

（一）工业浓硝酸生产工艺

目前，工业浓硝酸的生产方法有稀硝酸浓缩法及利用氮氧化物、氧和水合成的直接法。

1. 稀硝酸浓缩法

稀硝酸的生产方法在国内主要有常压法、综合法、中压法、高压法和双加压法五种。从经济、环保和节能的方面综合比较来看，双加压法具有氨利用率高、铂耗低、成品稀硝酸浓度高（可达到60%）、尾气 NO_x 含量低于 200×10^{-6}、能耗低、运行费用低的优点，被认为是最先进的稀硝酸生产工艺方法。氨在铂催化下氧化为一氧化氮，再与空气氧化及水吸收制得稀硝酸。在浓硫酸存在下，将稀硝酸浓缩制得浓硝酸。

氨与氧在铂存在下的反应如下：

$$4NH_3+5O_2 \longrightarrow 4NO+6H_2O$$

氨催化氧化后的 NO 可继续氧化，得到 NO_2，其反应如下：

$$2NO+O_2 \longrightarrow 2NO_2$$

NO 氧化后，用水吸收得到稀硝酸。反应如下：

$$4NO_2+O_2+2H_2O \longrightarrow 4HNO_3$$

稀硝酸浓缩法生产浓硝酸的工艺流程如图 1-1 所示。

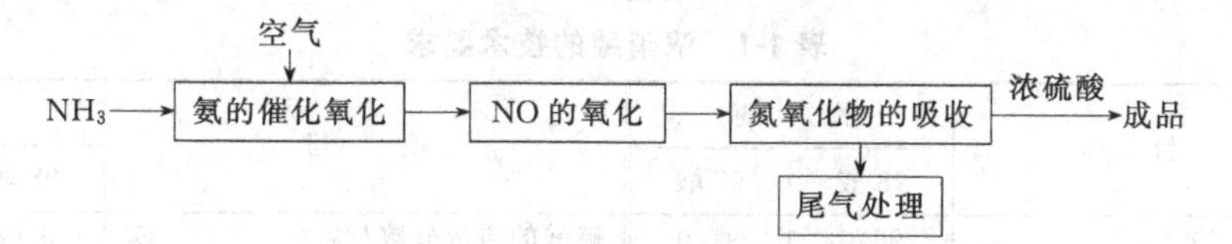

图 1-1 稀硝酸浓缩法生产浓硝酸的工艺流程

2. 直接合成法

氨氧化得到的 NO，在空气氧化的基础上用浓硝酸氧化，并冷却得到液态 N_2O_4。将液态 N_2O_4 与水混合配料后送入高压釜中与氧气反应，生成浓硝酸。

$$2NO_2 \longrightarrow N_2O_4$$

$$2N_2O_4+2H_2O+O_2 \longrightarrow 4HNO_3$$

主要工艺路线为常压下在氧化炉内铂网上将氨气与空气进行催化氧化反应，生成氮氧化物混合气，利用废热锅炉、氨空预热器回收热量，经快冷器除去生成的绝大部分水分，经气洗器洗涤铵盐后，进入 NO_x 压缩机，将工艺气体加压至0.35MPa，借助气体中的 O_2 将NO在容器和管道中氧化为 NO_2，送入发烟硝酸吸收塔重氧化段，用浓硝酸进行重氧化反应，进一步提高NO的氧化度，在－15～－10℃盐水冷却下用98%的浓硝酸加以吸收，生成冷发烟硝酸，将 NO_2 由气态中分离出来。然后通过漂白由冷发烟硝酸中放出被吸收的氮氧化物，并将该氮氧化物冷却冷凝，得到液态 N_2O_4。将液态 N_2O_4 经配料后送入高压釜中，与氧气反应生成热发烟硝酸，送入漂白塔与冷发烟硝酸一起逸出氮氧化物后即得成品浓硝酸。

（二）工业浓硝酸生产过程质量控制

硝酸生产，不论是直接法，还是加压法生产，都是以空气和氨为原料，通过催化氧化和吸收两个主要工艺过程来实现的。因空气中存在约78%的氮气，以及少量的惰性气体和其他杂质气体，在整个工艺过程中不被氧化，也不被吸收，最终形成了尾气的主要组成部分。同时，由于硝酸是由水或酸吸收 NO_2 而进行生产的，在此过程中，NO_x 的吸收是一个不完全的过程，未被吸收的 NO_x 就进入尾气而成为污染源。由以上分析可以看出，尾气主要由以下成分组成：N_2、O_2、NO、NO_2 等氮氧化物、惰性气体、H_2O。其中 N_2、O_2、惰性气体由原料引入，而NO、NO_2、H_2O 则主要由生产过程中产生而引入。硝酸生产过程质量控制主要是控制其中的 NO_x 浓度。因 NO_x 排入大气后会形成酸雨而改变土壤性质，危害生产，同时可以降低 NO_x 在硝酸中的溶解，使浓硝酸清澈透明。从改造吸收装置，改善吸收效率，同时，严格控制工艺参数，实现硝酸生产过程的质量控制。目前直硝法生产浓硝酸虽然采用－15～－10℃的低温盐水进行冷却吸收，但由于吸收压力较低，一般在0.35MPa左右，造成尾气中 NO_x 的平衡分压较高，NO_x 吸收率低，尾气排放浓度较高，需另设尾气处理装置，间硝法生产浓硝酸由于高压（1.1MPa）、低温对NO的氧化和 NO_2 吸收都有利，尾气出口中 NO_x 含量能降低到 200×10^{-6} 以下，不需要设尾气处理装置。

二、工业浓硝酸产品标准及分析方法标准

（一）工业浓硝酸产品标准

GB/T 337.1—2002《工业硝酸　浓硝酸》标准，规定了工业浓硝酸的标准。

1. 产品外观

外观为淡黄色透明液体。

2. 浓硝酸的技术要求

按照GB/T 337.1—2002《工业硝酸　浓硝酸》标准，工业浓硝酸分为98酸和97酸两个等级。浓硝酸应符合表1-1的要求。

表1-1　浓硝酸的技术要求

项　目		指　标		项　目		指　标	
		98酸	97酸			98酸	97酸
硝酸的质量分数/%	≥	98.0	97.0	硫酸的质量分数/%	≤	0.08	0.10
亚硝酸的质量分数/%	≤	0.50	1.0	灼烧残渣的质量分数/%	≤	0.02	0.02

注：硫酸含量的控制仅限于稀硝酸浓缩法制得的浓硝酸。

（二）工业浓硝酸分析方法标准

工业浓硝酸分析方法标准执行质量标准GB/T 337.1—2002《工业硝酸　浓硝酸》。

要求中的所有四项指标项目为型式检验（即例行检验）项目，在正常情况下，每三个月至少要进行一次型式检验。硝酸含量、亚硝酸含量、硫酸含量三项指标为出厂检验项目。

工作项目

项目一　工业浓硝酸分析检验准备工作

一、试样的采取与制备

（一）制定采样方案

1. 确定批量

每批产品不超过 150t。以铝制槽车装运的浓硝酸每槽车为一批。

2. 样品数

浓硝酸用桶或瓶装时，总的包装桶数小于 500 时，取样桶数按表 1-3 规定选取；大于 500 时，按 $3\times\sqrt{N}$（N 为总的包装数）的规定选取。用铝制槽车装时，从每辆槽车中选取。

3. 采样方法

浓硝酸具有强腐蚀性，取样人员应使用必要的防护用品，如过滤式防毒面具、耐酸手套等以防灼伤。取样时必须有人监护。

用玻璃制采样管、铝制采样管或加重型采样器取样时，应从贮存容器的上、中、下部采取均匀试样，然后混合为平均试样，取样量不少于 800mL。

（二）采样记录

按表 1-2 填写采样记录。

表 1-2　采样记录

样品登记号		样品名称	
采样地点		采样数量	
采样时间		采样部位	
采样日期		包装情况	
采样人		接收人	

（三）试样制备

将所采的样品收集于两个清洁干燥带磨口塞的瓶中，密封瓶上粘贴标签，并注明生产厂名、产品名称、批号、采样日期和采样者姓名。一瓶用于检验，另一瓶保存半个月备查。

检验结果如有一项指标不符合标准要求时，应重新自两倍量采样单元数的包装中采样（以槽车装运应重新从同一槽车中采取两倍的样品）复验。

二、溶液、试剂的准备

（一）工业浓硝酸中硝酸含量测定的准备工作

1. 溶液、试剂

（1）氢氧化钠标准滴定溶液：$c(NaOH)$ 约为 1mol/L。

（2）硫酸标准滴定溶液：$c\left(\frac{1}{2}H_2SO_4\right)$约为 1mol/L。

（3）甲基橙指示液：1g/L。

2. 仪器

(1) 安瓿球（见图1-2）：直径约20mm，毛细管端长约60mm。

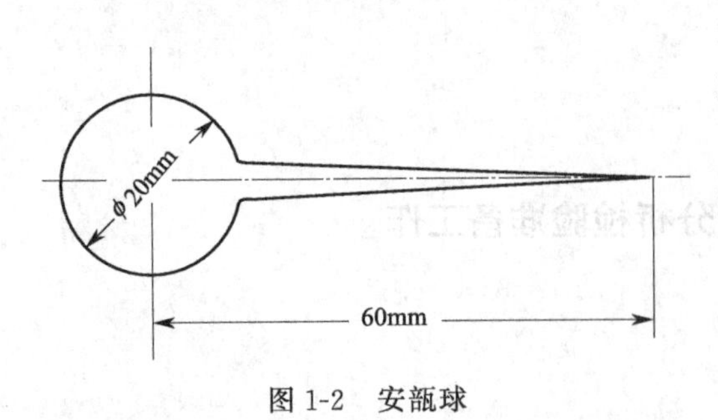

图1-2 安瓿球

(2) 锥形瓶：容量500mL，带有磨口玻璃塞。

（二）工业浓硝酸中亚硝酸含量测定的准备工作

1. 溶液、试剂

(1) 硫酸溶液：1＋8。

(2) 硫酸亚铁铵溶液：40g/L，称取硫酸亚铁铵 $[(NH_4)_2Fe(SO_4)_2 \cdot 6H_2O]$ 40g溶于300mL硫酸（20%）溶液中，加700mL水稀释，摇匀。

(3) 高锰酸钾标准滴定溶液：$c\left(\frac{1}{5}KMnO_4\right)$ 约0.1mol/L。

① 配制　称取1.6g高锰酸钾，溶于500mL水中，缓缓煮沸15min，冷却后置于暗处保存数天（至少2～3天）后，以 P_{16} 玻璃砂芯漏斗过滤于干燥的棕色瓶中。

② 标定　称取0.20g左右于105～110℃烘至恒重的基准物质草酸钠，称准至0.0001g。置于250mL锥形瓶中，加30mL蒸馏水溶解，再加入10mL 3mol/L硫酸溶液，加热70～80℃，趁热用 $KMnO_4$ 标准溶液滴定至粉红色30s不褪色。平行三次测定。同时做空白试验。

③ 计算

$$c\left(\frac{1}{5}KMnO_4\right)=\frac{m}{V_1-V_2}\times 0.06700$$

式中　m——草酸钠的质量，g；

V_1——消耗高锰酸钾溶液的体积，mL；

V_2——空白试验消耗高锰酸钾溶液的体积，mL；

0.06700——与0.1mol/L高锰酸钾标准溶液相当的以克表示的草酸钠的质量。

2. 仪器

(1) 锥形瓶：容量500mL，带有磨口玻璃塞，颈部内径约为30mm。

(2) 密度计。

（三）工业浓硝酸中硫酸含量测定的准备工作

1. 溶液、试剂

(1) 甲醛溶液：250g/L，用氢氧化钠溶液调节至酚酞指示液变色。

(2) 氢氧化钠标准滴定溶液：$c(NaOH)$ 约为0.1mol/L。

(3) 甲基红-亚甲基蓝混合指示剂。

2. 仪器

瓷蒸发皿：容量100mL。

（四）工业浓硝酸灼烧残渣测定的准备工作

(1) 蒸发皿：铂皿或瓷皿，容量100～125mL。

(2) 高温炉：可控制800℃±25℃。

项目二　工业浓硝酸中硝酸含量的测定

一、测定步骤

(1) 将安瓿球预先称准至0.0002g，然后在火焰上微微加热安瓿球的球泡，将安瓿球的毛细管端浸入盛有样品的瓶中，并使冷却，待样品充至 1.5～2.0mL 时，取出安瓿球。用滤纸仔细擦净毛细管端，在火焰上使毛细管端密封，不使玻璃损失。称量含有样品的安瓿球，称准至 0.0002g，并根据差值计算样品质量。

(2) 将盛有样品的安瓿球，小心置于预先盛有 100mL 水和用移液管移入 50mL 氢氧化钠标准滴定溶液的锥形瓶中，塞紧磨口塞。然后剧烈振荡，使安瓿球破裂，并冷却至室温，摇动锥形瓶，直至酸雾全部吸收为止。

(3) 取下塞子，用水洗涤，洗液收集于同一锥形瓶内，用玻璃棒捣碎安瓿球，研碎毛细管取出玻璃棒，用水洗涤，将洗液收集在同一锥形瓶内。加 1～2 滴甲基橙指示剂溶液，然后用硫酸标准滴定溶液将过量的氢氧化钠标准滴定溶液滴定至溶液呈现橙色为终点。记录硫酸标准滴定溶液消耗的体积。

二、分析结果的表述

以质量分数表示的硝酸含量 w_1（%）按下式计算：

$$w_1=\frac{(c_1V_1-c_2V_2)M}{m\times 1000}\times 100\%-1.34w_2-1.29w_3 \tag{1-1}$$

式中　c_1——氢氧化钠标准滴定溶液的实际浓度，mol/L；

c_2——硫酸标准滴定溶液的实际浓度，mol/L；

V_1——加入氢氧化钠标准滴定溶液的体积，mL；

V_2——滴定所消耗的硫酸标准滴定溶液的体积，mL；

m——试料的质量，g；

M——硝酸的摩尔质量，g/mol，$M=63.02$；

w_2——硝酸中亚硝酸的质量分数，%；

w_3——硝酸中硫酸的质量分数，%；

1.34——将亚硝酸换算为硝酸的系数；

1.29——将硫酸换算为硝酸的系数。

允许差：平行测定结果的绝对差值不大于 0.2%，取平行测定结果的算术平均值为报告结果。

项目三　工业浓硝酸中亚硝酸含量的测定

一、测定步骤

用被测样品清洗量筒后，注入样品。插入密度计，测得密度 ρ。

于 500mL 锥形瓶中，加入 100mL 低于 25℃的水，20mL 低于 25℃硫酸溶液（1+8），再用滴定管加入一定体积（V_0）的高锰酸钾标准滴定溶液，该体积（V_0）比测定样品消耗高锰酸钾标准滴定溶液的体积过量 10mL 左右。

用移液管移取 10mL 样品，迅速加入锥形瓶中，立即塞紧锥形瓶，用水冷却至室温，立即摇动至酸雾完全消失为止（约 5min），用移液管加入 20mL 硫酸亚铁铵溶液，以高锰酸钾标准滴定溶液滴定，直至呈现粉红色于 30s 内不消失为止，记录消耗的高锰酸钾标准滴定溶液的体积（V_1）。

为了确定在测定条件下，两种溶液的相当值，用移液管移取 20mL 硫酸亚铁铵溶液，以高锰酸钾标准滴定溶液滴定，直至溶液呈现粉红色于 30s 内不消失为止，记录消耗的高锰酸钾标准滴定溶液的体积（V_2）。

二、分析结果的表述

以质量分数表示的亚硝酸含量 w_2(%) 按下式计算：

$$w_2=\frac{(V_0+V_1-V_2)cM}{\rho V\times 1000}\times 100\% \tag{1-2}$$

式中 c——高锰酸钾标准滴定溶液的实际浓度，mol/L；

V_0——开始加入高锰酸钾标准滴定溶液的体积，mL；

V_1——第一次滴定消耗高锰酸钾标准滴定溶液的体积，mL；

V_2——第二次滴定消耗高锰酸钾标准滴定溶液的体积，mL；

V——移取试料的体积，mL；

ρ——试料溶液的密度，g/mL；

M——亚硝酸的摩尔质量，g/mol，($M=23.50$)。

允许差：平行测定结果的绝对差值不大于 0.1%，取平行测定结果的算术平均值为报告结果。

项目四 工业浓硝酸中硫酸含量的测定

一、测定步骤

用移液管移取 25mL 样品置于瓷蒸发皿中并置于沸水浴上，蒸发到硝酸除尽（直到获得油状残渣为止)，为使硝酸全部除尽，加 2～3 滴甲醛溶液，继续蒸发至干，待蒸发皿冷却后，用水冲洗蒸发皿内的油状物，定量移入 250mL 锥形瓶中，加 2 滴甲基红-亚甲基蓝混合指示液，用氢氧化钠标准滴定溶液滴定至溶液呈现灰色为终点，记录氢氧化钠消耗的体积。

二、分析结果的表述

以质量分数表示的硫酸（以 H_2SO_4 计）含量 w_3(%) 按下式计算：

$$w_3=\frac{cV_1M}{\rho V\times 1000}\times 100\% \tag{1-3}$$

式中 c——氢氧化钠标准滴定溶液的实际浓度，mol/L；

V_1——滴定试验溶液所消耗的氢氧化钠标准滴定溶液的体积，mL；

V——移取试料的体积，mL；

ρ——试料溶液的密度，g/mL；

M——硫酸的摩尔质量，g/mol，$M\left(\frac{1}{2}H_2SO_4\right)=49.04$。

允许差：平行测定结果的绝对差值不大于 0.01%，取平行测定结果的算术平均值为报告结果。

项目五 工业浓硝酸灼烧残渣的测定

一、测定步骤

用移液管移取 50mL 样品，置于预先经高温炉（800℃±25℃）灼烧至恒重的蒸发皿中，将蒸发皿置于沙浴上蒸干。然后将蒸发皿移入高温炉内（800℃±25℃)，灼烧至恒重。

二、分析结果的表述

以质量分数表示的灼烧残渣含量 w_4(%) 按下式计算：

$$w_4=\frac{m_2-m_1}{\rho V}\times 100\% \tag{1-4}$$

式中　m_1——蒸发皿的质量，g；

m_2——盛有灼烧残渣后蒸发皿的质量，g；

V——移取试料的体积，mL；

ρ——试料的密度，g/mL。

允许差：平行测定结果的绝对差值不大于0.002%，取平行测定结果的算术平均值为报告结果。

问题探究

一、工业浓硝酸的化学组成、性能及应用

（一）工业浓硝酸的化学组成

1. HNO_3

工业浓硝酸分为98酸和97酸两种，HNO_3 含量分别大于98%或大于97%。

2. HNO_2

HNO_2 是硝酸生产过程中的一种中间产物，稳定性非常差，极易被氧化成硝酸，或者被还原，但在硝酸中 HNO_2 仍然存在。

3. H_2SO_4

稀硝酸浓缩法制取浓硝酸，要用浓硫酸为脱水剂，所以在硝酸中存在少量 H_2SO_4。

4. 非挥发性无机杂质

工业浓硝酸中常含有少量非挥发性无机杂质，经蒸发、灼烧后，仍不能挥发或分解逸去。

（二）工业浓硝酸的性能及应用

浓硝酸是基本化学工业中重要的产品之一，产量仅次于硫酸，在各类酸中居第二位。化学式 HNO_3，相对分子质量63.02，相对密度1.51，沸点83.4℃，极不稳定，常温下能分解出 NO_2，溶于硝酸，浓硝酸为淡黄色或棕红色透明液体，带有刺鼻的窒息性气味。浓硝酸为强氧化剂，能与多数金属、非金属及有机物发生氧化还原反应。具有强烈的腐蚀性，会灼烧皮肤和衣物。浓硝酸是重要的化工原料，广泛应用于化肥生产，火药、炸药、染料、涂料、医药等有机合成工业，有色金属冶炼和原子能工业。

贮存稀硝酸通常采用立式不锈钢制贮槽，浓硝酸贮槽多为卧式铝制容器。贮槽设置在室内或车间附近的露天场所，但要防止日光暴晒，以免引起浓硝酸分解，影响成品等级。硝酸通常利用公路、铁路运输，容量少的用玻璃瓶装好，再装在木箱或金属罐内，外面需有危险品标记。

二、工业浓硝酸化学分析方法解读

（一）工业浓硝酸中硝酸含量测定的条件控制

1. 测定原理

工业浓硝酸样品中除含有硝酸外，还含有少量的 HNO_2 和 H_2SO_4，浓硝酸样品加入过量且定量的氢氧化钠标准滴定溶液中，氢氧化钠与样品的总酸发生中和反应，过量的氢氧化钠用硫酸标准滴定溶液返滴定，从而计算出总酸的含量，通过进一步测定 HNO_2 和 H_2SO_4 的含量，可得出硝酸含量。反应如下：

$$HNO_3 + NaOH \longrightarrow NaNO_3 + H_2O$$

$$HNO_2 + NaOH \longrightarrow NaNO_2 + H_2O$$

$$2NaOH + H_2SO_4 \longrightarrow Na_2SO_4 + 2H_2O$$

2. 分析条件控制

(1) 样品称量条件控制

① 称样方式　浓硝酸具有挥发性，故采用安瓿球取样，避免称样过程中的试样挥发损失。并采用返滴定方式，使硝酸中的酸组分完全被碱吸收，以保证分析结果的准确性。

② 称样量的确定　浓硝酸样品的质量以 2.5～2.8g 为宜，样品量过大，氢氧化钠标准溶液不能完全吸收硝酸，造成测定结果偏低。如果样品量偏小，样品测定结果的相对误差增大。

③ 安瓿球吸取浓硝酸操作　微微加热后的安瓿球，应当一次性吸取一定体积的硝酸，吸取硝酸后不可再二次加热补吸，否则硝酸易溅出伤人。吸样的安瓿球加入锥形瓶中摇碎后，应摇动锥形瓶使硝酸被充分吸收，必要时可用流水冷却。

④ 安瓿球密封操作　吸取浓硝酸后的安瓿球在火焰上密封毛细管端时，注意不能使玻璃因熔化而丢失，导致实际样品量出现误差，造成分析结果超差。

⑤ 氢氧化钠标准溶液移取　吸取 50mL 氢氧化钠标准溶液是否准确是影响硝酸含量的关键因素。分析同一批样品需要同一分析人员吸取氢氧化钠标准溶液，移液管放出溶液后，必须等待 15s。

(2) 指示剂选择　对于酸性溶液，一般情况下由于其 pH 大于 3，吸收的 CO_2（主要来自配制溶液所用的水中吸收的 CO_2），又以 CO_2 形式逸出，可以认为不吸收 CO_2；而在 pH 大于 3 的情况下，体系中或多或少都存在有 HCO_3^-、CO_3^{2-}，对测定结果将产生一定的影响，因此，CO_2 对测定结果准确度的影响，除决定于 CO_2 的吸收量外，还决定于滴定终点时体系的 pH。实验证明：终点的 pH 越小，CO_2 的影响越小，一般而言：终点溶液的 $pH<5$，则 CO_2 的影响是可以忽略不计的。

① 终点颜色　滴定中选用甲基橙（红 3.0～4.4 黄）为指示剂，目的是减少 CO_2 的影响。甲基橙指示液的酸式色为红色，碱式色为黄色，本试验是用酸标准溶液滴定过量的碱，终点颜色是由黄色变为橙色，即黄色中显出些许红色即为终点，如红色偏重，酸就过量了。

② 指示剂用量　常用的酸碱指示剂本身就是一些有机酸或有机碱，因此在滴定中也会消耗一些滴定剂或样品溶液，从而给分析带来误差，且指示剂用量过多或浓度过高会使终点颜色变化不明显。因此，在不影响滴定终点变化灵敏度的前提下，一般用量少一点为好。

(3) 结果计算　样品加入到氢氧化钠标准溶液中时，不但 HNO_3 被吸收，而且硝酸中的 HNO_2 和 H_2SO_4 也被吸收，因此在结果中要减去 HNO_2 和 H_2SO_4 消耗的量。

(4) 安全　浓硝酸为腐蚀性产品，其蒸气有刺激作用，在采样和分析过程中，必须特别注意安全，可使用面罩等确保安全。如吸入少量氧化氮气体，可以喝牛奶解毒。吸入氧化氮后，不能进行洗浴，以免对食道和肺部造成伤害。

(二) 工业浓硝酸中亚硝酸含量的测定

1. 测定原理

在硫酸存在的酸性条件下，以过量的高锰酸钾标准滴定溶液氧化样品中的亚硝酸化合物，再加入过量的硫酸亚铁铵溶液还原剩余的高锰酸钾，然后再用高锰酸钾标准滴定溶液滴定剩余的硫酸亚铁铵。反应如下：

$$5NO_2^- + 2MnO_4^- + 6H^+ \longrightarrow 5NO_3^- + 2Mn^{2+} + 3H_2O$$

$$MnO_4^- + 5Fe^{2+} + 8H^+ \longrightarrow Mn^{2+} + 5Fe^{3+} + 4H_2O$$

虽然 HNO_2 本身就具有还原性，但并没有采用直接滴定法，而是以硫酸亚铁铵为中间媒介，最后归结于 $KMnO_4$ 滴定 $(NH_4)_2Fe(SO_4)_2$ 的反应，目的是增加滴定终点的灵敏度，使滴定结果更准确。

2. 分析条件控制

(1) 移取样品　用移液管移取样品加入锥形瓶时，移液管尖必须插入溶液中，以保证样品中的亚硝酸被高锰酸钾充分氧化，反应完全。

(2) 温度控制　样品溶解于水溶液中发生放热反应，因此加入样品后，要立即塞紧锥形瓶，用流水冷却至室温。否则，亚硝酸吸收不完全，以氧化氮的形式逸出，造成结果偏低。

(3) 酸性条件控制　$KMnO_4$ 是一种强氧化剂，它的氧化能力和还原产物都与溶液的酸度有关。在强酸性溶液中，$KMnO_4$ 被还原为 Mn^{2+}：

$$MnO_4^- + 8H^+ + 5e \rightleftharpoons Mn^{2+} + 4H_2O$$

在弱酸性、中性或弱碱性溶液中，$KMnO_4$ 被还原为 MnO_2：

$$MnO_4^- + 2H_2O + 3e \rightleftharpoons MnO_2 + 4OH^-$$

在强碱性溶液中，MnO_4^- 被还原成 MnO_4^{2-}：

$$MnO_4^- + e \rightleftharpoons MnO_4^{2-}$$

(4) 滴定速度控制　用高锰酸钾标准滴定溶液滴定时，要注意滴定速度，开始时反应较慢，应在加入的一滴 $KMnO_4$ 溶液褪色后，再加下一滴，而后应快速滴定，到达滴定终点时，应慢速滴定。

(5) 终点判断　采用高锰酸钾氧化还原法，用其自身颜色的出现来指示终点。由于空气中含有还原性气体及尘埃等杂质，导致终点颜色不能持久，会慢慢地消失。所以粉红色持续30s不褪即可认为到达终点。

(6) 标准溶液的贮存

① 高锰酸钾标准滴定溶液　市售高锰酸钾试剂常含有少量 MnO_2 和其他杂质，如硫酸盐、氯化物及硝酸盐等，配制中使用的蒸馏水中常含有少量的有机物质，能使 $KMnO_4$ 还原，且还原产物能促进 $KMnO_4$ 自身分解：

$$MnO_4^- + 2H_2O + 3e \longrightarrow MnO_2 + 4OH^-$$

见光使分解更快，使溶液不稳定。因此，$KMnO_4$ 的浓度容易改变，标定好的高锰酸钾标准滴定溶液在放置一段时间后，若发现有沉淀析出，应重新过滤并标定。

② 硫酸亚铁铵溶液　硫酸亚铁铵溶液不稳定，室温较高时浓度的变化更为明显，所以不直接标定出其浓度，而是使用前用高锰酸钾标准滴定溶液进行对比。

由于硫酸亚铁铵中的氨根离子和亚铁离子在水中很容易水解，使得原溶液的成分发生改变，因此，在配硫酸亚铁铵溶液时需要加浓硫酸，增大溶液中氢离子的浓度，以抑制两种阳离子的水解。

(三) 工业浓硝酸中硫酸含量的测定

1. 测定原理

硝酸遇热易分解，而硫酸比较稳定。样品置于水浴上加热，使硝酸分解逸出，硫酸保留下来，在甲基红-亚甲基蓝混合指示剂存在下，用氢氧化钠标准滴定溶液滴定至终点，根据滴定消耗的体积计算出硫酸的含量。

2. 分析条件的控制

(1) 甲醛的作用及加入时机　甲醛与硝酸的反应如下：

$$HCHO+4HNO_3 \longrightarrow CO_2\uparrow+4NO_2\uparrow+3H_2O$$

由此可见，甲醛的作用是使硝酸完全除尽，以排除残余硝酸对硫酸的滴定干扰。若在开始加热时，体系还有大量硝酸存在下就加入甲醛，不仅需用大量的甲醛，还将使反应过于剧烈，造成样品飞溅溢出的同时并且产生大量的有毒的 NO_2 气体，不利于分析操作并且带来测定误差，因此，必须在加热蒸发几近干时，方可滴加甲醛。

(2) 指示剂的选择　由于采用碱标准溶液滴定酸，而且，用水溶解蒸发残余物，为消除 CO_2 的影响，应控制滴定终点时溶液为较低的 pH，选用变色点 pH 较低的指示剂甲基红-亚甲基蓝混合指示剂（红紫 5.2～灰蓝 5.4～绿 5.6），由红紫变为灰蓝，相比使用甲基橙为指示剂，有终点敏锐、误差减小的优势。

（四）工业浓硝酸灼烧残渣的测定

1. 测定原理

样品蒸发后，残渣经高温灼烧至恒重，利用重量法测定残渣的含量。

2. 分析条件控制

(1) 沙浴蒸干　在沙浴中蒸干时，要保持通风系统畅通，以减少对实验室的污染，同时应注意防止通风橱内灰尘落入蒸发皿中，造成测定结果偏高。

(2) 灼烧温度和冷却时间　灼烧温度和冷却时间应当严格控制，否则不易恒重。两次称量的质量之差在 3mg 之内，即为恒重。灼烧后的残渣很容易吸收水分和二氧化碳，冷却和称量时动作要快速准确。

(3) 灼烧操作　防止蒸发皿温差变化而炸裂，应在高温炉口预热后，慢慢放入高温区域，坩埚盖留有一定缝隙，每次灼烧时间应在 30min 以上。

知识拓展

一、工业硝酸生产中的原料及分析方法

（一）工业硝酸生产中的原料

工业硝酸生产中的原料主要为氨气、空气、氧气、铂催化剂、硫酸或硝酸镁等吸水剂等。

（二）工业硝酸的分析方法

工业硝酸分析方法标准非等效采用日本标准 JISK 1308：1983（1989）《硝酸》，对 GB 337—1984《浓硝酸》和 GB/T 4147.1～4147.4—1984《浓硝酸试验方法》进行修订，并将其合并为一个标准。将标准更名为工业硝酸，分为两个部分：GB/T 337.1—2002《工业硝酸　浓硝酸》和 GB/T 337.2—2002《工业硝酸　稀硝酸》。

二、化工产品的分类及特点

（一）化工产品的分类

化学工业是以矿石、煤、石油、水、空气或农副产品为原料，经过单元过程和单元操作而制得的可作为生产资料和生活资料的产品，都是化工产品。化学工业分支部门多，相互关系密切，产品种类繁多，化工产品按照国家标准 GB 7635—1987 划分为九大类产品。

1. 无机酸类

硫酸、硝酸、盐酸、磷酸、硼酸等。

2. 氯碱类

烧碱、氯气、漂白粉、纯碱等。

3. 化肥类

氮肥、磷肥、钾肥、复合肥料、微量元素等。

4. 无机精细化工产品类

无机盐、试剂、助剂、添加剂等。

5. 石油炼制品类

汽油、煤油、柴油、润滑油。

6. 石油化工产品类

有机原料、合成塑料及树脂、合成纤维、合成橡胶。

7. 有机精细化工产品类

染料、涂料、颜料、农药、医药、表面活性剂、化学助剂、感光材料、催化剂等。

8. 食品类

饮料、生物化学制品等。

9. 油脂类

油脂、肥皂、硬化油。

（二）化工产品的特点

1. 种类多

化工产品是化工企业将原料进行若干化学和物理过程，加工、处理、生产出预期产品或中间产品，由于不同的化学工艺流程，使其具有种类多、性能差异大、更新换代快的特点。

2. 性质不稳定

化工产品都是经过一定的化学反应过程而生产出来的，所以，随着条件的改变，大多数产品具有不稳定性，易分解、挥发、发生副反应等。

3. 危险性高

大多数产品有毒、有害、易燃、易爆。

三、液体化工产品的采样及预处理方法

从大宗物料中取得有代表性的分析试样过程称为采样。

（一）采样方案

首先应根据产品类型、性质、均匀程度、数量等制定具体的采样和制样步骤。包括采样单元数、样品量、采样时间、地点、位置、采样方法、步骤和使用的工具等。

（二）采样工具

采样工具主要有取样管、采样瓶等。

1. 取样管

这是一个由玻璃、金属或塑料制成的管子，对大多数桶装物料用管长 750mm 为宜，对其他容器可增长或缩短。管上端的口径收缩到拇指能按紧，一般为 6mm；下端的口径视被采物料黏度而定，黏度近似于丙酮和水的物料用口径 3mm，黏度较小的用 1.5mm，较大的用 5mm 如图 1-3(a)、(b) 所示。对于桶装黏度较大的液体和黏稠液、多相液，也可采用不锈钢制双套筒采样管，如图 1-3(c) 所示。

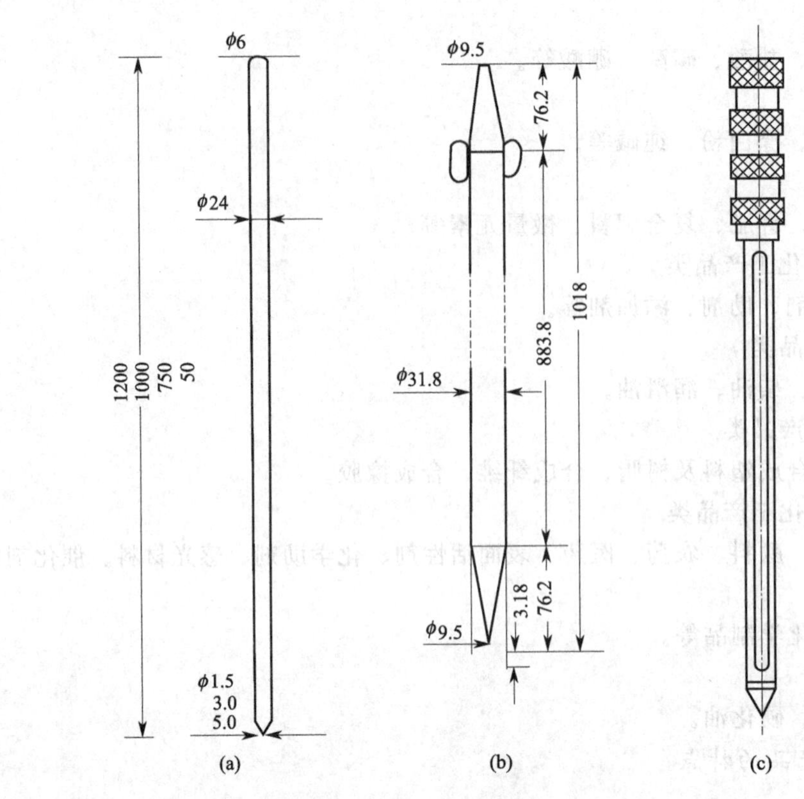

图 1-3 取样管（单位为 mm）

2. 采样瓶

一般为 500mL 具塞玻璃瓶，套上加重铅锤，如图 1-4 所示。

图 1-4 采样瓶

（三）采样方法

1. 自大贮存容器中采样

自大贮存容器中采样，一般是在容器上部距液面 200mm 处采子样一个，在中部采子样三个，在下部采子样一个，然后混合成平均试样。

均匀物料的采样，原则上可以在物料的任意部位进行。但要注意：采样过程中不应带进杂质；避免在采样过程中引起物料变化（如吸水、氧化等）。

2. 自槽车中采样

自槽车采样的份数及体积，根据槽车的大小及数量确定，通常是每车采样一份，每份不少于 500mL。但是当车数多时，也可抽车采样。总车数少于 10 车时，抽车数不得少于 2 车；总车数多于 10 车时，抽车数不得少于 5 车。

3. 自输送管道中采样

自输送管道中采样时，可用装在输送管道上的采样阀采样，采样阀如图 1-5 所示，每间隔一定时间，打开阀门，最初流出的液体弃去，然后采样。采样量按规定或实际需要确定，最后混合成平均试样。

4. 自小贮存容器中采样

对于小贮存容器中采样，属于多单元的被采物料，选取一定数量的采样单元进行采样。

总体物料的单元数小于 500 的，采样单元的选取数，推荐按表 1-3 的规定确定。总体物

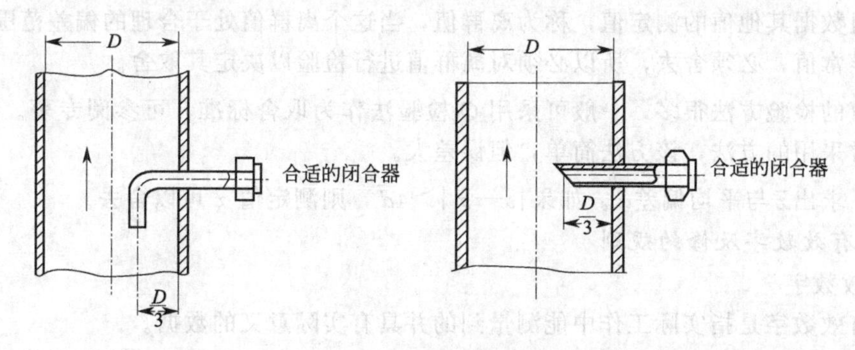

图 1-5　管道采样装置

料的单元数大于 500 的，采样单元数的确定，推荐按总体单元数立方根的三倍数，即 $3\times\sqrt{N}$（N 为总体的单元数）取样。

表 1-3　选取采样单元数的规定

总物料的单元数	选取的最少单元数	总物料的单元数	选取的最少单元数
1～10	全部单元	182～216	18
11～49	11	217～254	18
50～64	12	255～296	20
65～81	13	297～343	21
82～101	14	344～394	22
102～125	15	395～450	23
126～151	16	451～512	24
152～181	17		

（四）样品的缩分

一般原始样品量大于实验室样品需要量，因而必须把原始样品量缩分成 2～3 份小样。一份送试验室检测，另一份保留，在必要时封送一份给买方。

（五）样品标签和采样报告

样品装入容器后必须立即贴上标签，注明生产企业名称、产品名称、规格、等级、批号和取样日期、采样者等。

采样时应记录被采物料的状况和采样操作，如记录物料的名称、来源、编号、数量、包装情况、存放环境、采样部位、所采的样品数和样品量、采样日期、采样人姓名等。在必要时写出采样报告随同样品一起提供。

对例行的常规采样，可以简化上述的规定。

（六）样品的贮存

① 对易挥发物质，样品容器必须有预留空间，需密封，并定期检查是否泄漏。

② 对光敏物质，样品应装入棕色玻璃瓶中并置于避光处。

③ 对温度敏感物质，样品应贮存在规定的温度之下。

④ 对易和周围环境物起作用的物质，应隔绝氧气、二氧化碳和水。

⑤ 对高纯物质应防止受潮和灰尘侵入。

四、化工产品分析中实验数据的处理

（一）离群值的检验与取舍

由于随机误差的存在，对同一试样进行的多次测定结果中，测定值不可能完全相同，明显偏离一组数据其他值的测定值，称为离群值，当这个离群值处于合理的偏差范围之外，就成为一个异常值，必须舍去，所以必须对离群值进行检验以决定其取舍。

离群值的检验方法很多，一般可采用 Q 检验法作为取舍标准，可参阅专著。另外，$4\bar{d}$ 法也是经常采用的方法，该方法简单，但误差大。

方法：求出 $\bar{x}$ 与平均偏差 $\bar{d}$。如果 $|x-\bar{x}|>4\bar{d}$，则测定值 x 可以舍去。

（二）有效数字及修约规则

1. 有效数字

（1）有效数字是指实际工作中能测量到的并具有实际意义的数据。

（2）有效数字的记录，准确测量部分加一位可疑数据。比如，使用滴定管进行滴定，因为滴定管的最小刻度是 0.1mL，所以只能读准至 0.1mL，因而记录的体积有效数字位数为准确数外加一位估计数，例如 45.25mL 为四位有效数字。

“0”在数据首位不算有效数字位数，在数据中间及末尾可作为有效数字位数计算。

有效数字首位数≥8 时，可多计算 1 位有效数字，例如 0.0889mol/L 的浓度可看成 4 位有效数字。

pH 有效数字的位数，取决于小数部分的位数，整数部分不计算为有效数字。

单位换算，要注意有效数字的位数，例如：1.36g≠1360mg，应为 1.36×10^3mg。

2. 有效数字的修约及运算规则

① 数字修约，合理保留有效数字的位数，舍去多余的尾数。数字修约规则为“四舍六入五留双”，即有效数字后面第一位数若≤4 时舍去，而≥6 时应进位，当刚好＝5 时，入舍看 5 前面的数，该数为奇数时，5 进位，该数为偶数时，5 舍去。

② 运算规则，先修约，后运算。

③ 加减法的数字修约与运算是以小数点后位数最少的数据为依据。

如：0.0121＋25.64＋1.05782＝0.01＋25.64＋1.06＝26.71

④ 乘除法的数字修约与运算是以有效数字位数最少的数据为依据。

如：0.0121×25.64×1.05782＝0.0121×25.6×1.06＝0.328

（三）待测组分含量的表示

不同状态的试样，其待测组分含量的表示方法有所不同。

1. 固体试样

固体试样中待测组分含量通常以质量分数表示。若试样中待测组分的质量以 m_B 表示，试样质量以 m_s 表示，它们的比称为物质 B 的质量分数，以 w_B 表示。

即

$$w_B=\frac{m_B}{m_s}\times100\%$$

计算结果以%表示。

若待测组分含量很低，可采用 μg/g（或 10^{-6}）、ng/g（或 10^{-9}）和 pg/g（或 10^{-12}）来表示。

2. 液体试样

（1）物质的量浓度　试样中待测组分的物质的量 n_B 除以试液的体积 V_s，以 c_B 表示，常用单位为 mol/L。

（2）质量分数　试样中待测组分的质量 m_B 除以试液的质量 m_s，以 w_B 表示。

（3）体积分数　试样中待测组分的体积 V_B 除以试液的体积 V_s，以 φ_B 表示。

(4) 质量浓度　表示单位体积试液中被测组分 B 的质量，以 ρ_B 表示。单位为 g/L、mg/L、μg/mL 等。

3. 气体试样

气体试样中的常量或微量组分的含量常以体积分数 φ_B 表示。

(四) 一元线性回归分析

1. 一元线性回归方程

$$y_i = a + bx_i + e_i$$

$$a = \frac{\sum_{i=1}^{n} y_i - b\sum_{i=1}^{n} x_i}{n} = \bar{y} - b\bar{x}$$

$$b = \frac{\sum_{i=1}^{n}(x_i - \bar{x})(y_i - \bar{y})}{\sum_{i=1}^{n}(x_i - \bar{x})^2}$$

式中，$\bar{x}$，$\bar{y}$分别为 x 和 y 的平均值；a 为直线的截距；b 为直线的斜率，它们的值确定之后，一元线性回归方程及回归直线就确定了。

2. 相关系数

相关系数的定义式如下：

$$r = b\sqrt{\frac{\sum_{i=1}^{n}(x_i - \bar{x})}{\sum_{i=1}^{n}(y_i - \bar{y})}} = \frac{\sum_{i=1}^{n}(x_i - \bar{x})(y_i - \bar{y})}{\sqrt{\sum_{i=1}^{n}(x_i - \bar{x})^2 \sum_{i=1}^{n}(y_i - \bar{y})^2}}$$

相关系数的物理意义如下：

① 当所有的值都在回归线上时，$r=1$。

② 当 y 与 x 之间完全不存在线性关系时，$r=0$。

③ 当 r 值在 0～1 之间时，表示 y 与 x 之间存在相关关系。r 值愈接近 1，线性关系就愈好。

五、化工产品质量等级认定

按照我国"工业产品质量分等导则"的规定，工业产品质量水平分为优等品、一等品和合格品三个等级。

1. 优等品

其质量标准必须达到国际先进水平，且实物质量水平与国外同类产品相比达到近五年内的先进水平。

2. 一等品

其质量标准必须达到国际一般水平，且实物质量水平达到国际同类产品的一般水平。

3. 合格品

按我国现行标准（国家标准、行业标准、地方标准或企业标准）组织生产，实物质量水平必须达到相应标准的要求。

若产品质量达不到现行标准，则为废品或等外品。

对于指定的产品检验任务，按标准分析检验方法完成各项指标的测试后，写出包含各项检验结果的检验报告，并与质量标准相对照，确定产品的质量等级。当所有指标完全符合某等级要求时，才能确认该产品的等级。

检验结果如有一项指标不符合标准要求时，应重新自两倍量采样单元数的包装中采样复验，复验结果即使只有一项指标不符合本标准要求时，则整批产品为不合格品。

练 习

1. 工业浓硝酸中硝酸的含量测定

(1) 具体说明浓硝酸成品分析中硝酸含量的测定过程。

(2) 检验直接合成法制得的浓硝酸，称样 2.1112g，加入到 50.00mL、1.0244mol/L 标准溶液中，返滴定用去 $c\left(\frac{1}{2}H_2SO_4\right)=1.0696$mol/L 硫酸标准溶液 16.77mL。已测出样品中 $w(HNO_2)=0.074\%$，求样品中硝酸的质量分数？(99.25%)

2. 工业硝酸中亚硝酸含量的测定

(1) 测定硝酸含量是用安瓿球称样，而测定其他三项指标时却用移液管移取较多的试样，为什么？

(2) 工业硝酸中含亚硝酸的可能产生原因是什么？

3. 对工业硝酸灼烧残渣的测定中，解释“恒重”？

4. 化工产品共有哪些种类？

5. 化工产品质量等级是如何认定的？

6. 如何对液体化工产品采样？

任务二　工业氢氧化钠的分析检验

【知识目标】

1. 了解工业氢氧化钠产品质量指标分析检验与生产的关系；
2. 掌握工业氢氧化钠分析检验中各项技术指标的分析条件；
3. 掌握酸碱滴定、分光光度法的相关知识在工业氢氧化钠分析检验中的应用。

【技能目标】

1. 能合理安排测定工序；
2. 能合理选择指示剂；
3. 能准确判断终点；
4. 能对分析结果进行评价；
5. 能正确控制分析条件，准确测定工业氢氧化钠各项质量指标。

任务内容

一、工业氢氧化钠生产工艺及质量控制

（一）工业氢氧化钠生产工艺简介

工业上制备氢氧化钠，是最先于1884年采用的石灰乳苛化纯碱的方法，即石灰苛化法。1890年出现了电解食盐水溶液的方法，即电解法。电解法生产工艺经历了水银法→隔膜法→离子膜法3个发展阶段。由于电解法制得的烧碱纯度高，而且还可得到氯气和氢气，因此苛化法已被电解法所取代。

1. 苛化法制烧碱

$$Na_2CO_3(aq)+Ca(OH)_2(aq) \longrightarrow CaCO_3(s)+2NaOH(aq)$$

$$NaHCO_3(aq)+Ca(OH)_2(aq) \longrightarrow CaCO_3(s)+NaOH(aq)+H_2O$$

该法的优点是无Cl_2产生，但生产成本高，只适宜小规模生产。

2. 电解法制烧碱

电解法制烧碱生产过程包括：盐水精制、电解和产品精制等工序，其中主要工序是电解。工业上采用的水银电解法、隔膜电解法和离子膜电解法电解原理基本相同，即：饱和食盐水在直流电作用下，阴离子在阳极上发生氧化反应，阳离子在阴极上发生还原反应，其反应为：

阳极　$$2Cl^- -2e \longrightarrow Cl_2\uparrow$$

阴极　$$2H_2O+2e \longrightarrow H_2\uparrow+2OH^-$$

总反应式为　$$2NaCl+2H_2O \longrightarrow 2NaOH+\underset{\text{阴极}}{H_2\uparrow}+\underset{\text{阳极}}{Cl_2\uparrow}$$

（1）水银法　水银法是利用流动的水银层作为阴极，在直流电作用下使电解质溶液的阳离子成为金属析出，与水银形成汞齐，而与阳极的产物分开来生产氯气和烧碱的方法。

水银法的特点如下：

① 可在较高的电流密度下运转；

② 不需蒸发，即可直接生产50%的液碱，而且产品纯度高（质量分数达99.5%）、含

盐少（质量分数约为 3×10^{-5}），具有工艺简单、投资省等优点；

③ 电耗较高；

④ 需用固体食盐作原料；

⑤ 汞的流失会造成环境污染。

日本在水俣病后，于 1986 年 6 月前已将水银电解法全部转换为其他方法，由于严重的汞污染，我国也已淘汰了该生产方法。

(2) 隔膜法　隔膜法是利用多孔渗透性的材料作为电解槽内的隔层，以分隔阳极产物和阴极产物的电解方法。

隔膜法的特点如下：

① 隔膜电解法与水银电解法、离子膜电解法比较，总能耗（包括电、蒸汽）最高；

② 隔膜法制得的碱液，浓度较低，而且含有氯化钠（氢氧化钠固体产品约含有 3%的氯化钠），不能用于人造丝与合成纤维的生产，需要进行蒸发浓缩和脱盐等后加工处理；

③ 隔膜所用的细微石棉纤维，吸入肺内有损健康。

尽管隔膜法有一定的缺点，但因生产设备容易制作，材料便于取得，在电源比较丰富或电价比较低廉，对于烧碱含盐量的要求又不很苛刻的地区，特别是有地下盐水或附近有联合发电与供汽设施的地区，仍在普遍采用。

(3) 离子膜法　离了膜法又称膜电槽电解法，是利用阳离子交换膜将单元电解槽分隔为阳极室和阴极室，使电解产品分开的方法。

离子膜法的特点如下：

① 与隔膜电解法和水银电解法相比总能耗最低；

② 烧碱纯度高，可直接生产约 35%氢氧化钠的高纯度碱液作为商品使用，也可再经蒸发器浓缩为 50%液体，50%的氢氧化钠碱液，含氯化钠仅为 0.02%～0.05%；

③ 无水银或石棉污染环境的问题；

④ 操作、控制都比较容易；

⑤ 适应负荷变化的能力较大；

⑥ 要求用高质量的盐水；

⑦ 离子膜的价格比较昂贵。

工业生产的氢氧化钠几乎都是 50%的水溶液，不到 2%的企业生产成固态即无水状态的氢氧化钠。

（二）离子膜法生产工业氢氧化钠质量控制

1. 离子膜法生产工业氢氧化钠的工艺流程（见图 2-1）

二次精制盐水经盐水预热器“15”预热后，以一定的流量送往电解槽“9”的阳极室进行电解。与此同时，纯水从电解槽底部进入阴极室。通入直流电后，在阳极室产生的氯气和流出的淡盐水经分离器分离后，湿氯气进入氯气总管，经氯气冷却器“2”与精制盐水热交换后，进入氯气洗涤塔“3”洗涤，然后送到氯气处理部门；从阳极室流出的淡盐水中一般含 NaCl 200～220g/L，还有少量氯酸盐、次氯酸盐及溶解氯。一部分补充精制盐水后流回电解槽的阳极室，另一部分进入淡盐水贮槽“7”后，送往氯酸盐分解槽“1”，用高纯盐酸进行分解。分解后的盐水中，常含有少量盐酸残余，将这种盐水再送回淡盐水贮槽“7”，与未分解的淡盐水充分混合并调节 pH 在 2 以下，经淡盐水泵“8”送往脱氯工序。最后送到一次盐水工序去重新饱和。

在电解槽阴极室产生的氢气和浓度为 32%左右的高纯液碱，同样也经过电解槽“9”中

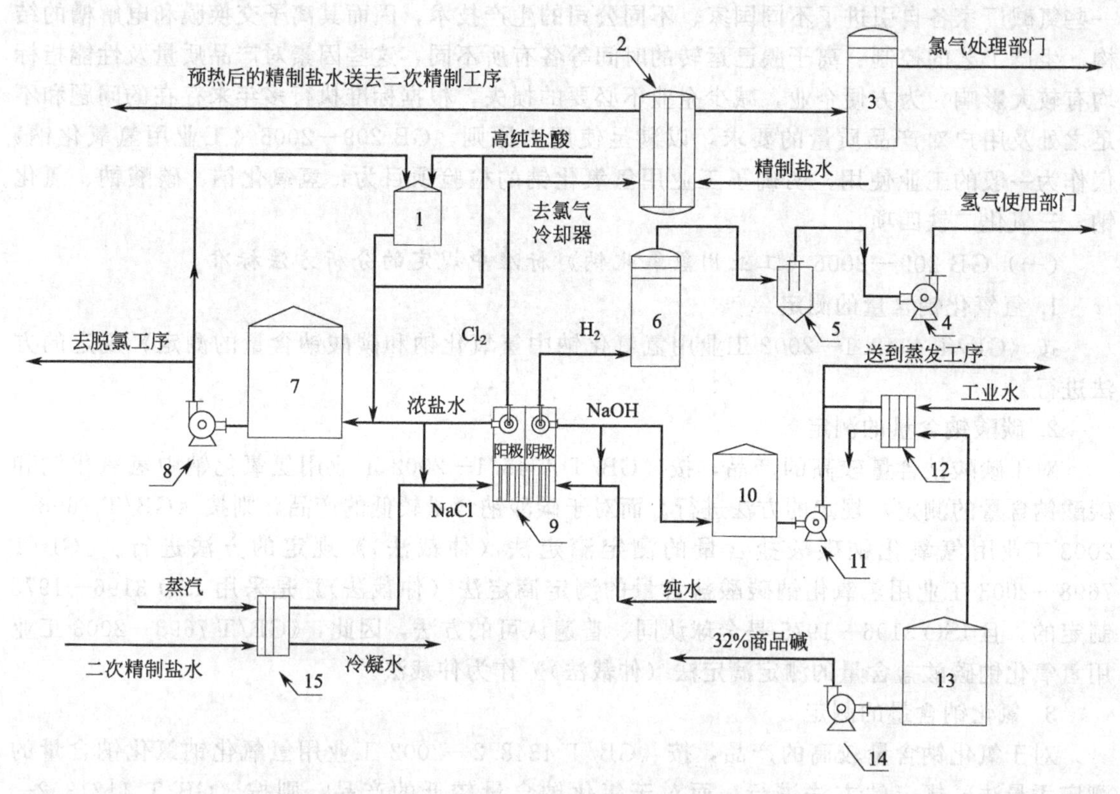

图 2-1　离子膜法生产工业氢氧化钠的工艺流程

1—氯酸盐分解槽；2—氯气冷却器；3—氯气洗涤塔；4—氢气鼓风机；5—水雾分离器；6—氢气洗涤塔；7—淡盐水贮槽；8—淡盐水泵；9—电解槽；10—碱液受槽；11—热碱泵；12—烧碱冷却器；13—碱液贮槽；14—碱泵；15—盐水预热器

的分离器分离后，氢气进入氢气总管，经氢气洗涤塔“6”洗涤后，再由水雾分离器“5”得到气体氢，最后氢气鼓风机“4”送至氢气使用部门。32%的高纯液碱一部分作为商品碱放在碱液贮槽“13”出售，或经过碱液受槽“10”，由热碱泵“11”送到蒸发工序浓缩可得52%浓液碱。另一部分则加入纯水后回流到电槽的阴极室。

2. 控制点分析项目

(1) 盐水精制　盐水精制的目的是除去盐水中的杂质（如泥沙、悬浮物、SO_4^{2-} 及 Ca^{2+}、Mg^{2+} 等)，以满足进电解槽操作的条件。达到通过严格控制电解槽卤水的质量和相关参数，延长离子膜寿命的目的。

盐水精制进电解槽前，应进行盐水浓度、悬浮物、温度、钙镁含量、酸碱度分析。

(2) 电解槽　电解槽中，槽电压升高，电流效率下降。而槽温、盐溶液的质量浓度、pH等，都直接影响着槽电压。因此，电解槽中，应测槽电压、氯气、氢气纯度、槽液含盐量。

(3) 电解液　测定 NaOH、NaCl 浓度。

(4) 产品　测定 NaOH、Na_2CO_3、NaCl、Fe_2O_3 含量。

二、工业氢氧化钠产品标准及分析方法标准

国家标准 GB 209—1993《工业用氢氧化钠》的发布实施，对于促进我国氢氧化钠产品质量的提高起到了积极的推动作用。由于该标准是以生产方法划分的，“先进严，落后宽”的现象普遍存在，并且，先进的离子膜法生产的氢氧化钠产品又未列入标准中，由于我国的

一些氯碱厂家各自引进了不同国家、不同公司的生产技术，因而其离子交换膜和电解槽的结构、生产工艺的控制、离子膜已运转的时间等各有所不同，这些因素对产品质量及性能指标均有较大影响，为方便企业，减少企业不必要的损失，根据标准执行多年来存在的问题和不足之处及用户对产品质量的要求，以满足使用为原则，GB 209—2006《工业用氢氧化钠》仅作为一般的工业使用，明确了工业用氢氧化钠的检验项目为：氢氧化钠、碳酸钠、氯化钠、三氧化二铁四项。

（一）GB 209—2006《工业用氢氧化钠》标准中规定的分析方法标准

1. 氢氧化钠含量的测定

按《GB/T 4348.1—2002 工业用氢氧化钠中氢氧化钠和碳酸钠含量的测定》规定的方法进行。

2. 碳酸钠含量的测定

对于碳酸钠含量较高的产品，按《GB/T 4348.1—2002 工业用氢氧化钠中氢氧化钠和碳酸钠含量的测定》规定的方法进行。而对于碳酸钠含量较低的产品，则按《GB/T 7698—2003 工业用氢氧化钠碳酸盐含量的测定滴定法（仲裁法）》规定的方法进行。《GB/T 7698—2003 工业用氢氧化钠碳酸盐含量的测定滴定法（仲裁法）》是采用 ISO 3196—1975 制定的，且 ISO 3196—1975 是全球认同、普遍认可的方法，因此，《GB/T 7698—2003 工业用氢氧化钠碳酸盐含量的测定滴定法（仲裁法）》作为仲裁法。

3. 氯化钠含量的测定

对于氯化钠含量较高的产品，按《GB/T 4348.2—2002 工业用氢氧化钠氯化钠含量的测定汞量法》规定的方法进行。而对于氯化钠含量较低的产品，则按《GB/T 11213.2—1989 化纤用氢氧化钠中氯化钠含量的测定分光光度法》规定的方法进行，两方法不存在哪项标准为仲裁标准的问题。

4. 三氧化二铁含量的测定

按《GB/T 4348.3—2002 工业用氢氧化钠铁含量的测定》规定的方法进行。

从质量统计看，不论何种方法生产的氢氧化钠产品，近几年生产工艺和装置都有较大的改进，铁含量相对较稳定也较低，《GB 209—2006 工业用氢氧化钠》标准中所有型号的铁项目均为抽检项目。

《GB 209—2006 工业用氢氧化钠》标准中规定：如有下述情况：停产后复产、生产工艺有较大改变（如材料、工艺条件等）、合同规定等，应进行型式检验。

（二）GB 209—2006 标准中规定的指标要求

1.《GB 209—2006 工业用氢氧化钠》标准中符号说明

I——工业用（Industrial use）缩写；

L——液体（Liquid）缩写；

S——固体（Solid）缩写；

IL——工业用液体氢氧化钠；

IS——工业用固体氢氧化钠；

CT——通常指苛化法生产的氢氧化钠，但不限于此工艺；

DT——通常指隔膜法生产的氢氧化钠，但不限于此工艺；

IT——通常指离子膜法生产的氢氧化钠，但不限于此工艺。

2.《GB 209—2006 工业用氢氧化钠》规定的工业用氢氧化钠技术指标

国内，目前离子膜生产的产品主要规格有 29%、30%、32%、42%、45%、48%、50%，修订后的《GB 209—2006 工业用氢氧化钠》中各型号规格仍分优等品、一等品和合格品三个等级，而IL-DT-Ⅱ规格液体氢氧化钠仅分为一等品和合格品两个等级，详见表2-1～表2-5。

表 2-1　固体氢氧化钠指标（一）

项　目		型号规格					
		IS-IT					
		Ⅰ			Ⅱ		
		优等品	一等品	合格品	优等品	一等品	合格品
氢氧化钠(以 NaOH 计)的质量分数		≥99.0	≥98.5	≥98.0	72.2±2.0		
碳酸钠(以 Na_2CO_3 计)的质量分数	≤	0.5	0.8	1.0	0.3	0.5	0.8
氯化钠(以 NaCl 计)的质量分数	≤	0.03	0.05	0.08	0.02	0.05	0.03
三氧化二铁(以 Fe_2O_3 计)的质量分数	≤	0.005	0.008	0.01	0.005	0.008	0.01

表 2-2　固体氢氧化钠指标（二）

项　目		型号规格					
		IS-DT					
		Ⅰ			Ⅱ		
		优等品	一等品	合格品	优等品	一等品	合格品
氢氧化钠(以 NaOH 计)的质量分数		≥96.0		≥95.0	72.2±2.0		
碳酸钠(以 Na_2CO_3 计)的质量分数	≤	1.2	1.3	1.6	0.4	0.8	1.0
氯化钠(以 NaCl 计)的质量分数	≤	2.5	2.7	3.0	2.0	2.5	2.8
三氧化二铁(以 Fe_2O_3 计)的质量分数	≤	0.008	0.01	0.02	0.008	0.01	0.02

表 2-3　液体氢氧化钠指标（一）

项　目		型号规格					
		IL-IT					
		Ⅰ			Ⅱ		
		优等品	一等品	合格品	优等品	一等品	合格品
氢氧化钠(以 NaOH 计)的质量分数	≥	45.0			30.0		
碳酸钠(以 Na_2CO_3 计)的质量分数	≤	0.2	0.4	0.6	0.1	0.2	0.4
氯化钠(以 NaCl 计)的质量分数	≤	0.02	0.03	0.05	0.005	0.008	0.01
三氧化二铁(以 Fe_2O_3 计)的质量分数	≤	0.002	0.003	0.005	0.0006	0.0008	0.001

表 2-4　液体氢氧化钠指标（二）

项　目		型号规格				
		IL-DT				
		Ⅰ			Ⅱ	
		优等品	一等品	合格品	一等品	合格品
氢氧化钠(以 NaOH 计)的质量分数	≥	42.0			30.0	
碳酸钠(以 Na_2CO_3 计)的质量分数	≤	0.3	0.4	0.6	0.3	0.5
氯化钠(以 NaCl 计)的质量分数	≤	1.6	1.8	2.0	4.6	5.0
三氧化二铁(以 Fe_2O_3 计)的质量分数	≤	0.003	0.006	0.01	0.005	0.008

表 2-5 氢氧化钠指标

项目		固体氢氧化钠			液体氢氧化钠		
		型号规格					
		IS-CT			IL-CT		
		Ⅰ			Ⅰ		
		优等品	一等品	合格品	优等品	一等品	合格品
氢氧化钠(以 NaOH 计)的质量分数	≥	97.0		94.0	45.0		42.0
碳酸钠(以 Na_2CO_3 计)的质量分数	≤	1.5	1.7	2.5	1.0	1.2	1.6
氯化钠(以 NaCl 计)的质量分数	≤	1.1	1.2	3.5	0.7	0.8	1.0
三氧化二铁(以 Fe_2O_3 计)的质量分数	≤	0.008	0.01	0.01	0.01	0.02	0.03

《GB 209—2006 工业用氢氧化钠》标准中规定：在正常生产情况下，每月至少进行一次型式检验。型式检验目的之一是定期或不定期监督产品质量，同时积累质量数据，并应用统计技术及时发现潜在的质量问题，及时改变工艺控制，提高产品质量。

不同型号的产品出厂检验项目和抽检项目不同《GB 209—2006 工业用氢氧化钠》，包容了我国目前多种方法生产的多规格产品，离子膜法生产的产品质量最好，质量最优，相对质量较稳定，而隔膜法生产的氢氧化钠产品氯化钠含量较高，而碳酸钠含量较低，苛化法生产的产品氯化钠含量较低而碳酸钠含量较高。工艺不同，产品质量不同，这样针对不同类型的产品设置不同的出厂检验项目和抽查项目是必要的。

《GB 209—2006 工业用氢氧化钠》标准规定的检验项目全部为型式检验项目，其中 IS-IT、IL-IT 型的氢氧化钠、氯化钠、三氧化二铁为型式检验项目中的出厂检验项目，其余为型式检验项目中的抽检项目。IS-DT、IS-CT、IL-DT 和 IL-CT 型的氢氧化钠、碳酸钠、氯化钠、三氧化二铁全部为出厂检验项目。除了标准规定外，供需双方在合同中可另行规定检验项目，以满足不同用户的需求。

(三) 检验报告内容

《GB 209—2006 工业用氢氧化钠》标准中规定，检验报告应包括以下内容：识别被试的样品所需的全部资料；使用的标准；试验结果，包括各单次试验结果和它们的算术平均值；与规定的分析步骤的差异；在试验中观察到的异常现象；试验日期。

工作项目

项目一　工业用氢氧化钠分析检验准备工作

一、试样的采取与制备

(一) 工业用氢氧化钠样品采取

1. 采样术语

(1) 采样单元　限定的物料量，其界限可能是有形的，如一个容器，也可能是设想的，如物料流的某一具体时间或间隔时间。

若干个采样单元可以收集在一起，例如装在一个袋子或箱子里。

(2) 份样　用采样器从一个采样单元中一次取得的定量物料。

(3) 样品　从数量较大的采样单元中取得的一个或几个采样单元，或从一个采样单元中取得的一个或几个份样。

样品可从一个份样或一个采样单元中取得，或者由合并多个份样或多个采样单元来得到。

(4) 批次　铁桶包装的固体氢氧化钠产品以每锅包装量为一批。袋装的片状、粒状、块状等固体氢氧化钠产品以每天或每一生产周期生产量为一批。液体氢氧化钠产品以贮槽或槽车所盛量为一批。用户以每次收到的同规格同批次的氢氧化钠产品为一批。

(5) 随机采样　对采样部位或采样间隔时间任意选定，并使任何部位的物料都有机会被采到的一种采样方法。

(6) 实验室样品　送往实验室供检验或测试而制备的样品。

2. 工业用液体氢氧化钠样品的采取

工业用液体氢氧化钠样品的采取应从槽车或贮槽的上、中、下三处（上部离液面 1/10 液层、下部离底层 1/10 液层）取出等量样品，将取出的样品混匀，装于干燥、清洁带胶塞的广口瓶或聚乙烯瓶（如果测定二氧化硅时）中。取样量不得少于 500mL。

生产企业可在充分混匀的成品贮槽取样口采取有代表性的氢氧化钠为实验室样品，进行检验。

当供需双方对产品质量发生异议时，仍以收到的槽车或贮槽经搅拌混匀后从上、中、下三处采取有代表性的样品为准。

3. 工业用固体氢氧化钠样品的采取

① 对于桶装工业用固体氢氧化钠，在总桶数的 5% 中采取实验室样品，小批量时不得少于 3 桶、顺桶竖接口处剖开桶皮，将碱劈开，从上、中、下三处迅速取出有代表性的样品，混匀。装于干燥、清洁带胶塞的广口瓶或聚乙烯瓶中（如果测定二氧化硅时）。取样量不得少于 500g。

生产企业可在包装前采取有代表性的熔融碱（也可在包装桶内取熔融碱）为实验室样品，进行检验。按每批装桶数的 5%（包括首末两桶）进行取样，将取得的实验室样品放在清洁、干燥带塞的广口瓶中，密封（如果测定二氧化硅含量时，应装于清洁、干燥带塞的内衬锡纸的广口瓶中，密封）。取样量不得少于 500g。

如因取样方法不同，影响产品质量而发生异议时，仍以破桶取样为准。

但当供需双方对产品质量发生争议时，仍以破桶取样为准。

② 对于片状、粒状、块状等袋装固体氢氧化钠从批量总袋数中按下述规定的采样单元数进行随机采样。

为避免批量大时抽取单元数偏多，而批量少时抽取单元数偏少的问题，当总袋数小于 512 时，按“表 1-3”确定采取；大于 512 时，以公式 $n=3\times\sqrt[3]{N}$（N 为总袋数）确定，如遇小数进为整数（选取采样单元数的规定见表 1-3）。

生产企业为避免破袋，也可在包装线上采取有代表性的样品为实验室样品，进行检测。但当供需双方对产品质量产生争议时，仍以破袋取样为准。

如果检验结果有一项指标不符合本标准技术要求，应重新由槽车、贮槽和自两倍量的桶中采取实验室样品进行复验。复验的结果，即使只有一项指标不符合标准技术要求，则整批产品为不合格。

4. 工业用氢氧化钠样品的存留

(1) 样品的保存　采取的实验室样品，应在样品瓶上注明：生产厂名称、产品名称、商标类型、批号或槽车号、取样日期及取样人姓名。

(2) 样品保留　保留样品是在制取供检验用样品的同时获得的备份样品。主要用于仲裁检验、重复检测、研究产品质量的贮存变化及质量控制。

在仲裁检验上，因为保留样品多为生产单位自己采取的样品，从多年执行国家标准的实际情况与使用单位操作情况看，当对产品发生争议时，用户不会同意以保留样作为判定产品合格与否的依据，只能以收到的产品双方或三方重新采样，所以保留样品已无实际意义。GB 209—2006《工业用氢氧化钠》中，不规定样品保留期。

若有必要，当然也可以在合同中约定，生产方与使用方共同取样封存，作为保留样品，当发生争议时，以保留样品为准。

生产单位为了检查自己和检验结果的可靠性，认为有必要保留样品的，可自行规定保留样品。

（二）工业用氢氧化钠试样溶液的制备

取20～30mL无二氧化碳水于250mL烧杯中。

用干燥、洁净并已知质量的称量瓶，迅速称取工业用氢氧化钠样品（固体氢氧化钠36g±1g，液体氢氧化钠50g±1g）（精确至0.01g），快速用洗瓶将水吹入称量瓶样品中，使样品溶解并流入上述烧杯中，冲洗称量瓶，洗液一并转入烧杯中。完全溶解后转入1000mL容量瓶中，待冷却至室温后稀释至刻度，摇匀。

此试样溶液用于“项目二　工业用氢氧化钠中氢氧化钠和碳酸钠含量测定”及“项目三　工业用氢氧化钠中氯化钠含量的测定”。

二、溶液、试剂及器材准备

（一）工业用氢氧化钠中氢氧化钠和碳酸钠含量测定的准备工作

1. 试剂

（1）酚酞指示剂：10g/L。

（2）氯化钡溶液：100g/L，使用前，以酚酞（10g/L）为指示剂，用氢氧化钠滴定标准溶液调至微红色。

（3）溴甲酚绿-甲基红混合指示剂：将三份0.1g/L溴甲酚绿的乙醇溶液和一份0.1g/L甲基红的乙醇溶液混合。

（4）盐酸标准滴定溶液：$c(HCl)=1.000mol/L$。

2. 仪器设备

具塞锥形瓶、称量瓶、分析天平及分析实验室常用仪器和磁力搅拌器。

（二）工业用氢氧化钠中氯化钠含量测定的准备工作

1. 试剂

（1）硝酸溶液：1+1，NO_2^- 含量高时，对滴定终点有明显的干扰。当发现滴定终点变化不明显时，硝酸溶液需重新配制。

（2）硝酸溶液：2mol/L。

（3）氢氧化钠溶液：2mol/L。

（4）氯化钠（基准试剂）标准溶液：0.05mol/L，称取在500℃下干燥1h至恒重并置于干燥器中冷却后的氯化钠（NaCl）2.9221g（精确至0.0001g）于烧杯中，溶解后转入1000mL容量瓶中，用水稀释至刻度，摇匀。

（5）溴酚蓝指示剂：1g/L。

（6）二苯偶氮碳酰肼指示剂：5g/L。

（7）硝酸汞标准滴定溶液：$c\left[\frac{1}{2}Hg(NO_3)_2\right]=0.05mol/L$。

① 制备　称取5.43g±0.01g氧化汞（HgO），置于烧杯中，加20mL硝酸溶液（1+1），

加少量水（必要时过滤），将溶液转入1000mL容量瓶中，用水稀释至刻度，摇匀。

或者称取8.56g±0.01g硝酸汞[$Hg(NO_3)_2 \cdot H_2O$]，置于烧杯中，加8mL硝酸溶液（2mol/L），加少量水，将溶液转入1000mL容量瓶中，用水稀释至刻度，摇匀。

② 标定　移取25.00mL氯化钠标准溶液（0.05mol/L），置于250mL锥形瓶中，加40mL水，再加入3滴溴酚蓝指示剂溶液，逐滴加入硝酸溶液（2mol/L），使溶液由蓝色变为黄色，加1mL二苯偶氮碳酰肼（5g/L）指示剂溶液，用待标定的硝酸汞标准滴定溶液滴定至溶液由黄色变成紫红色为终点。同时以水作空白试验。

硝酸汞标准滴定溶液的实际浓度按下式计算：

$$c=\frac{m\times\frac{25}{1000}}{58.443\times\frac{(V-V_0)}{1000}}=\frac{25m}{58.443\times(V-V_0)} \tag{2-1}$$

式中　c——硝酸汞标准滴定溶液的实际浓度，mol/L；

m——氯化钠基准试剂的质量，g；

V——测定消耗的硝酸汞标准滴定溶液的体积，mL；

V_0——空白消耗的硝酸汞标准滴定溶液的体积，mL；

58.443——氯化钠的摩尔质量，g/mol。

允许差：不得超过0.001mol/L。

（8）硝酸汞标准滴定溶液：$c\left[\frac{1}{2}Hg(NO_3)_2\right]=0.005$mol/L，吸取50.00mL标定后的硝酸汞标准滴定溶液$c\left[\frac{1}{2}Hg(NO_3)_2\right]=0.05$mol/L，于500mL容量瓶中，补加适量的硝酸溶液（1+1），以防止硝酸汞分解，加水稀释至刻度，摇匀。

2. 仪器设备

2mL，5mL半微量滴定管、称量瓶、分析天平及分析实验室常用仪器。

（三）工业用氢氧化钠中铁含量测定的准备工作

1. 试剂

（1）盐酸：1+1。

（2）氨水：10%及2.5%溶液。

（3）硫酸。

（4）冰乙酸。

（5）乙酸钠（$CH_3COONa \cdot 3H_2O$）。

（6）乙酸-乙酸钠缓冲溶液：pH=4.9，称取68g乙酸钠（$CH_3COONa \cdot 3H_2O$），溶于水，加28.6mL冰乙酸，稀释至1000mL。

（7）盐酸羟胺溶液：10g/L。

（8）对硝基酚溶液：2.5g/L，称取0.25g对硝基酚，溶于乙醇（95%）中，用乙醇（95%）稀释至100mL。

（9）邻菲啰啉：2.5g/L溶液，该溶液应注意避光保存，若溶液有色，则不能使用。

（10）铁标准（贮备）溶液：1mL含有0.200mg铁，称取1.4043g硫酸亚铁铵[$(NH_4)_2Fe(SO_4)_2 \cdot 6H_2O$]，准确至0.0001g，溶于200mL水中，加入20mL硫酸，冷却至室温，转入1000mL容量瓶中，稀释至刻度，摇匀。

2. 仪器设备

1mL、5mL、20mL 吸量管，100mL、500mL、1000mL 容量瓶，721 型分光光度计及分析实验常用仪器。

项目二　工业用氢氧化钠中氢氧化钠和碳酸钠含量的测定

一、氢氧化钠含量的测定

移取 50.00mL 试样溶液 [见“工业用氢氧化钠试样溶液的制备”] 于 250mL 具塞锥形瓶中，加入 10mL 氯化钡溶液（100g/L）、2～3 滴酚酞（10g/L）指示剂，在磁力搅拌器搅拌下，用盐酸标准滴定溶液（1.000mol/L）密闭滴定至微红色为终点，记下滴定所消耗标准滴定溶液的体积为 V_1。

二、氢氧化钠和碳酸钠含量的测定

另移取试样溶液 50.00mL，于 250mL 具塞锥形瓶中，加入 10 滴溴甲酚绿-甲基红混合指示剂，在磁力搅拌器搅拌下，用盐酸标准滴定溶液（1.000mol/L）密闭滴定至酒红色为终点。记下滴定所消耗标准滴定溶液的体积为 V_2。

三、分析结果的表述

① 以质量分数表示的氢氧化钠（NaOH）含量 w_1 按下式计算：

$$w_1(\%)=\frac{cV_1\times 0.04000}{\frac{m}{1000}\times 50}\times 100\% \tag{2-2}$$

式中　c——盐酸标准滴定溶液的实际浓度，mol/L；

V_1——测定氢氧化钠所消耗盐酸标准滴定溶液的体积，mL；

m——试样的质量，g；

0.04000——与 1.00mL 盐酸标准滴定溶液 [$c(HCl)=1.000mol/L$] 相当的以克表示的氢氧化钠的质量。

② 以质量分数表示的碳酸钠（Na_2CO_3）含量 w_2 按下式计算：

$$w_2(\%)=\frac{c(V_2-V_1)\times 0.05299}{m\times \frac{50}{1000}}\times 100\% \tag{2-3}$$

式中　c——盐酸标准滴定溶液的实际浓度，mol/L；

V_1——测定氢氧化钠所消耗盐酸标准滴定溶液的体积，mL；

V_2——测定氢氧化钠和碳酸钠所消耗盐酸标准滴定溶液的体积，mL；

m——试样的质量，g；

0.05299——与 1.00mL 盐酸标准滴定溶液 [$c(HCl)=1.000mol/L$] 相当的以克表示碳酸钠（Na_2CO_3）的质量。

允许差：平行测定结果的绝对值之差不超过下列数值。

氢氧化钠（NaOH），0.10%；

碳酸钠（Na_2CO_3），0.05%。

取平行测定结果的算术平均值为报告结果。

项目三　工业用氢氧化钠中氯化钠含量的测定

GB 4348.2 工业用氢氧化钠中氯化钠含量的测定——汞量法适用于氯化钠含量较高的产品，GB/T 11213.2 化纤用氢氧化钠中氯化钠含量的测定——分光光度法适用于氯化钠含量较低的产品，两方法不存在哪项标准为仲裁标准的问题。

一、氯化钠含量的测定

移取 50.00mL 试样溶液，置于 250mL 锥形瓶中，加入 40mL 水、3 滴溴酚蓝指示剂溶液（1g/L），逐滴加入硝酸溶液（1+1），至溶液由蓝色变为黄色，并过量 1～3 滴。加入 1mL 二苯偶氮碳酰肼指示剂（5g/L），用微量滴定管（2mL 或 5mL）装入硝酸汞标准滴定溶液（0.005mol/L），滴定至溶液由黄色变成紫红色为终点。

同时以水作空白实验。

备注：滴定后的含汞废液应集中处理。

二、分析结果表述

以质量分数表示的氯化钠（NaCl）含量 w 按下式计算：

$$w(\%)=\frac{c(V-V_0)\times 0.05844}{m\times\frac{50}{1000}}\times 100\% \qquad (2\text{-}4)$$

式中　c——硝酸汞标准滴定溶液的实际浓度，mol/L；

V——测定样品溶液消耗的硝酸汞标准滴定溶液的体积，mL；

V_0——空白实验消耗的硝酸汞标准滴定溶液的体积，mL；

m——试样的质量，g；

0.05844——氯化钠的摩尔质量，g/mol。

项目四　工业用氢氧化钠中铁含量的测定

一、标准曲线的绘制

（一）试液配制

1. 铁标准工作溶液（1mL 含有 0.010mg 铁）

取 25.00mL 铁标准溶液（1mL 含有 0.200mg 铁），移入 500mL 容量瓶中，稀释至刻度，摇匀。该溶液要在使用前配制。

2. 标准参比液的配制

依次取 0.0mL、1.0mL、2.5mL、4.0mL、5.0mL、8.0mL、10.0mL、12.0mL、15.0mL 铁标准工作溶液（铁 0.010mg/mL）于 100mL 容量瓶中，分别在每个容量瓶中，加入 1.0mL 盐酸（1+1）并加入约 50mL 水，然后加入 5mL 盐酸羟胺（10g/L），20mL 乙酸-乙酸钠缓冲溶液（pH=4.9）及 5mL 的邻菲啰啉溶液（2.5g/ L），用水稀释至刻度，摇匀，静置 10min。

（二）标准参比液吸光度的测定及标准工作曲线的绘制

① 以不加铁标准溶液的参比液调整仪器的吸光度为零，在波长 510nm 处，按所测样品铁含量范围选用相应规格的比色皿，见表 2-6，测定标准参比液的吸光度。

表 2-6　比色皿的选择

三氧化二铁的质量分数/%	比色皿规格/cm	三氧化二铁的质量分数/%	比色皿规格/cm
<0.001	5	0.01～0.015	2 或 1
0.005～0.01	2 或 3	0.015～0.03	1 或 0.5

② 以 100mL 标准参比液所含铁的质量（mg）为横坐标，与其相应的吸光度为纵坐标绘制标准曲线。

二、样品测定

（一）样品溶液及空白试验溶液的配制

1. 称样和样品溶液的制备

用称量瓶称取 15～20g 固体或 25～30g 液体氢氧化钠样品，准确至 0.01g。

将称取样品移入 500mL 烧杯中，加水溶解至约 120mL，加 2～3 滴对硝基酚指示剂溶液（2.5g/ L），用盐酸（1+1）中和至黄色消失为止，再过量 4mL，煮沸 5min，冷却至室温后移入 250mL 容量瓶中，用水稀释至刻度，摇匀。然后进行显色处理。

2. 空白试验溶液

在 500mL 烧杯中，加入 25mL 水和与中和样品等量的盐酸（1+1），加入 2～3 滴对硝基酚指示剂溶液（2.5g/ L），然后用氨水（10%）中和至浅黄色，逐滴加入盐酸（1+1）调至溶液为无色，再过量 2mL，煮沸 5min，冷却至室温，移入 250mL 容量瓶中，用水稀释至刻度，摇匀。然后进行显色处理。

3. 显色

移取 50.00mL 试样溶液（空白试验溶液）于 100mL 容量瓶中，加 5mL 盐酸羟胺（10g/ L）、20mL 缓冲溶液（pH=4.9）及 5mL 的邻菲啰啉溶液（2.5g/L），用水稀释至刻度，摇匀。静置 10min。

（二）试样吸光度的测定及结果计算

① 按“显色”所述内容，测定显色后的样品溶液的吸光度，测定前用显色后的空白试验溶液调整仪器吸光度为零。

② 结果的计算

铁的质量分数 X，数值以毫克每克（mg/g）表示，按下式计算：

$$X=\frac{m_1}{m_0}\times\frac{250}{50}=\frac{5m_1}{m_0} \tag{2-5}$$

式中 m_1——试液吸光度相对应的铁的质量，mg；

m_0——试样质量，g。

或以质量分数（%）表示的三氧化二铁含量 X_1，按下式计算：

$$X_1=1.4297\times10^{-4}X \tag{2-6}$$

式中 1.4297——铁与三氧化二铁的折算系数。

问题探究

一、工业用氢氧化钠的化学组成、性能及应用

氢氧化钠，俗名烧碱，化学式 NaOH，相对分子质量 40.01。

市售烧碱有液态和固态两种，主要品种有 30%液体烧碱、96%固体、片状、粒状烧碱。纯固体烧碱呈白色，有块状、片状、棒状、粒状，质脆；纯液体烧碱为无色透明液体。

氢氧化钠极易溶于水，溶解度随温度的升高而增大，溶解时能放出大量的热，288K 时其饱和溶液浓度可达 26.4mol/L。氢氧化钠还易溶于乙醇、甘油；但不溶于乙醚、丙酮、液氨。

氢氧化钠对皮肤、纤维、玻璃、陶瓷等有腐蚀作用。溅到皮肤上，会腐蚀表皮，造成烧伤。由于其对蛋白质有溶解作用，与酸烧伤相比，碱烧伤更不容易愈合。碱液触及皮肤，可用 5%～10%硫酸镁溶液清洗；如溅入眼睛里，应立即用大量硼酸水溶液清洗；少量误食时立即用食醋、3%～5%醋酸或 5%稀盐酸、大量橘汁或柠檬汁等中和，给饮蛋清、牛奶或植

物油并迅速就医，禁忌催吐和洗胃。

大量接触烧碱时应佩带防护用具，工作服或工作帽应用棉布或适当的合成材料制作。操作人员必须经过专门培训，严格遵守操作规程，工作时必须穿戴工作服、口罩、防护眼镜、橡皮手套、橡皮围裙、长统胶靴等劳保用品。

氢氧化钠的水溶液有涩味和滑腻感，溶液呈强碱性，具备碱的一切通性。在空气中易吸收二氧化碳和水。溶解或浓溶液稀释时会放出热量；与无机酸发生中和反应也能产生大量热，生成相应的盐类；与金属铝和锌、非金属硼和硅等反应放出氢；与氯、溴、碘等卤素发生歧化反应。能从水溶液中沉淀金属离子成为氢氧化物；能使油脂发生皂化反应，生成相应的有机酸的钠盐和醇，这是去除织物上的油污的原理。

氢氧化钠的用途十分广泛，在化学实验中，除了用做试剂以外，由于它有很强的吸湿性，还可用做碱性干燥剂。

工业氢氧化钠是基本的化工原料，广泛地应用于轻工（造纸、油脂、洗涤剂）、化工（有机化工、无机化工、日用化工、石油化工）、纺织（化纤漂洗及印染后处理）、医药、冶金、水处理等领域。

二、工业用氢氧化钠化学分析方法解读

氢氧化钠中碳酸钠含量直接影响氢氧化钠质量，是一项很重要的技术指标，只有控制好碳酸钠的含量，氢氧化钠的质量才能得到保证。碳酸钠的来源主要是在氢氧化钠的生产、储藏过程中管理不善，吸收了空气中的二氧化碳气体所致。只有加强各个环节的管理，才可能减少碳酸钠生成的机会。

严格的分析方法才能真正地反映出产品质量，尤其是测定结果与技术指标要求的数据相差无几时，更显得重要，否则就会因碳酸盐造成产品降级处理。

（一）工业用氢氧化钠中氢氧化钠和碳酸钠含量的测定——滴定法分析条件控制

1. 氢氧化钠含量的测定原理

试样溶液中先加入氯化钡，将碳酸钠转化为碳酸钡沉淀，然后以酚酞为指示剂，用盐酸标准滴定溶液滴定至终点，根据滴定消耗的体积计算出碳酸钠的含量。反应如下：

$$Na_2CO_3 + BaCl_2 \longrightarrow BaCO_3 \downarrow + 2NaCl$$

$$NaOH + HCl \longrightarrow NaCl + H_2O$$

2. 碳酸钠含量的测定原理

试样溶液以溴甲酚绿-甲基红（pH＝5.1）混合指示剂为指示剂，变色范围较窄、颜色变化也更敏锐，更宜观察。用盐酸标准滴定溶液滴定至终点，测得氢氧化钠和碳酸钠总和，再减去氢氧化钠含量，则可测得碳酸钠含量。

$$Na_2CO_3 + 2HCl \longrightarrow 2NaCl + CO_2 \uparrow + H_2O$$

$$NaOH + HCl \longrightarrow NaCl + H_2O$$

3. 分析条件的选择与控制

（1）盐酸标准滴定溶液浓度控制　由于氢氧化钠含量高，采用高浓度的盐酸标准溶液进行测定时，测定结果可达到容量分析的误差要求。但对于含量低的碳酸钠而言，采用高浓度的盐酸标准溶液滴定，消耗的标准溶液的体积过小，必将带来较大的分析结果误差，碳酸钠含量越低，相对误差就越大。

因此，采用高浓度盐酸标准溶液对氢氧化钠中含量相对较低的碳酸钠含量进行测定时，盐酸标准溶液的浓度应控制在 1.000mol/L 内。否则有一滴溶液的误差，测定结果的相对误

差就能放大若干倍。

(2) 指示剂的选择

① 氢氧化钠含量的测定中指示剂的选择　工业用氢氧化钠中碳酸钠杂质含量是较低的，固体工业用氢氧化钠及液体工业用氢氧化钠中，碳酸钠含量的技术指标要求最高分别为小于2.5%及1.6%。

盐酸标准滴定溶液与氢氧化钠完全中和，以酚酞（pH=8.0～9.6无红）为指示剂，用盐酸标准滴定溶液滴定至终点时，碳酸钡有可能与盐酸标准滴定溶液起反应：

$$BaCO_3 + 2HCl \longrightarrow BaCl_2 + H_2O + CO_2\uparrow$$

极有可能使氢氧化钠的测定结果偏高，而碳酸钠的测定结果偏低。也有可能使测定氢氧化钠的盐酸标准滴定溶液的用量几乎与测定碳酸钠和氢氧化钠总量所用的盐酸标准滴定溶液用量相等，导致无法测得碳酸钠的含量。因此，指示剂的选择非常关键，特别是使用的盐酸标准溶液的浓度较大，若指示剂的变色范围宽，更易导致测定结果的误差增大。有资料显示，采用甲酚红和百里酚蓝混合指示剂，由于变色范围窄，为pH=8.2（粉红）～8.4（紫），在pH=8.3（樱桃色）时变色敏锐，可获得较好的分析结果。

② 碳酸钠含量的测定中指示剂的选择　由于滴定产物是H_2CO_3（H_2O+CO_2），其饱和溶液的浓度约为0.04mol/L，此时溶液的pH=3.9，选择甲基橙［pH=3.0(红)～4.4(黄)］指示剂时，由于其变色是逐步、缓慢地由黄色变为红色，终点难以判断，变色范围宽，终点不易观察。采用溴甲酚绿-甲基红（pH=5.1）指示剂变色范围较窄、颜色变化也更敏锐，更宜观察，且与盐酸标准溶液的标定相同，可减少测定误差。

(3) CO_2的影响及处理　测定碳酸钠的含量时，溶液常因CO_2的存在而形成过饱和溶液，滴定过程中生成的H_2CO_3只能慢慢转变为CO_2，导致溶液的酸度略增，终点将提前，因此，采取在滴定终点附近剧烈地摇动溶液，可降低CO_2对终点观察的影响。

（二）工业用氢氧化钠中氯化钠含量的测定——汞量法条件控制

1. 原理

硝酸汞与氯化钠生成离解度极小的氯化汞，当滴定至终点时，过量的硝酸汞即与二苯卡巴腙生成紫色配合物，指示出明显的终点。

$$Hg(NO_3)_2 + 2NaCl \longrightarrow HgCl_2 + 2NaNO_3$$

$$Hg^{2+} + 2O{=}C\begin{cases} NH{-}N(C_6H_5){-}H \\ N{=}N{-}C_6H_5 \end{cases} \longrightarrow O{=}C\begin{cases} NH{-}N(C_6H_5) \\ N{=}N(C_6H_5) \end{cases}Hg\begin{cases} N(C_6H_5){-}N \\ N(C_6H_5){=}N \end{cases}C{=}O + 2H^+$$

（红棕色）　　　　　　　　（紫色）

2. 分析条件的选择与控制

(1) 酸度　在滴定过程中，必须控制溶液pH在3.0～3.2范围内。如果pH太高，滴定终点提前，测定结果偏低；pH值太低，Hg^{2+}与指示剂反应缓慢，终点推后，结果偏高。采用溴酚蓝［pH=3.0（黄）～4.6（蓝）］不仅指示溶液的pH，同时也可掩蔽二苯卡巴腙的灰色指示滴定终点，使终点更为明显。

(2) 溶剂的选择　以乙醇为介质，可使二苯卡巴腙合汞的配合物离解度降低，终点敏锐。因此，移取试样溶液后，可以40mL 95%的乙醇代替水。

（三）工业用氢氧化钠中三氧化二铁含量的测定——邻菲啰啉分光光度法条件控制

1. 化学反应原理

Fe^{3+}与邻菲啰啉作用形成蓝色配合物，稳定性较差，因此在实际应用中常用盐酸羟胺将试样溶液中Fe^{3+}还原成Fe^{2+}：

$$2Fe^{3+}+2NH_2OH\cdot HCl \longrightarrow 2Fe^{2+}+N_2\uparrow+2H_2O+4H^{+}+2Cl^{-}$$

在缓冲溶液（pH＝4.9）中，Fe^{2+}与邻菲啰啉生成橘红色配合物：

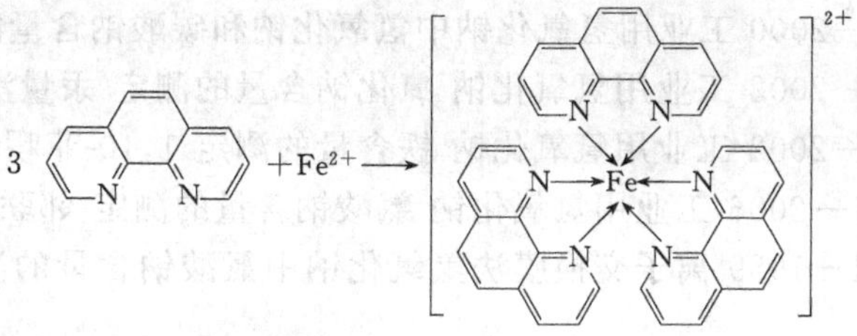

在波长510nm下测定该配合物的吸光度。

2. 分光光度法吸光原理（见图2-2）

$$T=I/I_0$$

$$A=-\lg T=\lg(I_0/I)=kcb$$

式中　T——透射比；

I_0——入射光强度；

I——透射光强度；

A——吸光度；

k——吸收系数；

b——溶液厚度；

c——溶液浓度。

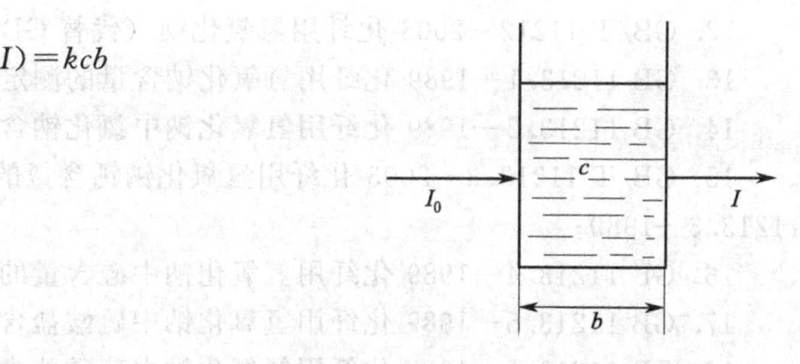

图 2-2　分光光度法吸光原理

3. 分析条件的选择与控制

（1）溶液酸度　邻菲啰啉与Fe^{2+}显色反应的适宜pH范围很宽，在pH 2～9的溶液中均能生成稳定的橙红色螯合物，酸度过高时反应进行较慢；酸度过低时Fe^{2+}将水解，通常在pH约为5的HAc-NaAc缓冲介质中生成的络合物非常稳定。

对硝基酚（pH＝5.0～7.6，无黄）指示剂溶液能指示溶液的pH。

（2）显色剂的用量　邻菲啰啉用量一般控制在4.5～7.0mL范围内效果好，本实验确定选用5.0mL。

（3）干扰情况　邻菲啰啉与Fe^{2+}反应，选择性很高，相当于含铁量5倍的Co^{2+}、Cu^{2+}，20倍量的Cr^{3+}、Mn^{2+}，甚至40倍量的Al^{3+}、Ca^{2+}、Mg^{2+}、Sn^{2+}、Zn^{2+}都不干扰测定。但Bi^{3+}、Ca^{2+}、Hg^{2+}、Ag^{+}、Zn^{2+}与显色剂生成沉淀，因此，当这些离子共存时应注意它们的干扰作用。

（4）参比溶液　用来调节仪器零点的参比溶液，作用是扣除背景干扰，本实验中因为蒸馏水成分与试液成分相差太大，因此，不能以蒸馏水为参比。

知识拓展

一、工业氢氧化钠生产中的原料及分析方法

工业氢氧化钠生产工艺多种，生产原料有所不同，由于工业氢氧化钠用途广泛，对产品

质量的要求也有所不同，因此，分析方法因工艺、应用不同也有所不同。

（一）我国关于氢氧化钠产品分析方法的标准

1. GB 209—2006 工业用氢氧化钠；

2. GB/T 11199—2006 高纯氢氧化钠；

3. GB/T 7698—2003 工业用氢氧化钠碳酸盐含量的测定滴定法（仲裁法）；

4. GB/T 11199—1989 离子交换膜法氢氧化钠；

5. GB/T 4348.1—2000 工业用氢氧化钠中氢氧化钠和碳酸钠含量的测定；

6. GB/T 4348.2—2002 工业用氢氧化钠 氯化钠含量的测定 汞量法；

7. GB/T 4348.3—2002 工业用氢氧化钠 铁含量的测定 1,10-菲啰啉分光光度法；

8. GB/T 11200.1—2006 工业用氢氧化钠 氯酸钠含量的测定 邻联甲苯胺分光光度法；

9. GB/T 11200.1—1989 离子交换膜法氢氧化钠中氯酸钠含量的测定 邻联甲苯胺分光光度法；

10. GB/T 11200.2—1989 离子交换膜法氢氧化钠中氧化铝含量的测定 分光光度法；

11. GB/T 11200.3—1989 离子交换膜法氢氧化钠中钙含量的测定 火焰原子吸收法；

12. GB/T 11212—2003 化纤用氢氧化钠（代替 GB/T 11212—1989）；

13. GB 11213.1—1989 化纤用氢氧化钠含量的测定方法（甲法）；

14. GB 11213.2—1989 化纤用氢氧化钠中氯化钠含量的测定 分光光度法；

15. GB/T 11213.3—2003 化纤用氢氧化钠钙含量的测定 EDTA 络合滴定法代替 GB/T 11213.3—1989；

16. GB 11213.4—1989 化纤用氢氧化钠中硅含量的测定 还原硅钼酸盐分光光度法；

17. GB 11213.5—1989 化纤用氢氧化钠中硫酸盐含量的测定 硫酸钡重量法（甲法）；

18. GB 11213.6—1989 化纤用氢氧化钠中硫酸盐含量的测定 比浊法（乙法）；

19. GB 11213.7—1989 化纤用氢氧化钠中铜含量的测定 分光光度法；

20. GB 5175—2008 食品添加剂氢氧化钠。

（二）型式检验项目

1. 型式检验定义

型式检验也称例行检验，是对产品质量进行全面考核，即对产品标准中规定的技术要求全部进行检验（必要时，还可增加检验项目）。

一般在下列情况之一时，应进行型式检验：

① 新产品或者产品转厂生产的试制定型鉴定；

② 正式生产后，如结构、材料、工艺有较大改变，考核对产品性能影响时；

③ 正常生产过程中，定期或积累一定产量后，周期性地进行一次检验，考核产品质量稳定性时；

④ 产品长期停产后，恢复生产时；

⑤ 出厂检验结果与上次型式检验结果有较大差异时；

⑥ 国家质量监督机构提出进行型式检验的要求时。

可见，型式检验主要适用于产品定型鉴定和评定产品质量是否全面地达到标准和设计要求。很多产品标准中，要注明型式检验，明确型式检验的条件和规则等内容，也有些产品不必进行型式检验。

2. 如何进行型式检验

产品归口检测依据“检验中心经政府认定的承检范围”确定。企业可在具有承检资格的检验中心自行选择。对检验中心归口的受检目录不明确的，以书面形式递交请示报告到受理办，由受理办转主管部门答复确定后通知企业。

二、工业用氢氧化钠中氢氧化钠和碳酸钠含量测定的其他方法

除本节中介绍的 GB/T 4348.1—2002《工业用氢氧化钠中氢氧化钠和碳酸钠含量的测定》之外，对工业用氢氧化钠中氢氧化钠和碳酸钠含量还可采用仲裁法、改进氯化钡法及双指示剂法等。

（一）仲裁法（GB/T 7698—2003）

1. 说明

仲裁法适用于碳酸盐（以 Na_2CO_3 计）的质量分数大于或等于 0.02%的产品。

通过预实验，将样品分为三类：不含硫化物和氯酸盐的氢氧化钠；含硫化物的氢氧化钠[适用于硫化物（以 Na_2S 计）的质量分数小于 0.1%的产品]；含氯酸盐的氢氧化钠[本标准适用于氯酸盐（以 $NaClO_3$ 计）的质量分数小于 0.2% 的产品]。

对上述三类产品，因含有特殊成分而应采取针对性的分析步骤进行检验。

2. 测定装置

图 2-3 为仲裁法测定烧碱中氢氧化钠和碳酸钠的装置。

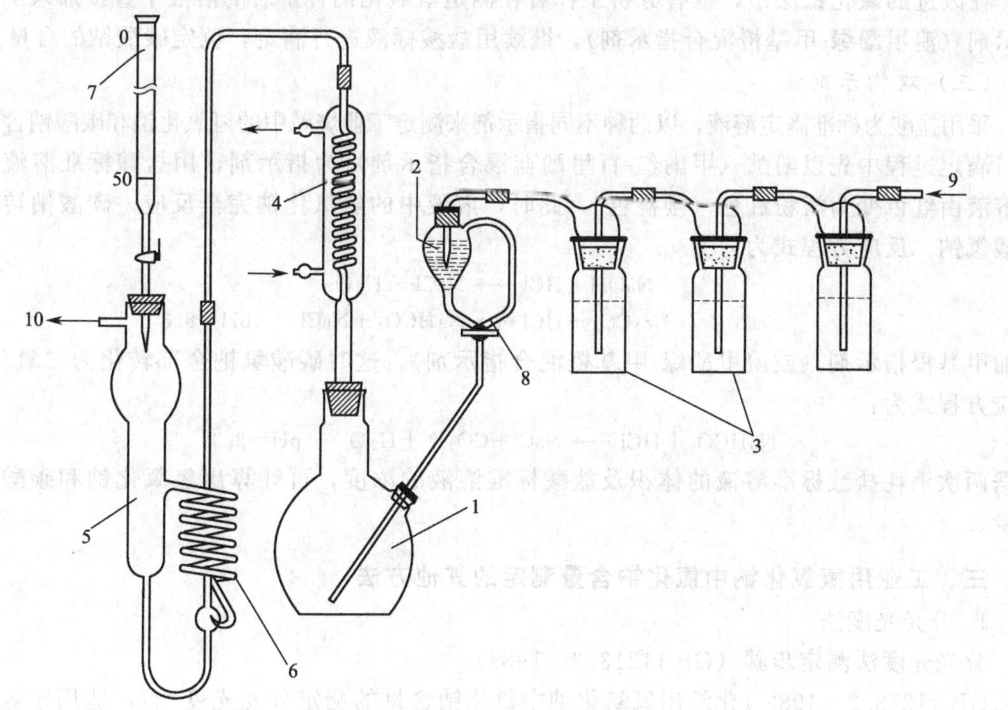

图 2-3　仲裁法测定烧碱中氢氧化钠和碳酸钠装置

1—平底（或圆底）双口烧瓶；2—分液漏斗；3—洗气瓶；4—蛇形冷凝器；5—吸收器；6—蛇形吸收管；7—滴定管；8—V 形孔活塞；9,10—氮气或空气的进出口

3. 不含硫化物和氯酸盐的氢氧化钠分析步骤

试料经酸化和加热，放出二氧化碳，导入过量氢氧化钡溶液中吸收，剩余的氢氧化钡以百里香酚酞为指示液，用盐酸标准滴定溶液滴定，至溶液由蓝色变为无色为终点。

4. 含硫化物的氢氧化钠分析步骤

试料酸化前先用过氧化氢氧化，然后经酸化和加热，放出二氧化碳，导入过量的氢氧化

钡溶液中吸收，剩余的氢氧化钡以百里香酚酞为指示液，用盐酸标准滴定溶液滴定，至溶液由蓝色变为无色为终点。

5. 含氯酸盐的氢氧化钠分析步骤

试料预先用硫酸亚铁将氯酸盐还原为氯化物，然后经酸化和加热，放出二氧化碳，导入过量的氢氧化钡溶液中吸收，剩余的氢氧化钡以百里香酚酞为指示液，用盐酸标准滴定溶液滴定，至溶液由蓝色变为无色为终点。

（二）改进氯化钡法

1. 氢氧化钠含量的测定

吸取样品溶液，用氯化钡与碳酸钠反应，使其生成碳酸钡沉淀，用干滤法将溶液滤出(以此完全消除碳酸钡沉淀的影响)，溶液中只剩余 OH^-，以酚酞指示剂指示终点，用盐酸标液进行滴定至溶液呈微红色，可测定氢氧化钠的含量。

2. 碳酸钠含量的测定

另吸取样品溶液，以甲基橙指示剂（溴甲酚绿-甲基橙混合指示剂）指示终点，用盐酸标液进行滴定至溶液呈橙红色（灰紫色），可测定氢氧化钠和碳酸钠的含量，减去氢氧化钠的含量，即为碳酸钠的含量。

在改进的氯化钡法中，也有分析工作者在测定氢氧化钠含量后的溶液中直接加入甲基橙指示剂（溴甲酚绿-甲基橙混合指示剂），继续用盐酸标液进行滴定，测定碳酸钠的含量。

（三）双指示剂法

采用盐酸为标准滴定溶液，以两种不同指示剂来测定工业烧碱中的氢氧化钠和碳酸钠含量。

滴定过程中先以酚酞（甲酚红-百里酚蓝混合指示剂）为指示剂，用盐酸标准溶液滴定到溶液由红色变为淡粉红色（樱桃色），此时，溶液中的氢氧化钠完全反应，碳酸钠转化为碳酸氢钠。反应方程式为：

$$NaOH + HCl \longrightarrow NaCl + H_2O$$

$$Na_2CO_3 + HCl \longrightarrow NaHCO_3 + NaCl \qquad pH=8.3$$

再加甲基橙指示剂（或溴甲酚绿-甲基橙混合指示剂），这时碳酸氢钠全部转化为二氧化碳。反应方程式为：

$$NaHCO_3 + HCl \longrightarrow NaCl + CO_2\uparrow + H_2O \qquad pH=3.9$$

根据两次消耗盐酸标准溶液的体积及盐酸标准溶液的浓度，可计算出氢氧化钠和碳酸钠的含量。

三、工业用氢氧化钠中氯化钠含量测定的其他方法

1. 分光光度法

分光光度法测定步骤（GB 11213.2—1989）

GB 11213.2—1989《化纤用氢氧化钠中氯化钠含量的测定分光光度法》，适用于氢氧化钠中氯化物含量为 0.0002%～0.02 %的产品。

试样中的氯离子（Cl^-）全部取代硫氰酸汞中的硫氰酸根（SCN^-），而被取代的硫氰酸根与硝酸铁反应生成了硫氰酸铁，显红色，在波长 450nm 处，对有色溶液进行光度测定。反应式如下：

$$2NaCl + Hg(SCN)_2 \longrightarrow HgCl_2 + 2NaSCN$$

$$3NaSCN + Fe(NO_3)_3 \longrightarrow 3NaNO_3 + Fe(SCN)_3$$

试剂的配制及贮存、采样、测定均应在无氯、无氯化氢的环境中进行，测定时，限用分析纯试剂和二次蒸馏水或相应纯度的水。

2. 改进分光光度法

离子交换膜法生产氢氧化钠中氯化物含量为0.0002%～0.02%时，用汞量法进行测定，误差大，一般按照GB/T 11213.2—1989的方法进行。但是该方法中使用的硝酸铁溶液是使用纯铁加硝酸反应而制成的，配制过程非常麻烦。有分析工作者通过对比实验发现，以硫酸铁铵代替硝酸铁，不仅可以简化分析步骤，缩短分析时间，同时还可保证分析数据的准确性。

测定原理是：在弱酸性条件下，样品中的氯离子取代硫氰酸汞中的硫氰酸根，而被取代的硫氰酸根和硫酸铁铵反应生成红色的硫氰酸铁，在波长460nm处测定其吸光度值。反应式：

$$2Cl^- + Hg(SCN)_2 \longrightarrow HgCl_2 + 2SCN^-$$

$$3SCN^- + NH_4Fe(SO_4)_2 \longrightarrow Fe(SCN)_3 + NH_4^+ + 2SO_4^{2-}$$

四、化工产品中氯化物含量测定的常用方法简介

（一）银量法

莫尔在1856年建立硝酸银溶液滴定的方法使用至今，称之为莫尔法；到1924年，法扬司提出了以荧光黄代替铬酸钾作指示剂；1878年，佛尔哈德提出加入过量硝酸银，以铁铵矾为指示剂，用硫氰酸盐溶液滴定剩余的银离子。

长期以来经过分析工作者的努力和探索，用银量法对氯离子进行测定有了更为完善的改进，既保证了氯离子测定简便、快速的特点，又提高了分析结果的可靠性。

1. 莫尔法——铬酸钾作指示剂

莫尔法是用K_2CrO_4为指示剂，在中性或弱碱性溶液中，用$AgNO_3$标准溶液直接滴定Cl^-。根据分步沉淀的原理，首先是生成AgCl沉淀，随着$AgNO_3$不断加入，溶液中Cl^-越来越小，Ag^+则相应地增大，砖红色Ag_2CrO_4沉淀的出现指示滴定终点。

氯化物试剂纯度的测定以及天然水中氯含量的测定都可采用莫尔法，方法简便、准确。

2. 佛尔哈德法——铁铵矾作指示剂

用铁铵矾［$NH_4Fe(SO_4)_2$］作指示剂的银量法称佛尔哈德法。本法包括直接滴定法和返滴定法两种方法。

（1）直接滴定法　在HNO_3介质中，以铁铵矾为指示剂，用NH_4SCN标准溶液滴定Ag^+。当AgSCN定量沉淀后，稍过量的SCN^-与Fe^{3+}生成的红色配合物可指示终点的到达。其反应是：

$$Ag^+ + SCN^- \longrightarrow AgSCN\downarrow（白）$$

$$Fe^{3+} + SCN^- \longrightarrow [FeSCN]^{2+}（红）$$

（2）返滴定法　在含有卤素离子的HNO_3溶液中，加入一定量过量的$AgNO_3$，然后以铁铵矾为指示剂，用NH_4SCN标准溶液返滴过量的$AgNO_3$。由于滴定是在HNO_3介质中进行的，许多弱酸盐如PO_4^{3-}、AsO_4^{3-}、S^{2-}等都不干扰卤素离子的测定，因此，此法选择性较高。

3. 法扬司法——吸附指示剂

用吸附指示剂指示终点的银量法称为法扬司法。吸附指示剂是一些有机染料，它的阴离子在溶液中容易被带正电荷的胶状沉淀所吸附，吸附后结构变形而引起颜色变化，从而指示滴定终点。

例如，避免强光照射下（卤化银沉淀对光敏感，易分解析出金属银使沉淀变为灰黑色，影响终点观察），用$AgNO_3$滴定Cl^-时，用荧光黄作指示剂。后者是一种有机弱酸（用

HFI 表示)，在溶液中离解为黄绿色的阴离子 FI^-。在化学计量点前，溶液中 Cl^- 过量，这时 AgCl 沉淀胶粒吸附 Cl^- 而带负电荷，FI^- 受排斥而不被吸附，溶液呈黄绿色；而在化学计量点后，加入稍过量的 $AgNO_3$，使得 AgCl 沉淀胶粒吸附 Ag^+ 而带正电荷。这时，溶液中 FI^- 被吸附，溶液由黄绿变为粉红色，指示终点到达。

(二) 电位滴定法

除了莫尔法和佛尔哈德法外，还有一种常用的测定 Cl^- 的电位滴定法。该法因具有简便、快速、准确等特点，成为测定 Cl^- 的一种国际通用的检测方法。

其原理是：在酸性水或乙醇溶液中，以银-硫化银电极为测量电极，甘汞电极为参比电极，用硝酸银标准溶液滴定，借助反应在化学计量点时的电位突跃确定反应终点。

(三) 汞量法

20 世纪 50 年代，托马斯（Domask）等提出用二苯卡巴腙、溴酚盐和二甲苯氰醇 FF 的乙醇溶液为混合指示剂，测定氯化物的含量，奠定了用汞量法测定氯化物的基础。

如：本节介绍的《GBT 4348.2—2002 工业用氢氧化钠中氯化钠含量的测定 汞量法》中氯化钠的测定方法。

(四) 分光光度法

分光光度法以其灵敏度高、选择性好、操作简单等优点广泛用于各种微量以及痕量组分的分析。由于氯化银沉淀不稳定，直接应用分光光度法测定结果不理想。当氯化物浓度很低时，采用硫氰酸汞分光光度法即氯离子与硫氰酸汞反应，生成橘红色溶液后进行分光光度法测定。

(五) 比浊法

用酸将样品中的氯离子转移到溶液中，加入过量的 $AgNO_3$，使之与 Cl^- 生成 AgCl 沉淀，得到白色悬浊液，样品中的 Cl^- 含量越高，则 AgCl 沉淀越多，悬浊液的吸光度越大。在扩散、沉降、沉淀聚集等因素的综合作用下，悬浊液的吸光度随时间先升后降，出现峰值。控制其他条件不变，吸光度的峰值与氯离子的浓度一一对应，因此，测定试液的最大吸光度，对比标准曲线，可以得到试液的氯离子浓度，进而得到样品中的 Cl^- 的含量。

(六) 其他方法

水溶液中氯离子检测方法除了上述四种外，还包括离子色谱法、原子吸收光谱法等，这些方法虽然精度高，但是对设备要求都很高，因而不利于推广。

五、固体化工产品的采样及预处理方法（GB/T 6678、GB/T 6679）

(一) 固体化工产品的采集

1. 产品包装前样品的采集

① 粉末、小颗粒、小晶体和块状样品，可用采样勺或采样探子从物料的一定部位和一定方向，取部位样品或定向样品。每个采样单元中，所采得定向样品的部位、方向和数量依容器中物料的均匀程度确定。采得样品装入盛样容器中，盖严，做好标志。

② 在常温下为固体，当受热时易变成流动液体（但不改变其化学性质）的样品，可将盛样容器预先放在熔化室中，使样品全部熔化成液体状态后，按液体产品采样的规定采得液体样品装入盛样容器内，盖严，做好标志。

2. 成品包装后样品的采集

按随机采样方法，对同一生产批号、相同包装的产品进行采样。基于目前各厂生产工艺和产品质量稳定性的差异，可根据产品质量自行决定采样数目，在产品质量正常情况下，采样数目推荐使用“表 1-3 选取采样单元数的规定”进行，当总体物料的单元数超过 1000 时，均按 1%采样。

（二）采样时安全注意事项

① 采样人员必须熟悉 GB 3723 的各项规定。

② 采样人员必须熟悉被采产品的特性和安全操作的有关知识和处理方法。

③ 采样时必须采取措施，严防爆炸、中毒、燃烧、腐蚀等事故的发生。

④ 采样时必须有陪伴者，且需对陪伴者进行事先培训。

（三）样品验收

① 化学试剂应由商业部门的质量监督部门按照产品的技术标准进行验收，生产单位应保证每批出厂产品均符合质量标准要求。

② 验收部门要按产品编号，分批取样检验，每批出厂的产品必须附有一定格式的质量证明书。

③ 要认真详细抽查被采物的包装容器是否受损、腐蚀或渗漏，并核对外部标志。如验收中发现可疑或异常现象，应及时报告，在双方未达成协议前，不得进行采样。

④ 为了检查产品的质量是否符合该产品质量保证书的要求，验收部门对交货的产品，必须按本标准第 3.4 条的规定进行采样。

⑤ 验收部门有权对成批产品进行采样检验，若有一项不合格时，双方应按照包装后成品采样方法，从同一批产品中加倍进行采样，重复检验全部项目，如有一个样品一项不合格时，则成批产品以不合格论。

⑥ 验收部门对交货的产品，在供需双方协商的规定日期内，应尽快进行采样验收，超过规定日期不采样，产品变质应由收货方负责。

（四）最终样品的贮存与使用

按“表 1-3 选取采样单元数的规定”所选取的采样单元数中，留取适量样品，作为最终样品贮存。存放最终样品的瓶口应选择对产品成惰性的包装性质，盖严密封。贮存时间由生产单位自行决定。

练　习

1. 工业品氢氧化钠的分析测定

已知：标准溶液的浓度 $c(\mathrm{HCl})=0.5\mathrm{mol/L}$，工业用氢氧化钠的质量分数在 32%左右，通过查阅资料设计实验方案（参考国标 GB/T 4348.1、GB/T 601、GB/209、GB/T 603）及本教材：

(1) 写出实验原理（选择何种滴定分析方法？加入何种试剂？采用的标准溶液是什么？选择的基准物是什么？写出标定反应和测定反应）；

(2) $c(\mathrm{HCl})=0.5\mathrm{mol/L}$ 盐酸标准溶液的配制方法［根据稀释公式计算配制 $c(\mathrm{HCl})=0.5\mathrm{mol/L}$ 的盐酸 $V(\mathrm{mL})$ 需要量取浓盐酸的体积，根据计算写出具体的配制方法及仪器］；

(3) $c(\mathrm{HCl})=0.5\mathrm{mol/L}$ 盐酸标准溶液的标定步骤（写出标定反应、计算滴定基准物的质量、选择指示剂、写出具体的标定方法）；

(4) 工业用氢氧化钠的含量的测定过程（设已知工业用液体氢氧化钠样品质量分数约为 32.00%，试计算需移取多少毫升进行测定？根据计算结果设计测定方案，写出测定反应）；

(5) 设计数据记录表；

(6) 写出标定和测定结果计算表达式；

(7) 计算分析结果；

(8) 写出质量分析报告。

2. 在“项目二　工业氢氧化钠中氯化钠含量的测定”完成后，

(1) 含汞废液如何处理？

(2) 方法原理是什么？

(3) 写出反应式，并给出处理方法步骤。

3. 邻菲啰啉分光光度法测定微量铁

(1) 为何要加入盐酸羟胺溶液？

(2) 吸收曲线与标准曲线有何区别？

(3) 在实际应用中有何意义？

(4) 加各种试剂的顺序能否颠倒？为什么？

任务三　工业硫化钠的分析检验

【知识目标】

1. 了解工业硫化钠的生产工艺；

2. 掌握工业硫化钠产品质量检验和评价方法；

3. 碘量法基本原理和滴定条件、碘的性质，碘量法误差来源及减免方法，淀粉指示液的配制和正确使用。

【技能目标】

1. 能够明确工作任务及其所需要的信息，确定信息搜索的范围；

2. 能准确测定工业硫化钠产品中主要成分的含量，能测定或确定产品中杂质的含量或限值；

3. 能够根据初步测定结果优化和修改测定方案，确定最合适的测定条件；

4. 能够根据检验结果判定工业硫化钠的质量等级。

任务内容

一、工业硫化钠生产工艺及质量控制

（一）工业硫化钠主要生产方法简述

工业上生产硫化钠主要沿用煤粉还原芒硝法，该法已有三百年的历史，工艺成熟，且已用转炉代替了反射炉。另外还有采用烧碱液吸收工业废气中的硫化氢法等。

1. 煤粉还原芒硝法

煤粉还原芒硝法制硫化钠是将硫酸钠用煤还原而得。该法工艺成熟，生产设备及操作简单，原料价廉且来源方便，目前仍为多数国家所采用。其主要反应原理是：

$$Na_2SO_4 + 2C \longrightarrow Na_2S + 2CO_2 \uparrow$$

该法被称作化工生产上的污染大户，“三废”治理工作量大。主要措施有：利用碱渣生产硫代硫酸钠；碱渣与粉煤灰为原料，制取混凝土复合早强减水剂；逆流水洗塔净化碱雾；吸收塔吸收 H_2S 和 SO_2；废水闭路循环；在中性气氛中熔芒硝，减少烟气量等。

2. 碱溶液吸收硫化氢法

目前制取高纯度工业硫化钠采用烧碱溶液吸收硫化氢气体的方法得到，将分离除去杂质后的＞85％ H_2S 气体通入 380～420g/L NaOH 溶液中，中和反应生成的硫化钠，反应终点控制 Na_2S 含量在 330～350g/L，反应液经蒸发浓缩后制得产品。其原理为：

$$4S + CH_4 \longrightarrow CS_2 + 2H_2S$$

$$2H_2S + 4NaOH \longrightarrow 2Na_2S + 4H_2O$$

日本于 1961 年、英国于 1963 年几乎全部改用吸收法，美国也已将废气中的硫化氢全部回收制取硫化钠，奥地利用生产二硫化碳的废硫化氢气、瑞典用含硫化物的烟道气及以色列用炼油厂废气制取硫化钠。

此方法的成本较高，并且产量受到限制，不宜进行大规模工业化生产。

3. 气体还原法

用氢气、一氧化碳气、发生炉煤气、甲烷气在沸腾炉中还原硫酸钠，反应温度控制在

600～640℃，用铁催化剂催化，可制得优质无水颗粒状硫化钠（Na_2S为95%～97%）。此反应原理为：

$$Na_2SO_4+4H_2 \longrightarrow Na_2S+4H_2O$$

其工艺先进，劳动生产率高。

4. 硫化钡法

将硫酸钡用煤还原制取硫化钡，再加入硫酸钠溶液处理，生成硫化钠和沉淀硫酸钡。经离心分离，蒸发浓缩而得。该法成本低廉。

5. 片状、粒状硫化钠生产方法

（1）粒状硫化钠生产方法　将蒸浓到63%～65% Na_2S的碱液呈滴状加到环形金属带上，使之冷却即得。

（2）片状硫化钠生产方法　转筒冷凝结晶制片法：将符合一级品标准的液体硫化钠，用液下泵泵入中转槽，经导管流入转筒冷凝结晶制片机上的碱盘，黏附在转动的转筒表面。转筒夹套中的冷却水将其冷却凝固，借助刮刀刮下得到片状硫化碱。

（3）黄片硫化钠　芒硝还原制得的硫化钠，经脱炭除铁后送入蒸发器蒸发，用切片机切片得黄片硫化钠。

（4）高纯硫化钠　将黄片硫化钠除去碳酸钠和铁杂质的含量制得。

（二）煤粉还原法生产工业硫化钠质量控制

1. 煤粉还原法生产工业硫化钠工艺流程

硫化钠的生产，一般经过原料混合、煅烧热熔、澄清洗泥、化学除杂、沉淀分离和蒸发浓缩等六个工序。生产工艺流程如图3-1所示。

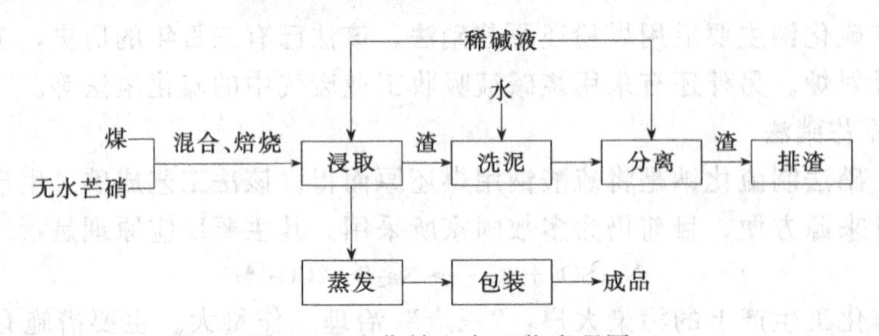

图3-1　硫化钠生产工艺流程图

煤粉还原法主要将含85%～95%的无水芒硝与含固定碳60%～70%的原料煤按100：(21～22.5)（质量比）配比混料，用自动上料机打入料斗，送入喷烧煤粉（或重油）的转炉内，在800～1100℃下进行反应：

$$Na_2SO_4+2C \longrightarrow Na_2S+2CO_2\uparrow$$

当炉内有黄色烛火出现时即为反应终点。

将反应好的黑灰熔体出料（含Na_2S 70%左右），转入热浸取室（或称消化室）中，用中等浓度的碱液（含12%～20% Na_2S）进行热浸取，搅拌20min左右，制得质量分数为28%～32% Na_2S的碱液。用离心机或真空吸滤分离残渣。残渣主要是未反应的煤、灰分、重金属硫化物等。洗液可返回热浸取室（或化碱器）。浓碱液送去蒸发，蒸浓到质量分数为63%～65% Na_2S的碱液，注入铁皮桶自然冷却，整块凝固即得（块状）。

2. 各工序控制点分析项目

① 煅烧工序中，原料和燃料进厂后，混合进炉前要分析检验原料煤和芒硝的主成分含量，并控制两者比例在（19%～25%）：1之间。

煅烧成糊状粗碱熔体后，要监控粗碱熔体中 Na_2S 的质量分数，一般控制在 65%～70%，即可卸出炉外，直接送到浸取工序。

② 化碱工序中，要监控提取后泥渣中的 Na_2S 含量，达到一定标准（Na_2S 质量分数一般为 25%～28%）后才允许排出系统外。上层清液即为半成品进入蒸发系统。

③ 蒸发制片工序中，主要监控进入成品罐前的浓卤液中的 Na_2S 含量，达到 62%～63%后，才可经成品罐送入制片机制片。上述过程可制得棕色片碱。

生产黄色片碱时，来自半成品罐的含铁杂质的碱液进入带有加热管的除铁混合器内，同时加入适量的 ZnO 粉末作为吸附剂，并经离心分离除去铁杂质，净化的碱液用泵送入蒸发系统浓缩得到的低铁成品液。

二、工业硫化钠产品标准及分析方法标准

根据标准执行多年来存在的问题和不足之处及用户对产品质量的要求，以满足使用为原则，GB/T 10500—2000 对 GB 10500—1989《工业硫化钠》进行了修订，并重新划分了产品类型，增加了低铁硫化钠和高含量硫化钠品种。但与日本工业标准 JISK 1435—1986《硫化钠》有所差异，主要是在产品的分类上，JISK 1435—1986 为规定高含量硫化钠，同时增加了一项水不溶物指标。

GB/T 10500—2000《工业硫化钠》适用于块状、片状和粒状硫化钠的要求，并明确规定了工业硫化钠的检验项目为：硫化钠、亚硫酸钠、硫代硫酸钠、铁含量、碳酸钠、水不溶物六项指标。

（一）GB/T 10500—2000《工业硫化钠》标准中规定的分析方法标准

本标准中硫代硫酸钠、亚硫酸钠、铁、水不溶物、碳酸钠含量均采用原国标方法，与 JISK 1435—1986 相比，快速、准确、简便。

1. 硫化钠含量的测定

GB/T 10500—2000《工业硫化钠》标准中规定采用间接碘量法测定硫化钠含量。与 JISK 1435—1986 标准相比，采用的方法相同，但计算主成分含量时，本标准中扣除了硫代硫酸钠和亚硫酸钠，实际测得的含量高于 JISK 1435—1986。

2. 亚硫酸钠含量的测定

GB/T 10500—2000《工业硫化钠》标准中规定采用直接碘量法测定亚硫酸钠含量，加入甲醛掩蔽亚硫酸钠后测定硫代硫酸钠含量。

3. 硫代硫酸钠含量的测定

GB/T 10500—2000《工业硫化钠》标准中规定采用直接碘量法测定硫代硫酸钠的含量。

4. 铁含量的测定

GB/T 10500—2000《工业硫化钠》标准中规定，采用“GB/T 3049—1986 化工产品中铁含量测定的通用方法邻菲啰啉分光光度法”进行铁的含量的测定。

5. 水不溶物含量的测定

GB/T 10500—2000《工业硫化钠》标准中规定采用溶解抽滤的方法测定水不溶物的含量。

6. 碳酸钠含量的测定

GB/T 10500—2000《工业硫化钠》标准中规定采用气体吸收方法来测定碳酸钠的含量。

（二）GB/T 10500—2000 标准中规定的指标要求

修订后的 GB/T 10500—2000 标准将工业硫化钠产品分为三类：1 类为普通硫化钠（俗称红碱）；2 类为低铁硫化钠（俗称黄碱）；3 类为高含量硫化钠。1 类分优等品、一等品与

合格品三个等级，与JISK 1435—1986中1种相同，其中优等品指标基本达到JISK 1435—1986指标要求，同时增加一项水不溶物指标。2类分一等品、合格品两个等级，与JISK 1435—1986中2种相应。3类在JISK 1435—1986中未规定。见表3-1。

表3-1　工业硫化钠的产品质量标准　　单位：%

指标名称		指标					
		1类			2类		3类
		优等品	一等品	合格品	一等品	合格品	
硫化钠(Na_2S)含量	≥	60.0	60.0	60.0	60.0	60.0	65.0
亚硫酸钠(Na_2SO_3)含量	≤	2.0	—	—	—	—	—
硫代硫酸钠($Na_2S_2O_3$)含量	≤	2.0	—	—	—	—	—
铁(Fe)含量	≤	0.03	0.12	0.20	0.003	0.005	0.08
碳酸钠(Na_2CO_3)含量	≤	3.5	5.0	—	2.0	3.0	4.0
水不溶物含量	≤	0.20	0.40	0.80	0.05	0.1	0.3

GB/T 10500—2000标准规定了表中所有的项目都为出厂检验项目。试验结果如有一项指标不符合本标准要求时，应重新自两倍量的包装中采样复验，复验结果即使只有一项指标不符合本标准要求，则整批产品为不合格。

另外，在企业标准新0014—89规定了黄片硫化钠的质量指标，将硫化钠直接分为一等品、二等品、合格品，与GB/T 10500—2000相比，未进行进一步的分类，见表3-2。

表3-2　黄片硫化钠企业标准新0014—89　　单位：%

指标名称		一等品	二等品	合格品
硫化钠(Na_2S)含量	≥	60.0	60.0	58.0
亚硫酸钠(Na_2SO_3)含量	≤	2.0	2.0	2.0
硫代硫酸钠($Na_2S_2O_3$)含量	≤	2.0	2.0	2.0
铁(Fe)含量	≤	0.003	0.010	0.010
碳酸钠(Na_2CO_3)含量	≤	1.5	3.0	3.0

对于高纯硫化钠，其质量指标要求与工业硫化钠的主要区别是在碳酸钠和铁含量要求不同。高纯硫化钠中，碳酸钠含量≤0.52%，铁含量≤0.002%。在实际生产过程中，当铁含量达到80×10^{-6}以下时，硫化钠工业品的颜色降到黄色；当铁含量降到6×10^{-6}以下时，硫化钠的颜色可变为乳白色。因此在生产过程中关键是要除去半成品浓卤液中的铁，其次是在蒸发加工成产品过程中，不再带入铁，即可制成高纯硫化钠。

（三）工业硫化钠的包装运输要求

GB/T 10500—2000标准中规定了1类、2类工业硫化钠采用铁桶或根据用户要求并符合贮运安全要求的包装；3类工业硫化钠采用铁桶包装。在贮存和运输过程中应注意防止日晒、雨淋、受潮、受热，不得与酸及腐蚀性物品接触。

但在实际生产过程中，铁桶包装经常会出现铁桶圆卷边渗漏技术难点。从包装成本、运输安全两个方面考虑，兰州铁路局对硫化钠的运输包装进行了改进：①块状硫化钠用厚度0.5mm以上的铁皮制成严密不漏的桶包装，桶盖密封牢固，每桶净重150kg；②片状、粒状硫化钠用塑料编织袋内衬两层薄膜塑料袋包装，内袋热合严密，不得有漏缝，每袋净重50kg或25kg。

工作项目

项目一　工业硫化钠分析检验准备工作

一、试样的采取与制备

(一) 工业硫化钠试样的采取

全溶取样：对于桶装块状产品，从每批中随机选取一桶。剖开桶皮，将硫化钠击碎，迅速倾入已知质量的溶解槽中，称得硫化钠质量后加水溶解。为加速溶解可用蒸汽加热。溶解完全后继续加水，配成20%（质量分数）的溶液并称其质量。混匀后在不断搅拌下，用内径10～15mm带有梢口的玻璃管，以管内外液面相平的速度插至2/3处，取出不少于300g的液体样品。立即装入清洁、干燥的广口瓶中密封，瓶上粘贴标签，注明生产厂名、产品名称、批号、采样日期和采样者姓名，供当日检验用。

对于袋装片状、粒状硫化钠，从每批中随机选取3袋（50kg装）或6袋（25kg装），按上述方法溶解取样。

(二) 工业硫化钠试样溶液的制备

1. 对于全溶取样

用已知质量的称量瓶，称量约30g全溶试样，精确至0.01g。移入1000mL容量瓶中。用不含二氧化碳的水稀释至刻度，摇匀。此溶液为试验溶液A。

硫化钠固体试样质量m按式(3-1)计算：

$$m=\frac{m_2}{m_1}\times m_3 \tag{3-1}$$

式中　m_1——制得全溶液体的质量，kg；

m_2——整桶硫化钠的净质量，kg；

m_3——用称量瓶称取的全溶试样质量，kg。

2. 对于包装过程中取样

称量约10g固体样品，精确至0.01g。放入400mL烧杯中，加100mL水，加热溶解。冷却，移入1000mL容量瓶中。用不含二氧化碳的水稀释至刻度，摇匀。此溶液为试验溶液B。

试验溶液A或试验溶液B用于硫化钠、亚硫酸钠、硫代硫酸钠、铁、碳酸钠含量的测定。

在生产实际中，可在产品包装过程中取代表性液态样品，冷却后制成固体样品。按上述方法制备试液，或将所取固体样品全部溶解再制备相当浓度的试液进行检验。当供需双方发生质量争议时，以全溶取样检验结果为准。

二、溶液、试剂及仪器准备

(一) 工业硫化钠中硫化钠含量测定的准备工作

1. 试剂及标准溶液

(1) 冰乙酸溶液：1+10。

(2) 淀粉指示液：5g/L。

(3) 碘标准滴定溶液：$c\left(\frac{1}{2}I_2\right)$约为0.1mol/L。

① 配制　称取13g碘及35g碘化钾，溶于100mL水中，稀释至1000mL，摇匀，贮存于棕色瓶中。

② 标定　量取35.00～40.00mL配制好的碘溶液，置于碘量瓶中，加150mL水（15～20℃），用硫代硫酸钠标准滴定溶液［$c(Na_2S_2O_3)$＝0.1mol/L］滴定，近终点时加2mL淀粉指示液（10g/L），继续滴定至溶液蓝色消失。

同时做水所消耗碘的空白试验：取250mL水（150～200℃），加0.05～0.20mL配制好的碘溶液及2mL淀粉指示液（10g/L），用硫代硫酸钠标准滴定溶液［$c(Na_2S_2O_3)$＝0.1mol/L］滴定至溶液蓝色消失。

碘标准滴定溶液的浓度 $c\left(\frac{1}{2}I_2\right)$，以mol/L表示，按下式计算：

$$c\left(\frac{1}{2}I_2\right)=\frac{(V_1-V_2)c_1}{V_3-V_4} \tag{3-2}$$

式中　V_1——硫代硫酸钠标准滴定溶液的体积，mL；

V_2——空白试验硫代硫酸钠标准滴定溶液的体积，mL；

c_1——硫代硫酸钠标准滴定溶液的浓度，mol/L；

V_3——碘溶液的体积，mL；

V_4——空白试验中加入的碘溶液的体积，mL。

（4）硫代硫酸钠标准滴定溶液：$c(Na_2S_2O_3)$约为0.1mol/L。

① 配制　称取26g硫代硫酸钠（$Na_2S_2O_3\cdot5H_2O$），加0.2g无水碳酸钠，溶于1000mL水中，缓缓煮沸10min，冷却。放置两周后过滤。

② 标定　称取0.18g基准试剂重铬酸钾（于120℃±2℃干燥至恒重），置于碘量瓶中，溶于25mL水，加2g碘化钾及20mL硫酸溶液（20%），摇匀，于暗处放置10min。

加150mL水（15～20℃），用配制好的硫代硫酸钠溶液滴定，近终点时加2mL淀粉指示液（10g/L），继续滴定至溶液由蓝色变为亮绿色。同时做空白试验。

硫代硫酸钠标准滴定溶液的浓度［$c(Na_2S_2O_3)$］，以mol/L表示，按下式计算：

$$c(Na_2S_2O_3)=\frac{m\times1000}{(V_1-V_2)M} \tag{3-3}$$

式中　m——重铬酸钾的质量，g；

V_1——硫代硫酸钠溶液的体积，mL；

V_2——空白试验硫代硫酸钠溶液的体积，mL；

M——重铬酸钾的摩尔质量，g/mol，$M\left(\frac{1}{6}K_2Cr_2O_7\right)$＝49.031。

2. 仪器

250mL碘量瓶、10mL移液管等分析实验室常用仪器。

（二）工业硫化钠中亚硫酸钠含量测定的准备工作

1. 试剂、溶液及标准滴定溶液

（1）乙醇：95%。

（2）碳酸钠溶液：100g/L。

（3）硫酸锌溶液：100g/L（以$ZnSO_4\cdot7H_2O$计）。

（4）冰乙酸溶液：1＋10。

（5）碘标准滴定溶液：$c\left(\frac{1}{2}I_2\right)$约为0.1mol/L。

(6) 淀粉指示液：5g/L。

2. 仪器

250mL 碘量瓶、100mL 移液管、500mL 容量瓶等分析实验室常用仪器。

(三) 工业硫化钠中硫代硫酸钠含量测定的准备工作

1. 试剂、溶液及标准滴定溶液

(1) 甲醛溶液：37%。

(2) 碳酸钠溶液：100g/L。

(3) 硫酸锌溶液：100g/L（以 $ZnSO_4 \cdot 7H_2O$ 计）。

(4) 冰乙酸溶液：1+10。

(5) 碘标准滴定溶液：$c\left(\frac{1}{2}I_2\right)$约为 0.1mol/L。

(6) 淀粉指示液：5g/L。

2. 仪器

500mL 碘量瓶、100mL 移液管、500mL 容量瓶等分析实验室常用仪器。

(四) 工业硫化钠中碳酸钠含量测定的准备工作

1. 试剂、溶液及标准滴定溶液

(1) 乙酸铅试纸：将滤纸用100g/L乙酸铅溶液浸后烘干。

(2) 碱石棉。

(3) 硫酸溶液：1+3。

(4) 过氧化氢（30%）溶液：1+3。

(5) 乙醇-丙酮混合溶剂：1份乙醇+1份丙酮混合。

(6) 氢氧化钾标准滴定溶液：$c(KOH)=0.05mol/L$。

① 制备　称取约 3.5g 氢氧化钾，置于烧杯中，加 150mL 丙三醇，加热溶解，用少量混合剂溶解 0.2g 百里香酚酞和 0.005g 百里香酚蓝，加入到烧杯中，用混合溶剂稀释至约1000mL，贮于棕色瓶中，放置 24h，备用。

② 标定　用移液管移取 25mL 无水碳酸钠标准溶液，置于 250mL 圆底烧瓶中。与碳酸钠分析装置系统相连后，按项目五的规定进行操作。

$$c(KOH)=\frac{c_1V_1}{V} \tag{3-4}$$

式中　c_1——无水碳酸钠标准溶液的实际浓度，mol/L；

V_1——移取无水碳酸钠标准溶液的体积，mL；

V——滴定中消耗的氢氧化钾标准滴定溶液的体积，mL。

(7) 无水碳酸钠标准溶液：$c\left(\frac{1}{2}Na_2CO_3\right)=0.04mol/L$，称取 2.1g 于 270～300℃灼烧至恒重的基准无水碳酸钠，精确至 0.0002g，置于 100mL 烧杯中，用水溶解。全部转移到1000mL 容量瓶中，用水稀释至刻度，摇匀。

(8) 参比溶液：称取约 0.1g 氢氧化钾置于烧杯中，加 150mL 丙三醇，加热溶解。与用少量混合溶剂溶解的 0.2g 百里香酚酞和 0.005g 百里香酚蓝共同移入 1000mL 容量瓶中，用混合溶剂（1+1）稀释至刻度，摇匀。

(9) 吸收液：按项目五中二、试样测定中的分析步骤，在吸收管（7）中加入 2/3 体积（约 80mL）的参比溶液。于圆底烧瓶中用移液管加入 10mL 无水碳酸钠标准溶液。当加酸后产生的二氧化碳被吸收后溶液颜色变黄时，用氢氧化钾标准溶液滴定至与参比溶液相同的颜色后使用（吸收液连续使用数次后，溶液颜色发暗时应重新更换）。

2. 仪器

500mL 碘量瓶、100mL 移液管等分析实验室常用仪器。

（五）工业硫化钠中铁含量测定的准备工作

1. 试剂、溶液及标准滴定溶液

（1）过氧化氢：30%。

（2）碳酸钠溶液：100g/L（以 Na_2CO_3 计）。

（3）盐酸：6mol/L 或 3mol/L。

（4）氨水：10%及 2.5%溶液。

（5）硫酸。

（6）冰醋酸。

（7）乙酸钠（$CH_3COONa \cdot 3H_2O$）。

（8）乙酸-乙酸钠缓冲溶液：pH=4.5，称取 164g 乙酸钠（$CH_3COONa \cdot 3H_2O$）溶于水，加 84mL 乙酸（冰醋酸），稀释至 1000mL。

（9）抗坏血酸：20g/L 溶液，该溶液使用期为 10 天。

（10）邻菲啰啉：2g/L 溶液，称取 0.20g 邻菲啰啉（$C_{12}H_8N_2 \cdot H_2O$）[或 0.24g 邻菲啰啉盐酸盐（$C_{12}H_8N_2 \cdot HCl \cdot H_2O$）]，加少量水振摇至溶解（必要时加热），稀释至 100mL（该溶液应避光保存，只能使用无色溶液）。

（11）铁标准（贮备）溶液：1mL 含有 0.100mg 铁，称取 0.863g 硫酸亚铁铵 [$(NH_4)_2Fe(SO_4)_2 \cdot 12H_2O$]，准确至 0.0001g，溶于 200mL 水中，加入 20mL 硫酸（H_2SO_4），冷却至室温，转入 1000mL 容量瓶中，稀释至刻度，摇匀。

（12）铁标准溶液：1mL 含有 0.0100mg 铁，用移液管移取 25mL 铁标准（贮备）溶液（0.100mg/mL），置于 250mL 容量瓶中，用水稀释至刻度，摇匀。此溶液只限当日使用。

2. 仪器

一般实验室仪器。

分光光度计，带有厚度为 0.5cm、1cm 和 3cm 的比色皿。

（六）工业硫化钠中不溶物测定的准备工作

1. 试剂、溶液及标准滴定溶液

（1）盐酸溶液：1+6。

（2）酚酞指示液：10g/L 乙醇溶液。

（3）酸洗石棉：取适量酸洗石棉，用盐酸溶液煮沸 20min。用布氏漏斗过滤并洗至中性。再用氢氧化钠溶液（50g/L）煮沸 20min，用水洗至中性。用水调成糊状，备用。

2. 仪器

古氏坩埚、分析天平、干燥器等分析实验室常用仪器。

项目二　工业硫化钠中硫化钠含量的测定

在 GB/T 10500—2000 中，工业硫化钠中硫化钠含量的测定采用间接碘量法。

一、试样溶液总还原物含量的测定

用移液管移取 25mL 碘标准溶液，置于 250mL 碘量瓶中，加 25mL 水、10mL 冰乙酸溶液。在摇动下用移液管加入 10mL 溶液 A 或溶液 B。用硫代硫酸钠标准滴定溶液滴定。溶液呈淡黄色时，加入 2mL 淀粉指示液。继续滴定至蓝色消失为终点。

二、结果计算

以质量分数表示的硫化钠（Na_2S）含量，按下式进行计算：

$$w(Na_2S)=\frac{\left(\frac{V_1c_1-V_2c_2}{10}-\frac{V_3c_1}{40}\right)\times 0.03903}{m/1000}\times 100\% \tag{3-5}$$

式中　V_1——加入碘标准溶液的体积，mL；

V_2——滴定中消耗的硫代硫酸钠标准滴定溶液的体积，mL；

V_3——项目三分析测定中消耗的碘标准溶液的体积，mL；

c_1——碘标准滴定溶液的实际浓度，mol/L；

c_2——硫代硫酸钠标准溶液的实际浓度，mol/L；

m——固体试样质量，g；

0.03903——与 1.00mL 碘标准滴定溶液 $\left[c\left(\frac{1}{2}I_2\right)=1.000mol/L\right]$ 相当的以克表示的硫化钠的质量。

允许差：取平行测定结果的算术平均值为测定结果，平行测定结果的绝对差值不大于 0.3%。

项目三　工业硫化钠中亚硫酸钠含量的测定

在 GB/T 10500—2000 中，工业硫化钠中亚硫酸钠含量测定采用直接碘量法。

一、试样溶液中 Na_2SO_3、$Na_2S_2O_3$ 含量的测定

用移液管移取 200mL 溶液 A 或溶液 B，置于 500mL 容量瓶中。依次加入 40mL 碳酸钠溶液、80mL 硫酸锌溶液、25mL 乙醇，加水至刻度，摇匀。干过滤，弃去前 10mL 滤液。用移液管移取 100mL 滤液（剩余滤液用于硫代硫酸钠含量的测定），置于 500mL 锥形瓶中。加入 10mL 冰乙酸溶液、2mL 淀粉指示液，用碘标准滴定溶液滴定。溶液出现即为终点。

二、结果计算

亚硫酸钠的含量用质量分数表示，按下式进行计算：

$$w(Na_2SO_3)=\frac{c(V_3-V_4)\times 0.06302}{m\times\frac{200}{100}\times\frac{100}{500}}\times 100\% \tag{3-6}$$

式中　V_3——滴定中消耗的碘标准滴定溶液的体积，mL；

V_4——项目四滴定中消耗的碘标准滴定溶液的体积，mL；

c——碘标准滴定溶液的实际浓度，mol/L；

m——固体试样质量，g；

0.06302——与 1.00mL 碘标准滴定溶液 $\left[c\left(\frac{1}{2}I_2\right)=1.000mol/L\right]$ 相当的以克表示的亚硫酸钠的质量。

允许差：取平行测定结果的算术平均值为测定结果，平行测定结果的绝对差值不大于 0.1%。

项目四　工业硫化钠中硫代硫酸钠含量的测定

一、试样溶液中 $Na_2S_2O_3$ 含量的测定

用移液管移取 100mL 项目二中“二、分析步骤”中干过滤后的滤液，置于 500mL 锥形

瓶中，加 5mL 甲醛溶液、10mL 冰乙醛溶液、2mL 淀粉指示液，用碘标准滴定溶液滴定，溶液出现蓝色即为终点。

二、结果计算

硫代硫酸钠的含量用质量分数表示，按下式进行计算：

$$w(Na_2S_2O_3)=\frac{cV_4\times 0.158}{m\times\frac{200}{1000}\times\frac{100}{500}}\times 100\% \qquad (3\text{-}7)$$

式中 V_4——滴定中消耗的碘标准滴定溶液的体积，mL；

c——碘标准滴定溶液的实际浓度，mol/L；

m——固体试样质量，g；

0.158——与 1.00mL 碘标准滴定溶液 $\left[c\left(\frac{1}{2}I_2\right)=1.000\text{mol/L}\right]$ 相当的以克表示的硫代硫酸钠的质量。

允许差：取平行测定结果的算术平均值为测定结果，平行测定结果的绝对差值不大于 0.1%。

项目五　工业硫化钠中碳酸钠含量的测定

一、试样溶液中 Na_2CO_3 含量的测定

按图 3-2 装好碳酸钠测定装置，用移液管移取 100mL 溶液 A 或溶液 B，置于 250mL 圆

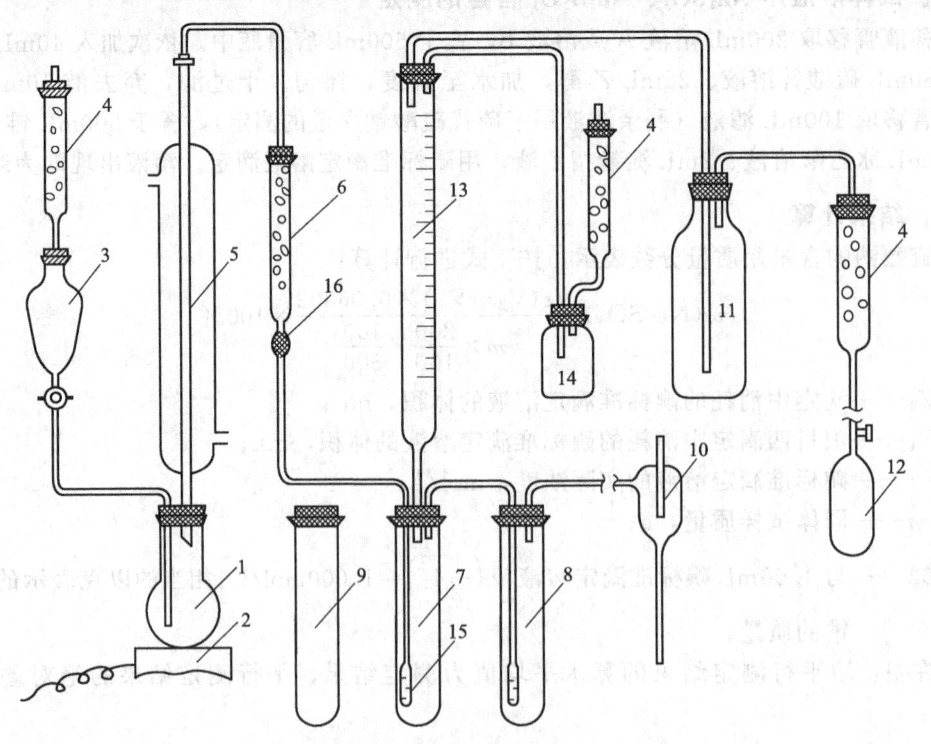

图 3-2　碳酸钠测定装置

1—圆底烧瓶（250mL）；2—电炉；3—分液漏斗；4—碱石棉管；5—冷凝管；6—净化管（内装氧化铜丝）；7,8—吸收管；9—参比溶液管（同 7、8）；10—水真空；11—氢氧化钾标准溶液贮瓶；12—压气球；13—25mL 碱式滴定管；14—回收瓶；15—气体分配帽；16—乙酸铅试纸

底烧瓶（1）中。加入15mL过氧化氢溶液，连接好装置。加热并打开水真空抽气。控制吸收管中气泡间断冒出的速度，加热片刻后从分液漏斗（3）中加入10mL硫酸溶液。分解放出的二氧化碳在置于光照的白色背景前的吸收管（7）中吸收，随即用氢氧化钾标准滴定溶液滴定至与参比溶液相同的颜色。3min内不变色为终点。如吸收管（8）的颜色比参比溶液有明显变化，表明二氧化碳未完全被吸收管（7）的溶液吸收，应重新进行测定。

二、结果计算

$$w(CO_2)=\frac{cV\times 0.0530}{m/1000}\times 100\% \tag{3-8}$$

式中　c——氢氧化钾标准滴定溶液的实际浓度，mol/L；

V——滴定所消耗的氢氧化钾标准滴定溶液的体积，mL；

m——固体试样的质量，g；

0.0530——与1.00mL氢氧化钾标准滴定溶液［$c(KOH)=1.000mol/L$］相当的以克表示的碳酸钠的质量。

允许差：取平行测定结果的算术平均值为测定结果，平行测定结果的绝对差值不大于0.2%。

项目六　工业硫化钠中铁含量的测定

一、试样制备

1. 试验溶液的制备

用移液管移取10mL溶液A或溶液B（对于低铁硫化钠，称取约1g试样，精确至0.01g，加20mL水溶解），置于150mL烧杯中。滴加过氧化氢（加入量为固体样品量的5倍，再过量1.5mL），摇匀，放置5min。加入0.5mL碳酸钠溶液（100g/L），加热沸腾5min。加入0.5mL盐酸溶液（1+1），继续加热1min。冷却，用少量水将溶液全部转移到100mL容量瓶中。

2. 空白试验溶液的制备

除不加试样外，其余同试验溶液的制备。

二、试样测定

1. 工作曲线的绘制

（1）标准比色溶液的配制及显色　依次取0.0mL、2.0mL、4.0mL、6.0mL、8.0mL、10.0mL、12.0mL、15.0mL铁标准工作溶液（铁0.010mg/mL）于100mL容量瓶中，分别在每个容量瓶中加入水至约60mL，加1.0mL盐酸（1+1），然后加入2.5mL抗坏血酸（20g/L），10mL乙酸-乙酸钠缓冲溶液（pH=4.5）及5mL的邻菲啰啉溶液（2g/L），用水稀释至刻度，摇匀。静置10min。

（2）吸光度的测量及标准工作曲线的绘制　选用适当厚度的比色皿，于最大吸收波长（约510nm）处，以水为参比，将分光光度计的吸光度调整到零，进行吸光度的测量。

将测得的每个标准比色液的吸光度中减去试剂空白试验的吸光度，以铁含量为横坐标，对应的吸光度为纵坐标，绘制标准曲线。

2. 试样溶液含铁量的测定

（1）试样溶液的处理　用移液管移取10mL溶液A或溶液B，置于150mL烧杯中。滴加过氧化氢（加入量为固体样品量的5倍，再过量1.5mL），摇匀，放置5min。加入

0.5mL 无水碳酸钠溶液，加热沸腾 5min。加入 5mL 盐酸（1+1），继续加热 1min，冷却，转移至 100mL 容量瓶中，用少量水洗涤烧杯，洗涤溶液全部转入容量瓶中。

（2）试剂空白溶液的制备　上述步骤中，除不加溶液 A 或溶液 B 外，其余试剂及操作相同。

（3）工业硫酸钠样品溶液中铁含量的测定　在上述待测试样溶液及空白样品溶液中，分别加水至约 60mL，用盐酸（1+1）或氨水（10%及 2.5%溶液）调整 pH 约为 2，用精密 pH 试纸检验 pH。然后加入 2.5mL 抗坏血酸（20g/L）、10mL 乙酸-乙酸钠缓冲溶液（pH=4.5）及 5mL 的邻菲啰啉溶液（2g/L），用水稀释至刻度，摇匀。静置 10min。

按前述“吸光度的测量及标准工作曲线的绘制”，以水为参比，测量试样溶液和试剂空白溶液的吸光度。

三、结果计算

铁含量用质量分数表示，按下式进行计算：

$$w(\mathrm{Fe})=\frac{(m_1-m_2)\times 10^{-3}}{m}\times 100\% \tag{3-9}$$

式中　m_1——根据测得的试验溶液吸光度从工作曲线上查出的铁质量，mg；

m_2——根据测得的空白试验溶液吸光度从工作曲线上查出的铁质量，mg；

m——固体样品的质量，g。

允许差：取平行测定结果的算术平均值为测定结果，平行测定结果的绝对差值 1 类、3 类为不大于 0.008%，2 类为不大于 0.0006%。

项目七　工业硫化钠中水不溶物含量的测定

一、试样测定

1. 恒重古氏坩埚

在古氏坩埚（25mL）筛板上、下各均匀地铺 1～2mm 厚的处理过的酸洗石棉，用热水抽滤洗涤至滤出液内不含石棉毛絮为止。将此坩埚烘干，冷却、称量。再用热水洗涤，于 105～110℃烘干，冷却、称量。如此重复直至坩埚恒重为止。

2. 测定

用已知质量的称量瓶称取全溶试液约 30g [按式(3-1) 计算固体样品质量]，或固体试样约 10g，精确至 0.01g，置于 400mL 烧杯中。用 200mL 水溶解，加热至沸腾。澄清，用古氏坩埚抽滤，用热水洗至中性（以酚酞指示液检验）。于 105～110℃干燥至恒重。

二、结果计算

水不溶物含量用质量分数表示，按下式进行计算：

$$w_{\text{水不溶物}}=\frac{m_2-m_1}{m}\times 100\% \tag{3-10}$$

式中　m_1——古氏坩埚质量，g；

m_2——古氏坩埚质量和水不溶物质量，g；

m——固体试样质量，g。

允许差：取平行测定结果的算术平均值为测定结果，平行测定结果的绝对差值不大于 0.05%。

问题探究

一、工业硫化钠的化学组成、性能及应用

1. 定义

硫化钠分子式为：相对分子质量 78.06（以 Na_2S 计），其产品名为硫化碱。

纯硫化钠为无色或米黄色颗粒结晶，工业品为红褐色或砖红色块状。纯品熔点 1180℃，易溶于水，不溶于乙醚，微溶于乙醇，相对密度（水=1）1.86，相对稳定危险标 20，属于碱性腐蚀品。

水溶液呈强碱性反应，触及皮肤和毛发时会造成灼伤，故硫化钠俗称硫化碱。硫化钠水溶液在空气中会缓慢地氧化成为硫代硫酸钠、亚硫酸钠、硫酸钠和多硫化钠。由于硫代硫酸钠的生成速度较快，所以氧化的主要产物是硫代硫酸钠。硫化钠在空气中潮解，并碳酸化而变质，不断释出硫化氢气体。

硫化钠溶液冷却可析出晶体，不同浓度、温度下所含结晶水的数目不同，一般有 $Na_2S \cdot 2H_2O$、$Na_2S \cdot 5H_2O$、$Na_2S \cdot 9H_2O$、$Na_2S \cdot 10H_2O$。

工业品是带有不同结晶水的混合物，并含有杂质，其色泽呈粉红色、棕色、土黄色等。吸潮性强，易溶于水，微溶于乙醇，不溶于醚，有毒，有腐蚀性。

2. 常用的硫化钠分类及用途

工业硫化钠通常分为三类：1 类为普通硫化钠（俗称红碱）；2 类为低铁硫化钠（俗称黄碱）；3 类为高含量硫化钠。

按照国家标准 GB10500—2000 所生产的 1 类、2 类产品，主要用于制造染料、硫化物、矿石浮选剂、熏蒸剂等。3 类低铁、无水产品主要用于染料中间体、医药及苯甲醚等一些精细化工产品的生产。含量在 60%以上的低铁、无水产品是近年来由于精细化工产品的需求而发展起来的。

工业硫化钠（俗称硫化碱）是一种重要化工原料，主要应用于皮革、造纸、染料、印染、选矿、荧光材料等行业。

随着时代的发展，国际上对日用及化工产品，特别是对铜板纸、高级新闻纸以及羊毛、羊绒的漂白着色等质量要求越来越高。铁含量大于 400μg/g 的红色硫化钠已不能满足需要，逐渐由低碳低铁（小于 80μg/g）的黄色（或橘黄色）硫化钠所替代。

硫化钠还是一种广泛应用的还原剂，通常用于将硝基化合物还原成氨基化合物，特别用于将芳香族硝基化合物还原制备芳香胺化合物。

二、工业硫化钠化学分析方法解读

在用煤还原硫酸钠制取的工业硫化钠中，由于原材料和生产设备带入的铁，硫化钠成品一般呈红色或棕褐色。工业硫化钠产品的颜色深浅由铁、水不溶物和其他杂质的含量多少决定。同时，由于煤及芒硝都是直接采出的原矿，原矿中含有很多不明化学成分的杂质，导致生成不同等级的硫化钠。所以，只能通过严格的分析方法才能真正反映产品质量，尤其是测定结果与技术指标要求的数据相差无几时，更显得十分重要，否则会因铁含量等杂质的高低造成产品降级处理。

（一）间接碘量法测定硫化钠（总还原物）含量的分析条件控制

1. 方法原理

由于工业硫化钠产品中的 Na_2SO_3、$Na_2S_2O_3$ 与 Na_2S 一样，在弱酸性溶液中，均能与加入的过量的碘标准溶液反应：

$$I_2 + S^{2-} \longrightarrow 2I^- + S\downarrow$$

$$SO_3^{2-} + I_2 + H_2O \longrightarrow SO_4^{2-} + 2H^+ + 2I^-$$

$$2S_2O_3^{2-} + I_2 \longrightarrow 2I^- + S_4O_6^{2-}$$

因此，以硫代硫酸钠标准滴定溶液返滴定剩余的碘标准溶液，测出的是总还原物。

欲知工业硫化钠产品中的 Na_2S 含量，还应在进一步以直接碘量法测出硫代硫酸钠和亚硫酸钠含量后，与总还原物之差即为硫化钠含量。

2. 分析条件选择与控制

(1) 样品溶液制备的条件控制　体系中溶解氧的存在可导致体系中的硫离子容易被氧化，所以制备硫化钠样品溶液时，所用水必须除去其中的溶解氧。

(2) 试剂及样品溶液的加入顺序及溶液酸度的控制　为了防止 S^{2-} 在酸性介质中生成 H_2S 而损失，测定时应严格按方法要求的步骤将试样溶液加到过量 I_2 的酸性溶液中，再用 $Na_2S_2O_3$ 标准滴定溶液回滴剩余的 I_2。

碘量法中，反应应在中性或弱酸性中进行，pH 过高，I_2 会发生歧化反应：

$$3I_2 + 6OH^- \longrightarrow IO_3^- + 5I^- + 3H_2O$$

并且，在强酸性溶液中，Na_2SO_3、$Na_2S_2O_3$ 会发生分解，I^- 容易被氧化：

$$SO_3^{2-} + 2H^+ \longrightarrow SO_2 + H_2O$$

$$S_2O_3^{2-} + 2H^+ \longrightarrow SO_2 + S + H_2O$$

$$4I^- + 4H^+ + O_2 \longrightarrow 2I_2 + 2H_2O$$

因此，应严格控制酸的加入量。同时，用以调节溶液酸度的稀冰乙酸溶液应无还原性物质，也可以使用少量稀盐酸溶液（1+10）调节溶液的酸度。

有分析工作者针对碘淀粉显色反应：淀粉＋碘⟶蓝色配合物进行研究发现，酸度增大，碘单质相对稳定，淀粉配合力远大于水解性，蓝色配合物较为稳定。

综合上述各因素考虑，在对硫化钠（总还原物）含量的测定中，酸度应控制在 pH 为3～4。

(3) 淀粉指示剂加入时机的控制　间接碘量法采用淀粉指示液指示终点，应等滴至 I_2 的黄色很浅时再加入淀粉指示液，若过早加入淀粉指示液，与 I_2 形成的蓝色配合物会吸附部分 I_2，往往会使终点拖后。

(4) 配制硫代硫酸钠标准溶液的注意事项　硫代硫酸钠标准溶液浓度不稳定且总是在下降，配制时可以采取煮沸冷却的蒸馏水，并加少许碳酸钠抑制细菌活动、溶液放暗处避光保存等办法加以解决。

（二）直接碘量法测定亚硫酸钠、硫代硫酸钠含量的分析条件的控制

1. 方法原理

在碱性环境中，加入锌离子以沉淀试样溶液中的硫离子：

$$S^{2-} + Zn^{2+} \longrightarrow ZnS\downarrow$$

过滤后，取一份滤液以碘量法测定硫代硫酸钠和亚硫酸钠的含量。

$$SO_3^{2-} + I_2 + H_2O \longrightarrow SO_4^{2-} + 2H^+ + 2I^-$$

$$2S_2O_3^{2-} + I_2 \longrightarrow 2I^- + S_4O_6^{2-}$$

另取一份滤液，加入甲醛掩蔽亚硫酸钠：

$$Na_2SO_3 + HCHO + H_2O \longrightarrow H_2C(OH)SO_3Na + NaOH$$

即可测定硫代硫酸钠含量：

$$2S_2O_3^{2-}+I_2 \longrightarrow 2I^-+S_4O_6^{2-}$$

二者之差即亚硫酸钠含量。

2. 分析条件的控制

（1）沉淀条件的控制　碳酸钠的使用，既可提供稳定的碱性环境，促进硫化锌沉淀完全：

$$ZnSO_4+Na_2S \longrightarrow ZnS\downarrow+Na_2SO_4$$

又可保护试样溶液中的亚硫酸钠、硫代硫酸钠，同时还能与加入的硫酸锌反应形成碳酸锌沉淀，而加大沉淀的颗粒，便于后一步的过滤操作。

乙醇溶液的加入，能抑制沉淀的离解，提高测定的准确性。

（2）酸的使用　由于滤液呈碱性，而碘量法测定亚硫酸钠、硫代硫酸钠含量需在中性条件中进行，考虑到滤液中有可能含微量 ZnS，可溶于盐酸而不溶于醋酸。

另外，用甲醛掩蔽 Na_2SO_3 时，反应生成的 NaOH 可导致溶液碱性增强：

$$HCHO+Na_2SO_3+H_2O \longrightarrow H_2(OH)CSO_3Na+NaOH$$

而在强碱性介质中过量的甲醛会与 I_2 标准液反应：

$$I_2+2NaOH \longrightarrow NaIO+NaI+H_2O$$

$$HCHO+NaIO+NaOH \longrightarrow HCOONa+NaI+H_2O$$

当 Na_2SO_3 量较大时生成的 NaOH 较多，需用酸中和掩蔽反应中生成的 NaOH。

因此，采用醋酸既可中和溶液中的过量碱，同时，生成的醋酸钠与稍过量的醋酸形成一定的缓冲，又可稳定滴定环境，保证测定的准确性。

（3）滴定速度的控制　直接碘量法时，淀粉指示液（2～5mL）应在滴定开始时加入，终点时溶液由无色突变为蓝色。由于加入了甲醛，I_2^- 淀粉不如未加入甲醛时显色灵敏，因此加入淀粉后，滴定速度要稍减慢，否则易过量。

（4）淀粉指示剂中的淀粉胶液容易受细菌作用分解，可加入 HgI_2 以抑制细菌作用，保持其指示的灵敏度。

（5）滴定终点的改善　分析工作者经研究发现，在硫代硫酸钠标准溶液和样品溶液中同时加入少量分析纯氯化钠，可以使滴定终点清晰、易辨，使测定结果更加准确可靠。

（三）碳酸钠含量的测定——气体吸收法分析条件的控制

1. 方法原理

用过氧化氢（即双氧水）将硫化物氧化成硫酸盐。加硫酸使碳酸钠分解生成二氧化碳，以乙醇、丙酮混合液吸收，以氢氧化钾标准滴定溶液滴定。

2. 分析条件的控制

① 要保证整个装置的气密性，否则，气体的挥发会导致结果偏低。

② 参比溶液重新配制后，吸收液也要重新配制，否则吸收液的颜色和新鲜配制的参比溶液的颜色有差异，会导致结果产生误差。

③ 吸收液的终点颜色为刚好变成紫色，和参比溶液的紫色保持一致，但不能过量。因为混合指示剂的变色点在 pH=9.0 处由黄色转成绿色，最终变成紫色，碱溶液过量后，也是紫色，所以吸收液的终点颜色要注意控制，否则会引起结果产生误差。

④ 氢氧化钾-乙醇溶液放置时间不易过长，时间过长后会变黄，也会出现浑浊，可能是由于氢氧化钾本身有杂质，或者是所用溶剂乙醇中含有少量杂质甲醛氧化所致。

⑤ 在滴定分析过程中，为进一步减少空气中的 CO_2 进入，采用碱石棉管吸收空气中的 CO_2，同时采用除去 CO_2 后的蒸馏水配制溶液 A 或溶液 B。

⑥ 吸收管在体系中起到缓冲瓶的作用。

（四）铁含量的测定

1. 方法原理

用过氧化氢将硫化物氧化成硫酸盐，赶净多余的过氧化氢，用盐酸酸化溶液，再用抗坏血酸将三价铁还原成二价铁。在pH2～9范围内，二价铁与邻菲啰啉生成红色配合物，在最大吸收波长（510nm）下用分光光度计测定吸光度。

2. 分析条件的控制

① 过氧化氢的作用是将试样溶液中的硫离子氧化为硫酸根。

② 试剂空白试验带来的误差　铁和邻菲啰啉生成的配合物为橙红色，显色的pH为2～9，Fe(Ⅲ)用抗坏血酸作还原剂还原时最佳的pH是2，所以规定用氨水或盐酸将溶液的pH调至2。因此对于酸性样品如盐酸加氨水调试溶液的pH为2～3，碱性样品如硫化钠加盐酸调节试溶液的pH为3，以对硝基酚指示液判定黄色消失为止。因此必须要做试剂空白试验，否则氨水和盐酸可能带来误差。

③ 蒸干操作带来的误差　用双氧水将硫化物氧化成硫酸盐，加热至溶液近干，以赶尽未反应的双氧水，按铁含量测定通用方法分光光度法测铁。标准中规定铁含量指标为0.04%～0.15%，其称样量为0.1～0.3g，样品量较小，加入的双氧水也较少，易蒸干。但随着生产工艺的不断改进，出现了大量的低铁产品，其铁含量一般低于0.005%。假如按照国标方法，必然要增加称样量和相应的双氧水的量，会导致试验溶液盐分的增多，通过蒸干赶尽未反应的双氧水的方法难以进行，最终会导致测定结果的误差。

（五）水不溶物的测定

1. 方法原理

用水溶解试样，过滤洗涤不溶物，干燥至恒重。

2. 分析条件的控制

(1) 溶解样品方式　一般溶解样品有两种方式：一种是用沸水溶解样品，冷却至室温，过滤；另一种方法是先用水溶解，再于沸水浴上保温一定时间。这两种方法所得测定结果一致，主要是由样品的性质决定的。在实际操作中，无论采取哪种方式溶解，均需观察溶液，如有悬浮物（毛、屑）较明显时，应视产品为不合格。

(2) 酸洗石棉的处理　结果是否正确，取决于酸洗石棉洗涤质量和在古氏坩埚中酸洗石棉铺放的质量。酸洗石棉要铺匀，不能太薄，也不应太厚。薄则造成跑滤，结果偏低；如铺得过厚，抽滤时间长。用碳酸钠溶液浸泡并煮沸20min，目的就是使石棉溶解碳酸钠达到饱和，以免在过滤时因石棉吸收碳酸钠而使测定结果偏高。

(3) 洗涤不溶物水温　标准规定用热水洗涤，并洗涤至中性。水温应保持在50℃±5℃。水温低可能造成洗涤效果不好，水温高与在50℃±5℃水洗涤的酸洗石棉有差别，产生负偏差。实际操作中，一般洗涤数次，并进行检查，判断洗涤效果。

(4) 通常化工产品都规定测定水不溶物，测定酸不溶物的较少。两者之间的差异是测定酸不溶物时溶解样品时加一定量的酸，洗涤和干燥等其他步骤完全一致。

知识拓展

一、工业硫化钠生产中的原料及分析方法

（一）工业硫化钠生产中的原料及相关硫化钠产品标准

1. HGB 3121—1959《硫化钠》；

2. GB/T10500—2000《工业硫化钠》；

3. JIS K8949—1995《硫化钠九水化合物》。

生产硫化钠的主要原料及规格为：芒硝（Na_2SO_4）≥85%、烧碱（NaOH）≥95%、料煤（固定碳）≥65%～88%、硫化氢（H_2S）废气。

（二）工业硫化钠中硫化钠含量测定的其他方法

除本节中介绍的 GB/T10500—2000 工业硫化钠之外，还有 ZnS 沉淀分离-EDTA 配位滴定法、电位滴定法等。

1. ZnS 沉淀分离-EDTA 配位滴定法

（1）方法原理　用乙酸锌沉淀分离样品溶液中的 S^{2-}，经过滤、洗涤，定量得到 ZnS 沉淀。用盐酸将 ZnS 沉淀溶解，用 EDTA 标准溶液配位滴定 Zn^{2+}，得到 Na_2S 含量。

（2）试样的测定　称取样品 10g（准确至 0.0001g），溶解并定容于 1L 的容量瓶中。准确吸取样品清液 10mL 于 250mL 烧杯中，加蒸馏水至 100mL。在不断搅拌下，滴加 50g/L 乙酸锌沉淀剂 15mL，继续搅拌 1min。将沉淀在 60℃的水浴中保温 30min 后取出，在室温下陈化 2h。然后用慢速定量滤纸过滤沉淀，并用温热的蒸馏水洗涤沉淀，以除去吸附的乙酸锌。

将沉淀连同滤纸放入原烧杯中，加入 1+1 盐酸 10mL，加蒸馏水 90mL，加热至沉淀全部溶解，冷却，滴加 2 滴甲基橙指示剂，用 100g/L 氢氧化钠溶液调至黄色。加 10mL 乙酸钠缓冲溶液（pH=5.5），加入 2 滴二甲酚橙指示剂，用 EDTA 标准溶液滴定，溶液由紫红色转变为亮黄色为终点。做样品实验的同时做空白实验。

（3）硫化钠含量用质量分数表示，按下式进行计算：

$$w(Na_2S)=\frac{c(V-V_0)D\times0.078}{m}\times100\% \tag{3-11}$$

式中　c——EDTA 标准溶液的浓度，mol/L；

V_0——空白消耗的 EDTA 标准溶液的体积，mL；

V——样品消耗的 EDTA 标准溶液的体积，mL；

D——稀释倍数；

m——样品质量，g。

2. 电位滴定法

电位滴定法测定硫化钠含量，选用铂电极作为指示电极，参比电极选用双盐桥甘汞电极内充硝酸钾饱和溶液，且保持电极的液络部流速是 1 滴/min。用硝酸银标准溶液滴定硫化钠，当溶液中的硫离子与银离子反应完全后，溶液中的 OH^- 已生成水，溶液呈中性，电位突跃指示终点。此法比用容量法测定操作简单，具有节省工时，提高工作效率的优点。

3. 银氨法

有些工厂采用银氨法测定硫化钠的含量。银氨法是用硝酸银氨标准溶液滴定碱液，与碱液中的硫化钠作用，生成黑色的硫化银沉淀，根据滴定时所消耗的硝酸银氨溶液量，计算出硫化钠含量。此法操作简便，准确性较高，终点易掌握，一般工厂都广泛采用。但由于银氨法需用昂贵的硝酸银，特别是市场供应上有严格的限制，市场供不应求，有些工厂采用改进的碘量法测定硫化钠含量。

4. 改进的碘量法

（1）测定原理　碘标准溶液的耗用量随碱液中硫化钠的含量而变动，碱液中硫化钠含量高，消耗碘标准溶液量就大，反之，碱液中硫化钠含量低，碘标准溶液用量就少。因此，碘标准溶液用量与碱液中硫化钠的含量有一定函数关系，将其制成图标，供生产车间使用。

（2）分析步骤　准确吸取待测的澄清碱液 10mL 于 100mL 容量瓶中，用蒸馏水稀释至刻度，摇匀，吸取 10mL 稀释液于 250mL 锥形瓶中，加入 50mL 蒸馏水、15mL 碳酸氢钠摇匀，加入 10mL5％HCl 溶液，加入淀粉指示剂，以 0.1mol/L 碘标准溶液滴定至刚呈蓝色即为终点。读取碘标准溶液耗用量，查表，即得硫化钠含量。

（3）分析条件控制　此法中，要求碱液中的硫代硫酸钠、亚硫酸钠含量少，且其含量在一定的范围内，当以标准碘液测定碱液中的总还原物时，由于碱液中硫代硫酸钠和亚硫酸钠的含量变化不大，所以碘标准溶液的耗用量是随碱液中硫化钠的含量而变动的。

（三）工业硫化钠中铁含量测定的其他方法

本节中介绍的 GB/T10500—2000《工业硫化钠》中铁含量的测定，但此方法在本节中也介绍了它的缺点。近年来，有分析工作者研究了样品分解对测定结果的影响和改进。

1. 不同的样品溶解法

过滤法：将加入双氧水的溶液完全蒸发干，加酸后加热溶解，过滤后测定铁含量。此法的特点是空白低，但时间长。

催化法：加入双氧水后的溶液中加入铜离子溶液作为催化剂，加热加快双氧水的分解，加热煮沸后测定铁含量。此法的特点是空白高，且显色慢。

近干法：将称样量调整为 1g，双氧水溶液 5mL，其他试剂量作相应调整。此法的特点主要是除双氧水不理想。

加入碱性溶剂分解法：加入碳酸钠溶液，加热加快双氧水的分解，加酸煮沸后测定铁含量。此法的特点主要是空白低，速度快，易掌握。

2. 流动注射分析仪法

近年来，国内外出现了较先进的流动注射分析仪，应用流动注射分析仪分析样品中的铁含量早有尝试。

（1）仪器　瑞典 Tecator 公司的 5020 型流动注射分析仪，5007 型自动进样器，5023 型分光光度计，上海产 581-G 型光电比色计。

（2）仪器测试条件

采用水作载流，显色剂为 10％硫氰酸钾溶液，二者泵管规格均为 0.32mL/min，取样泵管规格为 0.64mL/min，反应管道长度为 330cm，注射时间 30s，取值时间 33s，分析速度为 110 个样次/h，波长为 480nm，基线为 0.025s。

（3）待测样品溶液的制备　取有代表性的液体硫化钠样品，冷却，称重，溶解定容于 1000mL 容量瓶中，摇匀，用移液管吸取其试样溶液 10mL 于 100mL 烧杯中，加入 10％过氧化氢溶液 2.5mL，加热至沸后，再加 1＋1 硝酸溶液 5 滴，进行低温处理并蒸发近干。用水洗入 100mL 容量瓶中定容，摇匀后，供测定用。

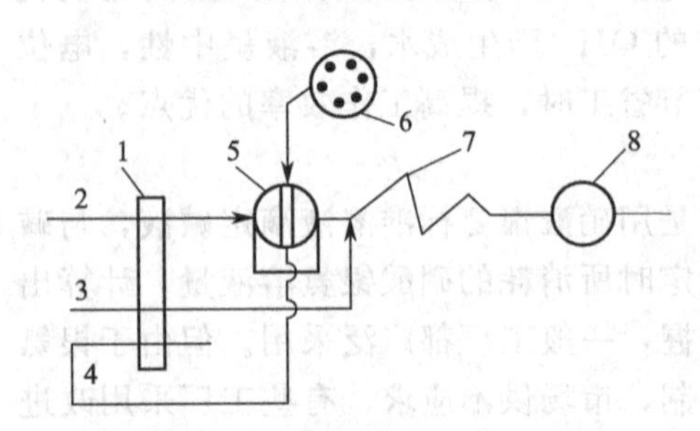

图 3-3　流动注射分析仪分析流程
1—蠕动泵；2—载流管；3—显色剂管；4—采样管；5—取样阀；6—进样器；7—反应管；8—检测器

（4）分析流程　流动注射分析仪分析流程如图 3-3 所示。

（5）分析方法特点　本分析方法所用显色剂浓度为 10％，以水作为载流，节省了试剂，操作简便，减轻了光电比色分析时烦琐的手工操作，分析速度快，适用于样品量大的场所，准确度和灵敏度都很高，方法可靠。

（四）工业硫化钠中碳酸钠含量测定的其他方法

本节中介绍的GB/T10500—2000《工业硫化钠》中碳酸钠含量的测定，该法操作手续烦琐，耗用大量有机溶剂，测定时影响因素也较多，结果重现性很差。有分析工作者研究了采用顶空气相色谱法间接测定工业硫化钠中的碳酸钠含量，其方法原理如下：

取一定量样品溶液放入顶空瓶中，加入H_2O_2使其中的硫化物氧化成硫酸盐，将顶空瓶密封后注入硫酸，室温下反应，样品中的碳酸钠与酸反应放出CO_2，当气液两相达到平衡后，取一定体积的液上气体进行气相色谱分析，通过测定气相中的CO_2含量，间接求出碳酸钠含量。

此法克服了需用非水混合溶剂吸收CO_2的缺点，结果的准确性和重复性较好。

二、气体分析方法简介

（一）气体分析方法特点

由于气体的状态有许多特殊性，所以气体分析与其他分析方法有许多不同之处。气体的特点是质轻而流动性大，不易称量，因此气体分析常用测量体积的方法代替称量，按体积计算被测组分的含量。由于气体的体积随温度和压力的改变而变化，所以测量体积的同时，必须记录当时的温度和压力，然后将被测气体的体积校正到同一温度、压力下的体积。

根据气体组分的物理和化学性质的不同，气体分析方法可分为物理分析和化学分析。

气体分析按所采用的仪器不同，可分为一般仪器和专用仪器分析。在复杂的气体混合物分析中，往往是采用几种分析方法联合使用来达到分析的目的。

（二）气体化学分析方法简介

气体化学分析方法是根据气体各组分的化学性质选择不同的分析方法，主要有吸收法和燃烧法，在生产实际中往往是两种方法结合使用。

1. 吸收法

利用气体混合物中各组分的化学性质的不同，以适当的吸收剂来吸收某一被测组分，然后通过一定的定量方式测定被测组分含量的方法称为吸收分析法。根据定量方法的不同，吸收法可分为吸收体积法、吸收滴定法和吸收称量法。用来吸收气体的试剂称为气体吸收剂。所用的吸收剂必须对被测组分有专一的吸收，不同的气体有不同的化学性质，需使用不同的吸收剂。否则将因吸收干扰而影响测定结果的准确性。常用工业气体及其吸收剂见表3-3。

表3-3　常用工业气体及其吸收剂

气体	吸收剂	气体	吸收剂
CO_2	氢氧化钾水溶液(300g/L)	SO_2	I_2溶液
O_2	焦性没食子酸的碱性溶液	NH_3	H_2SO_4溶液
CO	氯化亚铜的氨性溶液	NO	$HNO_3+H_2SO_4$
不饱和烃(C_nH_m)	饱和溴水或浓硫酸	H_2S	KOH

（1）吸收体积法　利用气体的化学特性，使气体混合物与某特定试剂接触，此试剂对混合气体中被测组分能定量发生反应而吸收，吸收稳定后不再逸出，而且其他组分不与此试剂反应。如果吸收前后的温度及压力一致，则吸收前后的体积之差，即为被测组分的体积，据此可计算组分含量。此法适用于混合气体中常量组分的分析。

（2）吸收滴定法　此法综合应用吸收法和容量滴定法来测定气体（或可以转化为气体的其他物质）含量。其方法是使混合气体通过特定的吸收剂，待测组分与吸收剂反应后被吸收，再在一定条件下，用标准滴定溶液滴定吸收后的溶液，根据消耗的标准滴定溶液的体积，计算出待测气体的含量。此法适用于混合气体中含量较低的组分的测定。

(3) 吸收称量法　综合应用吸收法和称量法来测定气体（或可以转化为气体的其他物质）含量的分析方法。其原理是使混合气体通过固体（或液体）吸收剂，待测气体与吸收剂发生反应（或吸附），根据吸收剂增加的质量，计算出待测气体的含量。

此法使用的吸收剂有液体的，也有固体的。吸收剂应无挥发性，或挥发性很小，以免影响称量。同样，吸收后的生成物也应无挥发性，以防止干扰。

2. 燃烧法

有些可燃气体没有很好的吸收剂，如氢气和甲烷气体。因此，只能用燃烧法进行测定。燃烧法是将混合气体与过量的空气或氧气混合，使其中可燃组分燃烧，测定气体燃烧后体积的缩减量、消耗氧的体积及生成二氧化碳的体积来计算气体中各组分的含量。

(1) 燃烧法的计算方法　如果气体混合物中含有若干种可燃性气体，先用吸收法除去干扰组分，再取一定量的剩余气体（或全部），加入过量的空气，使之进行燃烧。燃烧后，测量其体积的缩减、消耗氧的体积及生成二氧化碳的体积，由此求得可燃性气体的体积，并计算出混合气体中可燃性气体的含量。

如 CO、CH_4、H_2 的气体混合物，燃烧后，求原可燃性气体的体积。

它们的燃烧反应为：

$$2CO+O_2 \longrightarrow 2CO_2$$

$$CH_4+2O_2 \longrightarrow CO_2+2H_2O$$

$$2H_2+O_2 \longrightarrow 2H_2O$$

若原来混合气体中一氧化碳的体积为 V_{CO}，甲烷的体积为 V_{CH_4}，氢的体积为 V_{H_2}。燃烧后，由一氧化碳所引起的体积缩减 $V_{缩(CO)}=\frac{1}{2}V_{CO}$；甲烷所引起的体积缩减 $V_{缩(CH_4)}=2V_{CH_4}$；氢气所引起的体积缩减 $V_{缩(H_2)}=\frac{3}{2}V_{H_2}$。所以燃烧后所测得的应为其总体积的缩减，$V_{缩}$。

$$V_{缩}=\frac{1}{2}V_{CO}+2V_{CH_4}+\frac{3}{2}V_{H_2} \tag{3-12}$$

由于一氧化碳和甲烷燃烧后生成与原一氧化碳和甲烷等体积的二氧化碳（即 $V_{CO}+V_{CH_4}$），氢气则生成水，则燃烧后测得总的二氧化碳体积 $V^{生}_{CO_2}$ 应为：

$$V^{生}_{CO_2}=V_{CO}+V_{CH_4} \tag{3-13}$$

一氧化碳燃烧时所消耗的氧 $V^{用}_{O_2(CO)}=\frac{1}{2}V_{CO}$，甲烷燃烧时所消耗的氧 $V^{用}_{O_2(CH_4)}=2V_{CH_4}$，氢燃烧时所消耗的氧 $V^{用}_{O_2(H_2)}=\frac{1}{2}V_{H_2}$。则燃烧后测得的总的耗氧量 $V^{用}_{O_2}$ 应为：

$$V^{用}_{O_2}=\frac{1}{2}V_{CO}+2V_{CH_4}+\frac{1}{2}V_{H_2} \tag{3-14}$$

设：$V^{用}_{O_2}=a$，$V^{生}_{CO_2}=b$，$V_{缩}=c$

联立方程组，解得：

$$V_{CH_4}=\frac{3a-b-c}{3} \quad (mL)$$

$$V_{CO}=\frac{4b-3a+c}{3} \quad (mL)$$

$$V_{H_2}=c-a \quad (mL)$$

根据各组分气体的体积与燃烧前混合气体的体积，即可计算各组分的含量。

(2) 燃烧法的分类　根据燃烧方式的不同，燃烧法可分为三种。

① 爆炸法　可燃气体与过量空气按一定比例混合，通电点燃引起爆炸性燃烧。引起爆炸性燃烧的浓度范围称为爆炸极限。爆炸上限是指引起可燃气体爆炸的最高浓度，爆炸下限是指引起可燃气体爆炸的最低浓度。常温常压下部分气体在空气中的爆炸极限见表3-4。浓度低于或高于此范围都不会发生爆炸。此法分析速度快，但误差较大，适用于生产控制分析。

表 3-4　部分气体在空气中的爆炸极限

气体名称	分子式	与空气混合的爆炸极限/%(体积分数)		气体名称	分子式	与空气混合的爆炸极限/%(体积分数)	
		下限	上限			下限	上限
氢气	H_2	4.0	75	乙烷	C_2H_6	3	12.5
一氧化碳	CO	12.5	74.2	丙烷	C_3H_8	2.3	9.5
氨气	NH_3	15.5	27	丁烷	C_4H_{10}	1.9	8.5
甲烷	CH_4	5.3	15	乙烯	C_2H_4	2.7	36
硫化氢	H_2S	4.3	44.5	乙炔	C_2H_2	2.5	85

② 缓慢燃烧法（铂丝燃烧法）　将可燃气体与空气混合，控制其混合比例在爆炸下限以下，并通过炽热的铂丝，引起缓慢燃烧。这种方法适用于试样中可燃气体组分含量较低的情况。

③ 氧化铜燃烧法　氢气和一氧化碳在280℃以上开始氧化，CH_4 必须在600℃以上氧化。

$$H_2+CuO \xrightarrow{280℃} H_2O+Cu$$

$$CO+CuO \xrightarrow{280℃} CO_2+Cu$$

$$4CuO+CH_4 \xrightarrow{>600℃} CO_2+2H_2O(液)+4Cu$$

当混合气体通过280℃高温的CuO时，使其缓慢燃烧，这时CO生成等体积的CO_2，缩减的体积等于 H_2 的体积。然后升高温度使 CH_4 燃烧，根据 CH_4 生成的 CO_2 体积，便可求出甲烷的含量。

三、气体化工产品采样及预处理方法

（一）气体化工产品采样基础知识

气体由于容易通过扩散和湍流而混合均匀，成分上的不均匀性一般都是暂时的，因此，较易于取得具有代表性的样品。但气体往往具有压力、易于渗透、易被污染和难以贮存等特点，且在生产过程中有动态、静态、常压、正压、负压、高温、常温等的区别，所以采样方法和装置都各不相同。有些气体毒性大，具有腐蚀性和刺激性，采样时应采取必要的安全措施，以保证人身安全。

在实际工作中，通常采取钢瓶中压缩或液化的气体、贮罐中的气体和管道内流动的气体。

采取的气体样品类型有部位样品、混合样品、间断样品和连续样品。最小采样量应根据分析方法、被测组分的含量和重复分析测定需要量来确定。依体积计量的样品，必须换算成标准状态下的体积。管道内输送的气体，采样时间及气体的流速关系较大。

工业气体按它们在工业上的用途大致可分为气体燃料、化工原料气、废气和厂房空气等。

（二）气体采样工具

对于接触气体样品的采样设备材料应符合下列要求，即对样品不渗透、不吸收（或吸附），在采样温度下无化学活性，不起催化作用，力学性能良好，容易加工和连接等。所以，采取气体样品时，对采样设备的要求较高。

气体的采样设备包括采样器、导管、样品容器、预处理装置、调节压力和流量装置、吸气器和抽气泵等。常用的主要包括采样器、导管和样品容器。

1. 采样器

按制造材料不同，可分为以下几种。

① 硅硼玻璃采样器 价廉易制，适宜于＜450℃时使用。

② 石英采样器 适宜于＜900℃时长时间使用。

③ 不锈钢和铬铁采样器 适宜于950℃时使用。

④ 镍合金采样器 适宜于1150℃在无硫气样中使用。

其他能耐高温的采样器有釉质的瓷器、氧化铝瓷器、富铝红柱及重结晶的氧化铝等。

2. 导管

导管分为不锈钢管、碳钢管、铜管、铝管、特制金属软管、玻璃管、聚四氟乙烯或聚乙烯等塑料管和橡胶管。采取高纯气体，应采用不锈钢管或铜管。要求不高时可采用橡胶或塑料管。

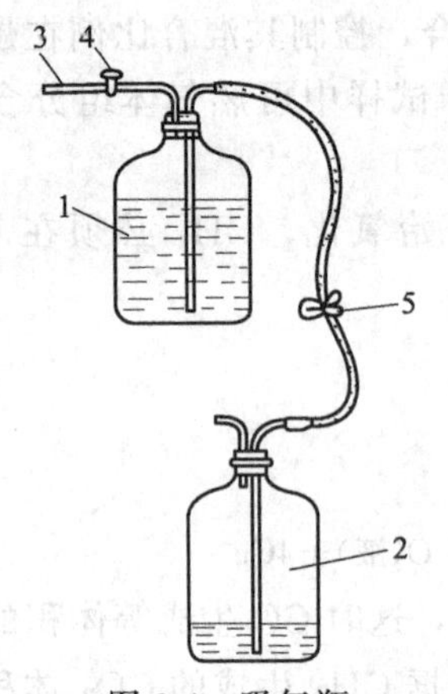

图 3-4 吸气瓶

1—气样瓶；2—封闭液瓶；3—橡皮管；4—旋塞；5—弹簧夹

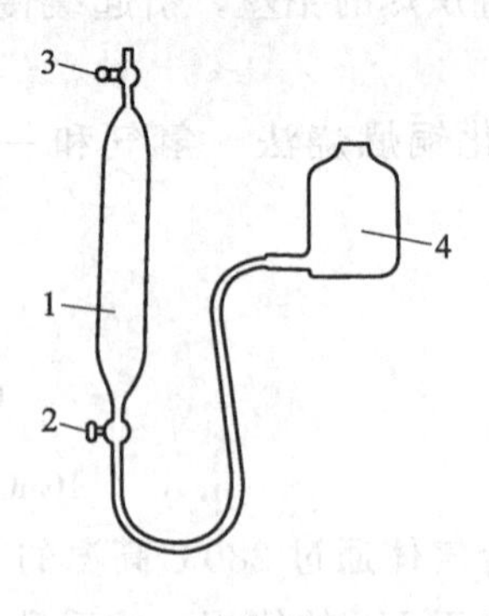

图 3-5 吸气管

1—气样管；2,3—旋塞；4—封闭液瓶

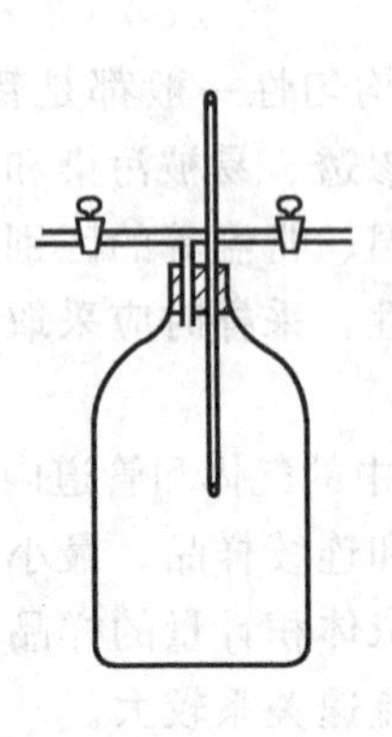

图 3-6 真空瓶

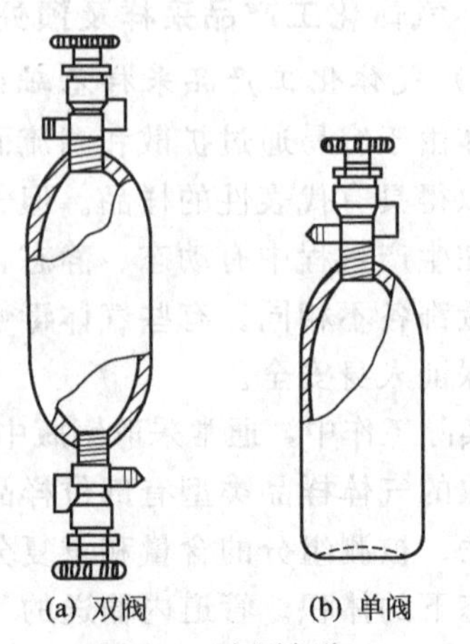

(a) 双阀 (b) 单阀

图 3-7 金属钢瓶

3. 样品容器

种类较多，常见的有吸气瓶（如图 3-4）、吸气管（如图 3-5）、真空瓶（如图 3-6）、金属钢瓶（如图 3-7）、双连球（如图 3-8）、吸附剂采样管、球胆及气袋等。

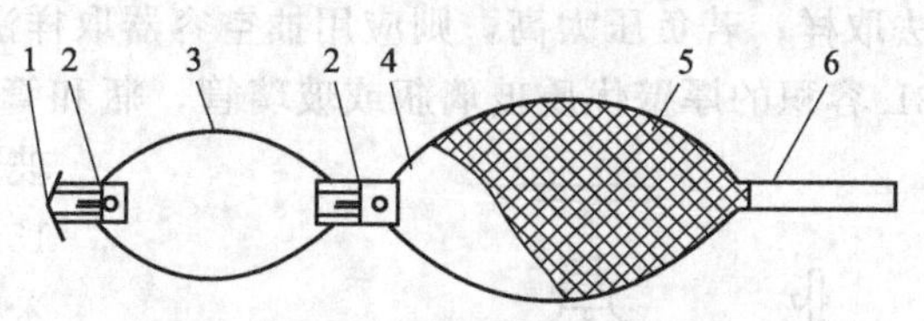

图 3-8　双连球采样管

1—气体进口；2—止逆阀；3—吸气球；4—贮气球；5—防爆网；6—胶皮管

（三）气体采样方法

1. 常压气体的采样

气体压力等于大气压力或处于低正压、低负压状态的气体均称为常压气体。通常使用封闭液取样法对常压气体进行取样，如果用此法仍感压力不足，则可用流水抽气泵减压法取样。

（1）封闭液取样法

① 用吸气瓶取样　采取大量的气体样品时，可选用吸气瓶来取样。如图 3-4 所示。取样操作方法如下。

a. 向瓶“2”中注满封闭液，旋转旋塞“4”，使瓶“1”与大气相通，打开弹簧夹“5”，提高瓶“2”，使封闭液进入并充满瓶“1”，将瓶“1”空气通过旋塞“4”排到大气中。

b. 旋转旋塞“4”，使瓶“1”经旋塞“4”及橡皮管“3”和采样管相连。降低瓶“2”，气样进入瓶“1”，用弹簧夹“5”控制瓶“1”中封闭液的流出速度，使取样在一定的时间内进行至需要量，然后关闭旋塞“4”，夹紧弹簧夹“5”，从采样管上取下橡皮管“3”即可。

② 用吸气管取样　采取少量气体样品时，可选用吸气管来取样，如图 3-5 所示。用吸气管取样的操作方法和用吸气瓶取样的操作方法相似。

（2）用双连球取样　双连球外形结构如图 3-8 所示，常用于在大气中采取气样。当需气样量不大时，用弹簧夹将橡皮管口封闭，在采样点反复挤压吸气球，被采气体进入贮气球中；需气样量稍大时，在橡皮管上用玻璃管连接一个球胆，即可采样。在气体容器或气体管道中采样时，必须将采样管与双连球的气体进口连接起来，方可采样。

（3）流水抽气泵取样法　对于低负压状态气体，用封闭液取样法取样时，若仍感压力不足，可改用流水抽气泵减压法取样，如图 3-9 所示。取样操作方法如下。

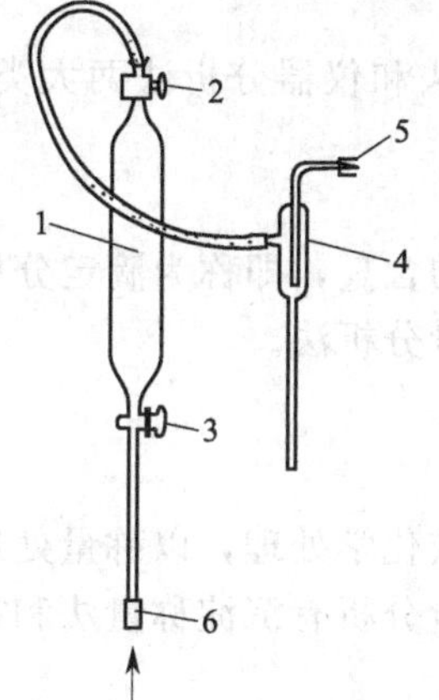

图 3-9　流水抽气泵取样法采样装置

1—气样管；2,3—旋塞；4—流水真空泵；5,6—橡皮管

a. 将气样管经橡皮管“6”和采样管相连，再将流水真空泵经橡皮管“5”和自来水龙头相连。

b. 开启自来水龙头和旋塞“2”、“3”，使流水抽气泵产生的负压将气体抽入气样管。

c. 隔一定时间，关闭自来水龙头及旋塞“2”、“3”，将气样管从采样管上和流水抽气泵上取下即可。

2. 正压气体的采样

气体压力高于大气压力为正压状态气体。正压气体的采样比较简单，只需开启采样管旋塞（或采样阀），气体借助本身压力而进入取样容器。常用的取样容器有球胆、气袋等，也可以用吸气瓶、吸气管取样。如果气体压力过大，则应调整采样管上的旋塞或者在采样装置和取样容器之间加装缓冲瓶。生产中的正压气体常常经采样装置和气体分析仪器相连，直接进行分析。

3. 负压气体的采样

气体压力低于大气压力为负压状态气体。如果气体的负压不太高，可以采用抽气泵减压法取样；若负压太高，则应用抽空容器取样法取样。抽空容器如图3-10所示，一般是0.5～3L容积的厚壁优质玻璃瓶或玻璃管，瓶和管口均有旋塞。取样前，用真空泵抽出玻璃瓶或玻璃管中的空气，直至瓶或管的内压降至8～13kPa以下时，关闭旋塞。取样时，用橡皮管将采样阀和抽空容器连接起来，再开启采样阀和抽空容器上的旋塞，被采气体则因抽空容器内有更高的负压而被吸入容器中。

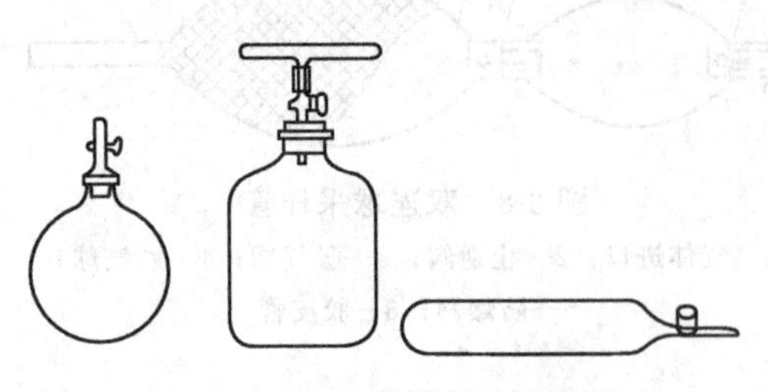

图3-10 负压采样的抽空容器

（四）气体样品的预处理

1. 过滤

可分离灰、湿汽或其他有害物，但预先应确认所用干燥剂或吸附剂不会改变被测成分的组成。

分离颗粒的装置主要包括栅网、筛子或粗滤器、过滤器及各种专用的装置等。为防止过滤器堵塞，常采用滤面向下的过滤装置。

2. 脱水方法

脱水方法的选择一般随给定样品而定。脱水方法有以下四种。

(1) 化学干燥剂 常用的化学干燥剂有氯化钙、硫酸、过氯酸镁、无水碳酸钾和无水硫酸钙等。

(2) 吸附剂 常用的有硅胶、活性氧化铝及分子筛。通常为物理吸附。

(3) 冷阱 对难凝样品，可在0℃以上的冷凝器中缓慢通过脱去水分。

(4) 渗透 用半透膜让水由一个高分压的表面移至分压非常低的表面。

3. 改变温度

气体温度高的需加以冷却，以防止发生化学反应。为了防止有些成分凝聚，有时需要加热。

四、化工产品检验中的化学分析方法

（一）化学分析方法简介

按照分析原理和操作技术的不同，化工产品检验分为化学分析法和仪器分析法两大类。化学分析以物质的化学计量反应为基础。

$$待测组分+试剂\longrightarrow反应产物$$

若采用滴定的方式，根据试剂溶液的用量和浓度计算待测组分的含量，即称为滴定分析法；若根据称量反应产物的质量来计算待测组分的含量，则称为称量分析法。

（二）化工产品检验中的化学分析方法

1. 称量分析

习惯上称量分析为重量分析。称量分析是将试样进行某种物理或化学处理，以称量处理前后质量的变化为基础的分析方法。在化工产品检验中，常用的称量分析有沉淀称量法和挥发称量法。

(1) 沉淀称量法 沉淀称量法是分析化学的经典方法，该法是利用特定的化学反应，使试样中的待测组分生成难溶化合物沉淀析出，经过滤、洗涤、烘干或灼烧，通过称量产物的质量计算出试样中待测组分的含量。

如测定试样中的硫酸盐含量时，在试样溶液中加入稍过量的氯化钡溶液，使硫酸根生成难溶的硫酸钡沉淀，经过滤，洗涤，灼烧后，称量硫酸钡的质量，便可求出试样中硫酸盐的含量。

沉淀称量法准确度高，适用于测定试样中的主成分含量；但操作烦琐、费时。在化工产品检验中主要用于硫酸盐、磷酸盐、钡盐和镍盐等产品的主成分测定。

某些有机化合物与某些试剂在一定条件下在某一介质中反应生成难溶产物，可利用这些沉淀反应来测定这些有机化合物。采用的方法主要有重量法、滴定沉淀法、返滴法和直接滴定法。

（2）挥发称量法　挥发称量法是通过加热等手段使样品中的挥发性组分逸出，然后根据样品减轻的质量计算挥发性组分的含量；或根据剩余物的质量计算样品中不溶解或不挥发物的含量。如，通过加热蒸发测定样品中的湿存水和结晶水；通过蒸发或灼烧测定样品中的蒸发残渣、灼烧残渣或灰分；通过溶解、过滤、烘干等测定水溶性样品中的水不溶物，或水不溶性产品中的水溶物含量等。

挥发称量法主要用于化工产品中水分及一些杂质含量的测定。

2. 滴定分析法

滴定分析也称容量分析，是将一种已知准确浓度的标准滴定溶液（滴定剂）通过滴定管滴加到试样溶液中，与待测组分发生定量化学反应，到达化学计量点时，根据标准滴定溶液的浓度和用量计算待测组分的含量。

根据滴定分析所发生化学反应类型的不同，滴定分析可分为酸碱滴定、氧化还原滴定、配位滴定和沉淀滴定四种类型。

（1）酸碱滴定法　酸与碱中和生成盐和水，反应本质为：$H^+ + OH^- \longrightarrow H_2O$，水的电离度极小，故中和反应能够定量地向右进行到底。

酸碱中和法简便、易操作，应用较广。常用的有碱量法和酸量法。其关键是根据试样酸性或碱性强弱不同，选择适合的指示剂，以使滴定终点尽可能与化学计量点相一致。酸类、碱类产品主成分含量的测定，有机化工产品酸度、碱度的测定都是酸碱滴定法的典型应用。但在水溶液中进行有机物的酸碱滴定时有以下缺点：一是大多数有机物在水中溶解度较小；二是大多数有机酸或碱太弱，在水中滴定不能获得敏锐的终点。若用非水溶剂则可以克服上述缺点，扩大可滴定的有机酸或碱的数目。因此，有机化合物的酸碱滴定通常是在非水溶剂中进行的。

（2）氧化还原滴定法　氧化还原滴定法是以氧化还原反应为基础进行的。根据所用氧化剂或还原剂标准滴定溶液及发生的氧化还原反应不同，氧化还原滴定法包括高锰酸钾法、重铬酸钾法、碘量法等。

有机化合物的可逆氧化还原反应为数甚少，绝大多数有机化合物的氧化还原反应是不可逆的，但进行得较慢。在有机化合物的氧化还原分析法中用得较多的是碘量法、低亚金属盐还原法和金属氢化物还原法。

（3）配位滴定法　配位滴定法是利用滴定剂与待测离子形成稳定配合物的滴定方法。目前应用较多的是 EDTA 滴定法和汞量法。

配位滴定法的关键是控制溶液的酸度，通常需加入一定 pH 的缓冲溶液，以选择性地滴定待测离子。

（4）沉淀滴定法　沉淀滴定是利用滴定剂与待测离子生成沉淀的滴定方法，目前应用较多的是银量法，常用硝酸银标准溶液滴定卤素离子。沉淀滴定的关键问题是如何确定滴定终点。根据试样中的待测组分和反应条件，可以选用不同的指示剂，必要时利用电位滴定法确定滴定终点。

五、化工产品分析中的仪器分析方法

(一) 仪器分析方法简介

仪器分析法是以物质的物理或物理化学性质为基础的分析方法。因这类方法需要使用光、电、电磁、热等测量仪器，故称为仪器分析法。现代仪器分析法包括多种检测方法，目前在化工产品检验中应用较多的是分光光度法、电位分析法和气相色谱法。

(二) 化工产品检验中的仪器分析方法

1. 比色法

一些有机化合物与某些试剂在一定条件下生成有色化合物，借此定量分析有机化合物的方法称为比色法。比色分析具有以下优点：一是灵敏度高，适合于微量分析；二是专属性强，适合于从混合物中选择测定某组分。

2. 电化学分析法

基于物质的电化学性质而建立起来的分析方法称为电化学分析法，它可分为电位分析法、电导分析法、极谱法、电解和库仑分析法。目前，在化工产品的分析中，应用较多的是电位滴定法。电位滴定法是根据滴定过程中指示电极电位的突跃来确定滴定终点的一种滴定分析方法。

它的特点是：灵敏度较高、准确度高、仪器设备简单、价格低廉、操作简便、易实现自动化、选择性差。

手动电位滴定需要作图或计算来确定滴定终点，费时麻烦。自动电位滴定无需作图来确定终点。一般有两种类型的仪器：一类是通过电子单元控制滴定的电磁阀，使其在电位突跃最大时自动关闭；另一类是利用仪器自动控制加入滴定剂，并自动记录滴定曲线，然后由滴定曲线确定滴定终点。

3. 气相色谱法

气相色谱分析是以气体作为流动相的柱色谱技术。它能分离气体及在操作温度下能够汽化的物质（一般指沸点在450℃以下的物质）。具有分离效能高、分析速度快、仪器易普及等特点。现已成为气体分析和有机化工产品检验中广泛应用的分离分析手段。

(1) 方法原理　气相色谱是基于试样混合物中各组分在固定相和流动相（载气）之间分配特性的不同而建立起来的分离分析方法。常用的载气是氢气或氮气。

在有机化工产品或气体分析中，对于指定的试样一般已经规定了固定液、载体的种类及分离操作条件。操作者需将一定量的固定液溶于适当溶液中，加入载体，搅拌均匀，再挥发掉溶剂，固定液以液膜形式分布在载体表面上。这样涂布好的固定相均匀地装入柱管，安装到仪器上，通载气“老化”数小时，即可投入使用。如果进样以后出峰效果不太理想，可适当调整柱温和载气流速，以得到分离良好的色谱图。

(2) 气相色谱定量分析　气相色谱法是根据仪器检测器的响应值与被测组分的量，在某些条件限定下成正比的关系来进行定量分析的。其色谱定量分析的基本公式为：

$$w_i = f_i A_i \quad 或 \quad c_i = f_i h_i$$

式中　w_i——组分的质量；

c_i——组分的浓度；

f_i——组分的校正因子；

A_i——组分 i 的峰面积；

h_i——组分 i 的峰高。

根据上述原理，气相色谱定量方法有以下几种。

① 归一化法　当试样中所有组分均能流出色谱柱，并在检测器上都能产生信号时，可用归一化法计算组分含量。所谓归一化法就是以样品中被测组分经校正过的峰面积（或峰高）占样品中各组分经校正过的峰面积（或峰高）的总和的比例来表示样品中各组分含量的定量方法。

设试样中有 n 个组分，各组分的质量分别为 m_1，m_2，…，m_n，在一定条件下测得各组分峰面积分别为 A_1，A_2，…，A_n，各组分峰高分别为 h_1，h_2，…，h_n，则组分 i 的质量分数为：

$$w_i=\frac{m_i}{m}=\frac{m_i}{m_1+m_2+\cdots+m_n}=\frac{f'_iA_i}{f'_1A_1+f'_2A_2+\cdots+f'_nA_n}=\frac{f'_iA_i}{\sum f'_iA_i} \tag{3-15}$$

式中　f'_i——i 组分的相对质量校正因子；

A_i——组分 i 的峰面积。

归一化法定量的优点是简便、精确，进样量的多少与测定结果无关，操作条件（如流速、柱温）的变化对定量结果的影响较小。

归一化法定量的主要问题是校正因子的测定较为麻烦，虽然从文献中可以查到一些化合物的校正因子，但要得到准确的校正因子，还是需要用每一组分的基准物质直接测量。如果试样中的组分不能全部出峰，则绝对不能采用归一化法定量。

② 标准曲线法　标准曲线法也称外标法或直接比较法，是一种简便、快速的定量方法。与分光光度分析中的标准曲线法相似，首先用待测组分的标准样品绘制标准曲线。此标准曲线应是通过原点的直线。若标准曲线不通过原点，则说明存在系统误差。标准曲线的斜率即为绝对校正因子。

在测定样品中的组分含量时，要在与绘制标准曲线完全相同的色谱条件下作出色谱图，测量色谱峰面积或峰高，然后根据峰面积或峰高在标准曲线上直接查出注入色谱柱中样品组分的浓度。

当待测组分含量变化不大，并且已知这一组分的大概含量时，也可以用单点校正法，即直接比较法定量。具体方法是：先配制一个和待测组分含量相近的已知浓度的标准溶液，在相同的色谱条件下，分别将待测样品溶液和标准样品溶液等体积进样，作出色谱图，测量待测组分和标准样品的峰面积或峰高，然后由下式直接计算样品溶液中待测组分的含量：

$$w_i=\frac{w_s}{A_s}\times A_i \quad 或 \quad w_i=\frac{w_s}{h_s}\times h_i \tag{3-16}$$

式中　w_s——标准样品溶液的质量分数；

w_i——样品溶液中待测组分的质量分数；

$A_s(h_s)$——标准样品的峰面积（峰高）；

$A_i(h_i)$——样品中组分的峰面积（峰高）。

标准曲线法的优点是：绘制好标准工作曲线后测定工作就变得相当简单，可直接从标准工作曲线上读出含量，因此特别适合于大量样品的分析。

标准曲线法的缺点是：每次样品分析的色谱条件（检测器的响应性能、柱温、流动相流速及组成、进样量、柱效等）很难完全相同，因此容易出现较大误差。此外，标准工作曲线绘制时，一般使用欲测组分的标准样品（或已知准确含量的样品），而实际样品的组成却千差万别，因此必将给测量带来一定的误差。

③ 内标法　若试样中所有组分不能全部出峰，或只要求测定试样中某个或某几个组分的含量时，可以采用内标法定量。

所谓内标法就是将一定量选定的标准物（称内标物 s）加入到一定量试样中，混合均匀后，在一定操作条件下注入色谱仪，出峰后分别测量组分 i 和内标物 s 的峰面积（或峰高），按下式计算组分 i 的含量。

$$w_i=\frac{m_i}{m_{\text{试样}}}=\frac{m_s\times\dfrac{f_i'A_i}{f_s'A_s}}{m_{\text{试样}}}=\frac{m_s}{m_{\text{试样}}}\times\frac{A_i}{A_s}\times\frac{f_i'}{f_s'} \tag{3-17}$$

式中　f_i'，f_s'——分别为组分 i 和内标物 s 的质量校正因子；

A_i，A_s——分别为组分 i 和内标物 s 的峰面积。

内标法的关键是选择合适的内标物，其优点是：进样量的变化、色谱条件的微小变化对内标法定量结果的影响不大，若要获得很高精度的结果时，可以加入数种内标物，以提高定量分析的精度。

内标法的缺点是：选择合适的内标物比较困难，内标物的称量要准确，操作较复杂。

④ 标准加入法　标准加入法实质上是一种特殊的内标法，是在选择不到合适的内标物时，以待测组分的纯物质为内标物，加入到待测样品中，然后在相同的色谱条件下，测定加入待测组分纯物质前后欲测组分的峰面积（或峰高），从而计算待测组分在样品中的含量的方法。

标准加入法具体作法如下：首先在一定的色谱条件下作出欲分析样品的色谱图，测定其中欲测组分 i 的峰面积 A_i（或峰高 h_i）；然后在该样品中准确加入定量待测组分（i）的标样或纯物质（与样品相比，待测组分的浓度增量为 Δw_i），在完全相同的色谱条件下，作出已加入待测组分（i）标样或纯物质后的样品的色谱图。待测组分的含量为：

$$w_i=\frac{\Delta w_i}{\dfrac{A_i'}{A_i}-1}\quad\text{或}\quad w_i=\frac{\Delta w_i}{\dfrac{h_i'}{h_i}-1} \tag{3-18}$$

标准加入法的优点是：不需要另外的标准物质作内标物，只需欲测组分的纯物质，进样量不必十分准确，操作简单。若在样品的预处理之前就加入已知准确量的欲测组分，则可以完全补偿欲测组分在预处理过程中的损失，是色谱分析中较常用的定量分析方法。

标准加入法的缺点是：要求加入欲测组分前后两次色谱测定的色谱条件完全相同，以保证两次测定时的校正因子完全相等，否则将引起分析测定的误差。

练　习

1. 工业硫化钠的分析测定

已知：标准溶液的浓度 $c(I_2)=0.1\text{mol/L}$，$c(Na_2S_2O_3)=0.1\text{mol/L}$，工业硫化钠中硫化钠的质量分数大约在 60%，通过查阅资料设计工业硫化钠的品级认定方案（参考国标 GB/T10500—2000、GB/T 601、GB/T603）及本教材：

(1) 写出方案实施目标、方案实施步骤、方案结果评定（工作目标、工作步骤、测定哪些项目？采用何种滴定分析方法？结果计算方法？结论评定依据）；

(2) 工业硫化钠的含量的测定过程（设已知工业用硫化钠质量分数约为 60%，试计算需移取多少毫升进行测定？根据计算结果设计测定方案，写出测定反应）；

(3) 工业硫代硫酸钠、亚硫酸钠含量的测定过程（写出测定反应方程，根据测定结果计算硫代硫酸钠、亚硫酸钠的含量）；

(4) 设计原始记录表格；

(5) 根据计算结果评定硫化钠的质量等级，并出具硫化钠的品级认定报告。

2. 在“项目四　工业硫化钠中硫代硫酸钠含量的测定”中，

(1) $Na_2S_2O_3$ 标准溶液浓度不稳定且总是下降，可能是什么原因造成的？如何解决？

(2) 配制淀粉指示液应注意哪些事项？

(3) 写出反应式和计算公式。

3. 在“项目三　工业硫化钠中亚硫酸钠含量的测定”中，测定硫化钠中亚硫酸钠时，如何除去硫离子？

4. 测定水不溶物用酸洗石棉如何处理？为什么？

任务四　硅酸盐水泥分析检验

【知识目标】

1. 熟悉水泥熟料试样的分解方法原理；

2. 熟悉水泥熟料主要组分 SiO_2、Fe_2O_3、Al_2O_3、CaO、MgO 及 MnO 的测定原理；

3. 熟悉配位滴定法中的金属指示剂及其作用原理；

4. 熟悉分光光度法测定锰含量的方法原理。

【技能目标】

1. 能准确操作水泥熟料样品分解方法，制备水泥熟料样品溶液；

2. 能准确控制用容量法测定水泥熟料主要组分 SiO_2、Fe_2O_3、Al_2O_3、CaO、MgO 及 MnO 等的分析条件；

3. 能用容量法准确测定水泥中 SiO_2 含量，并对分析结果进行评价；

4. 能用配位滴定法测定水泥中 Fe_2O_3、Al_2O_3、CaO、MgO 含量，并对分析结果进行评价；

5. 能用分光光度法测定 MnO 的含量。

任务内容

一、硅酸盐水泥生产工艺及质量控制

（一）硅酸盐水泥生产方法

硅酸盐类水泥的生产工艺在水泥生产中具有代表性，是以石灰石、黏土、铁粉等几种原料按适当比例配合，经破碎、配料、磨细制成生料；然后将制得的生料送入窑内煅烧成以硅酸钙为主要成分的熟料；再往熟料中加适量石膏（有时还掺加混合材料或外加剂），磨细即得水泥。

生料制备、熟料煅烧和水泥粉磨三个阶段可以概括为“两磨一烧”，水泥生产随生料制备方法不同，可分为干法（包括半干法）与湿法（包括半湿法）两种。

1. 干法生产

将原料同时烘干并粉磨，或先烘干经粉磨成生料粉后喂入干法窑内煅烧成熟料的方法。也有将生料粉加入适量水制成生料球，送入立波尔窑内煅烧成熟料的方法，称为半干法，仍属干法生产的一种。

2. 湿法生产

将原料加水粉磨成生料浆后，喂入湿法窑煅烧成熟料的方法。也有将湿法制备的生料浆脱水后，制成生料块入窑煅烧成熟料的方法，称为半湿法，仍属湿法生产的一种。

干法生产的主要优点是热耗低，缺点是生料成分不易均匀，车间扬尘大，电耗较高。湿法生产具有操作简单，生料成分容易控制，产品质量好，料浆输送方便，车间扬尘少等优点，缺点是热耗高。

（二）生产工序

水泥的生产，一般可分生料磨制、煅烧和粉磨等三个工序，其流程如图 4-1 所示。

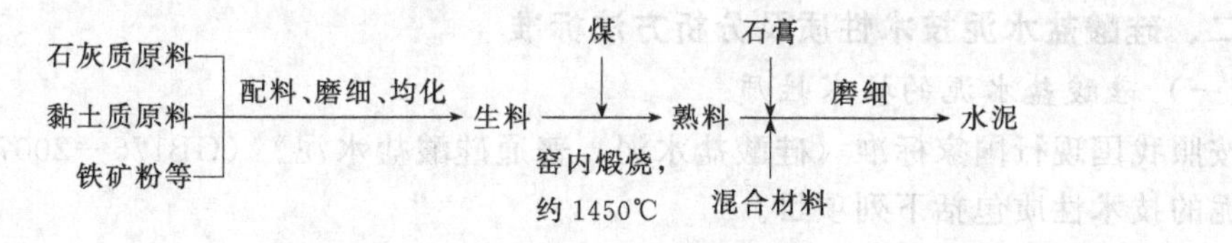

图 4-1　水泥生产工艺流程示意图

（三）生产工艺流程与化验

原料和燃料进厂后，由化验室采样分析检验，同时按质量进行搭配均化，存放于原料堆棚。

黏土、煤、硫铁矿粉由烘干机烘干水分至工艺指标值，通过提升机提升到相应原料贮库中。石灰石、萤石、石膏经过两级破碎后，由提升机送入各自贮库。化验室根据石灰石、黏土、无烟煤、萤石、硫铁矿粉的质量情况，计算工艺配方，通过生料微机配料系统进行全黑生料的配料，由生料磨机进行粉磨，每小时采样化验一次生料的氧化钙、三氧化二铁和细度的百分含量，及时进行调整，使各项数据符合工艺配方要求。磨出的黑生料经过斗式提升机提入生料库，化验室依据出磨生料质量情况，通过多库搭配和机械倒库方法进行生料的均化，经提升机提入两个生料均化库，生料经两个均化库进行搭配，将料提至成球盘料仓，由设在立窑面上的预加水成球控制装置进行料、水的配比，通过成球盘进行生料的成球。

所成之球由立窑布料器将生料球布于窑内不同位置进行煅烧，烧出的熟料经卸料管、鳞板机送至熟料破碎机进行破碎，由化验室每小时采样一次进行熟料的化学、物理分析。

根据熟料质量情况由提升机放入相应的熟料库，同时根据生产经营要求及建材市场情况，化验室将熟料、石膏、矿渣通过熟料微机配料系统进行水泥配比，由水泥磨机分别进行 425 号、525 号普通硅酸盐水泥的粉磨，每小时采样一次进行分析检验。

磨出的水泥经斗式提升机提入 3 个水泥库，化验室依据出磨水泥质量情况，通过多库搭配和机械倒库方法进行水泥的均化。经提升机送入 2 个水泥均化库，再经两个水泥均化库搭配，由微机控制包装机进行水泥的包装，包装出来的袋装水泥存放于成品仓库，再经化验采样检验合格后签发水泥出厂通知单。

（四）水泥生产质量控制

水泥生产的质量控制指标见表 4-1。

表 4-1　水泥生产的质量控制

控制环节	控　制　内　容
原、燃材料的质量控制与管理	石灰石的质量控制、黏土质原料的质量控制、铁质校正原料的质量控制、燃料的质量控制、矿化剂、晶种的质量控制
生料的质量控制	生料的化学成分、生料的细度、入磨物料的质量控制、入磨物料的配比、入磨物料的粒度、入磨物料的水分、出磨生料的质量控制、出磨生料化学成分及率值的控制、入窑生料的质量控制
熟料的质量控制	熟料控制项目、熟料的化学成分、游离氧化钙含量、熟料的烧失量、熟料中氧化镁含量、熟料的管理、熟料的储存、熟料的均化、熟料平均标号的计算
水泥质量控制	水泥制成质量控制项目与指标 、入磨物料的配比 、出磨水泥细度 、出磨水泥中 SO_3 含量、混合材料掺入量、出磨水泥的物理性能
出磨水泥的管理	严格控制出磨水泥的各项质量指标、严格出磨水泥入库制度。 出磨水泥要有一定的库存期、出磨水泥不得直接包装、散装，以防止质量不合格水泥出厂
出厂水泥质量管理	出厂水泥合格率、28 天抗压富余强度合格率、袋重合格率、熟料质量、出磨水泥质量等

二、硅酸盐水泥技术性质及分析方法标准

（一）硅酸盐水泥的技术性质

按照我国现行国家标准《硅酸盐水泥、普通硅酸盐水泥》（GB175—2007）规定，硅酸盐水泥的技术性质包括下列项目。

1. 化学性质

为了保证水泥的使用质量，水泥的化学指标主要是控制水泥中有害的化学成分含量，若其超过最大允许限量，即意味着对水泥性能和质量可能产生有害或潜在的影响。

（1）氧化镁含量　水泥安定性是判定水泥质量是否合格的主要指标之一，其对工程质量的影响最大。硅酸盐水泥中 MgO 含量多时会使水泥安定性不良。国家标准规定：硅酸盐水泥中 MgO 的含量一般不得超过 5%；若经试验论证其含量允许放宽到 6%。

（2）三氧化硫含量　硅酸盐水泥中的 SO_3，主要是粉磨熟料时掺入石膏带来的。当石膏掺量合适时，既可以调节水泥的凝结时间，又可以提高水泥的性能；但当石膏掺入量超过一定值时，会使水泥的性能变差。国家标准规定：硅酸盐水泥中 SO_3 的含量不得超过 3.5%。SO_3 含量不符合规定者，为废品。当熟料中 SO_3 含量较高时，则要相应减少石膏掺量。

（3）烧失量　烧失量是指坯料在烧成过程中所排出的结晶水，碳酸盐分解出的 CO_2，硫酸盐分解出的 SO_2，以及有机杂质被排除后物量的损失。烧失量是用来限制石膏和混合材中杂质的，以保证水泥质量。所以，一般建筑用水泥的常规试验都有做烧失量分析。

Ⅰ型硅酸盐水泥中烧失量不得大于 3.0%，Ⅱ型硅酸盐水泥中烧失量不得大于 3.5%。普通水泥中烧失量不得大于 5.0%。

（4）不溶物　不溶物是指经盐酸处理后的残渣，再以氢氧化钠溶液处理，经盐酸中和过滤后所得的残渣经高温灼烧所剩的物质。不溶物含量高对水泥质量有不良影响。

Ⅰ型硅酸盐水泥中不溶物不得超过 0.75%；Ⅱ型硅酸盐水泥中不溶物不得超过 1.50%。

（5）碱含量（K_2O、Na_2O）　碱含量对正常生产和熟料质量有不利影响，是一选择性指标。

水泥熟料中要求 $R_2O<1.3\%$，原料中要求 $R_2O<4\%$。碱分（K_2O、Na_2O）可以增加 pH 到 13.5，对保护钢筋有利。然而，太高的碱含量会引起浆体的收缩变形，因此熟料中碱含量应加以限制。

水泥中碱含量按 $Na_2O+0.658\ K_2O$ 计算值表示。若使用活性骨料，用户要求提供低碱水泥时，水泥中的碱含量应不大于 0.60%或由供需双方商定。

（6）游离氧化钙（f-CaO）　它是在煅烧过程中未能反应结合而残存下来的过烧并呈游离态的CaO。如果 f-CaO 的含量较高，则由于其滞后的水化，产生结晶膨胀而导致水泥石开裂，甚至破坏，即造成水泥安定性不良。通常熟料中 f-CaO 含量应严格控制在 1%～2%以下。

（7）P_2O_5　磷主要从改变矿物的相对含量及晶型等两个方面影响水泥熟料的性质，水泥熟料中含少量的 P_2O_5 对水泥的水化和硬化有益。当水泥熟料中 P_2O_5 含量在 0.3%时，效果最好，但超过 1%时，熟料强度便显著下降。所以 P_2O_5 含量应限制。

（8）TiO_2　水泥熟料中含有适量的 TiO_2，对水泥的硬化过程有强化作用。当 TiO_2 含量达 0.5%～1.0%，强化作用最显著，超过 3%时，水泥强度就要降低。如果含量继续增加，水泥就会溃裂。因此在石灰石原料中应控制 $TiO_2<2.0\%$。

（9）氯离子　氯离子的来源主要是原料、燃料、混合材料和外加剂，但由于熟料煅烧过程中，氯离子大部分在高温下挥发而排出窑外，残留在熟料中的氯离子含量极少。如果水泥

中的氯离子含量过高，其主要原因是掺加了混合材料和外加剂（如工业废渣、助磨剂等）。氯盐是廉价而易得的工业原料，它在水泥生产中具有明显的经济价值。它可以作为熟料煅烧的矿化剂，能够降低烧成温度，有利于节能高产；它也是有效的水泥早强剂，不仅使水泥3天强度提高50%以上，而且可以降低混凝土中水的冰点温度，防止混凝土早期受冻；但是，氯离子又是混凝土中钢筋锈蚀的重要因素。由于钢筋锈蚀是混凝土破坏的主要形式之一，所以，各国对水泥中的氯离子含量都作出了相应规定。水泥企业全面控制各品种水泥中的氯离子含量，是在履行一种社会责任，也是避免钢筋锈蚀和混凝土开裂的最有效方法之一。

因此，在我国水泥新标准中增加了“水泥生产中允许加入≤0.5%的助磨剂，水泥中的氯离子含量≤0.06%”的要求，充分体现出水泥行业对混凝土质量保证的承诺和责任心。

2. 物理力学性质

（1）细度　细度是指水泥颗粒粗细的程度。细度愈细，水泥与水起反应的面积愈大，水化速度愈快并较完全。实践表明，细度提高，可使水泥混凝土的强度提高，工作性得到改善。但是，水泥细度提高，在空气中的硬化收缩也较大，使水泥发生裂缝的可能性增加。因此，对水泥细度必须予以合理控制。

（2）水泥净浆标准稠度　为使水泥凝结时间和安定性的测定结果具有可比性，在此两项测定时必须采用标准稠度的水泥净浆。我国国标规定，水泥净浆稠度是采用标准维卡仪测定的，以试杆沉入净浆距底板6mm±1mm时的稠度为“标准稠度”，此时的用水量为标准稠度用水量。

（3）凝结时间　水泥从和水开始到失去流动性即从可塑状态发展到固体状态所需要的时间称为水泥的凝结时间。凝结时间又分为初凝时间和终凝时间。初凝是指从水泥加水拌和到水泥浆体达到人为规定的某一可塑状态所需的时间。初凝表示水泥浆开始失去可塑性并凝聚成块，此时不具有机械强度。终凝是指从水泥加水拌和到水泥浆完全失去可塑性、达到人为规定的某一较致密的固体状态所需的时间。它表示胶体进一步紧密并失去其可塑性，产生了机械强度，并能抵抗一定的外力。

（4）安定性　水泥的安定性是指水泥浆体在硬化后体积变化的稳定性。

水泥安定性不合格的原因是由于其熟料矿物组成中含有过多的游离氧化钙或游离氧化镁，以及水泥粉磨时所掺石膏超量而导致的。熟料中所含的游离氧化钙或游离氧化镁都是在高温下生成的，属于过烧石灰，它们的水化速度很慢，往往在水泥凝结硬化后才慢慢开始水化，水化时产生体积膨胀，从而引起不均匀的体积变化而使硬化水泥石开裂。安定性不合格的水泥，不能用于工程中，只能当作废品处理。

（5）强度　水泥强度是指硬化的水泥石能够承受外力破坏的能力，是水泥重要的物理力学性能之一。

检验水泥强度，既可以确定水泥标号，对比水泥质量情况，又可根据水泥标号，在施工中设计混凝土强度，合理使用水泥，保证工程质量。

（二）硅酸盐水泥检验标准

1. 硅酸盐水泥检验相关标准

（1）GB/T 176 水泥化学分析方法（GB/T 176—1996，eqv ISO 680：1990）；

（2）GB/T 203 用于水泥中的粒化高炉矿渣；

（3）GB/T 750 水泥压蒸安定性试验方法；

(4) GB/T 1345 水泥细度检验方法 筛析法；

(5) GB/T 1346 水泥标准稠度用水量、凝结时间、安定性试验方法（GB/T 1346—2001，eqv ISO 9597：1989）；

(6) GB/T 1596 用于水泥和混凝土中的粉煤灰；

(7) GB/T 2419 水泥胶砂流动度测定方法；

(8) GB/T 2847 用于水泥中的火山灰质混合材料；

(9) GB/T 5483 石膏和硬石膏；

(10) GB/T 8074 水泥比表面积测定方法 勃氏法；

(11) GB 9774 水泥包装袋；

(12) GB 12573 水泥取样方法；

(13) GB/T 12960 水泥组分的定量测定；

(14) GB/T 17671 水泥胶砂强度检验方法（ISO 法）（GB/T 17671—1999，idt ISO 679：1989）；

(15) GB/T 18046 用于水泥和混凝土中的粒化高炉矿渣粉；

(16) JC/T 420 水泥原料中氯离子的化学分析方法；

(17) JC/T 667 水泥助磨剂；

(18) JC/T 742 掺入水泥中的回窑窑灰。

2. 出厂检验

出厂检验项目如下。

(1) 化学指标　化学指标应符合表 4-2 规定。

表 4-2　水泥化学指标　　单位：%

品种	代号	不溶物 不大于	烧失量 不大于	三氧化硫 不大于	氧化镁 不大于	氯离子 不大于
硅酸盐水泥	P.Ⅰ	0.75	3.0			
	P.Ⅱ	1.50	3.5	3.5	5.0①	
普通硅酸盐水泥	P.O	—	5.0			
矿渣硅酸盐水泥	P.S.A	—	—	4.0	6.0②	0.06③
	P.S.B	—	—		—	
火山灰质硅酸盐水泥	P.P	—	—			
煤粉灰硅酸盐水泥	P.F	—	—	3.5	6.0②	
复合硅酸盐水泥	P.C	—	—			

① 如果水泥压蒸试验合格，则水泥中氧化镁的含量允许放宽至 6.0%。

② 如果水泥中氧化镁的含量大于 6.0% 时，需进行水泥压蒸安定性试验并合格。

③ 当有特殊要求时，该指标由买卖双方协商确定。

(2) 物理指标

① 凝结时间　硅酸盐水泥初凝不小于 45min，终凝不大于 390min；

普通硅酸盐水泥、矿渣硅酸盐水泥、火山灰质硅酸盐水泥、粉煤灰硅酸盐水泥和复合硅酸盐水泥初凝不小于 45min，终凝不大于 600min。

② 安定性　沸煮法合格。

③ 强度　各类、各强度等级水泥的各龄期度应不低于表 4-3 的数值。

表 4-3　水泥强度　　　　单位：MPa

品　种	强度等级	抗压强度		抗折强度	
		3天	28天	3天	28天
硅酸盐水泥	42.5	17.0	42.5	3.5	6.5
	42.5R	22.0		4.0	
	52.5	23.0	52.5	4.0	7.0
	52.5R	27.0		5.0	
	62.5	28.0	62.5	5.0	8.0
	62.5R	32.0		5.5	
普通硅酸盐水泥	42.5	17.0	42.5	3.5	6.5
	42.5R	22.0		4.0	
	52.5	23.0	52.5	4.0	7.0
	52.5R	27.0		5.0	
矿渣硅酸盐水泥，火山灰质硅酸盐水泥，煤粉灰硅酸盐水泥，复合硅酸盐水泥	32.5	10.0	32.5	2.5	5.0
	32.5R	15.0		3.5	
	42.5	15.0	42.5	3.5	6.5
	42.5R	19.0		4.0	
	52.5	21.0	52.5	4.0	7.0
	52.5R	23.0		4.5	

检验结果符合上述标准的技术要求为合格品，检验结果不符合上述标准中任何一项技术要求为不合格品。

工作项目

项目一　硅酸盐水泥分析检验准备工作

一、试样的采取与制备

（一）水泥试样的采取

采用机械取样器（图 4-2）在水泥输送管路中或采用手工取样器（图 4-3、图 4-4）在袋装水泥堆场、散装水泥卸料处或输送水泥运输机具上，取符合水泥标准规定的数量。水泥取样方法见表 4-4。

表 4-4　水泥取样方法

方　式	取　样　部　位	操　作　方　法
自动连续取样器取样	一般安装在尽量接近于水泥包装机的管路中	从流动的水泥流中取出样品
袋装水泥取样管取样	随机选择 20 个以上不同的部位	插入水泥适当深度，用大拇指按住气孔，小心抽出取样管
散装（槽形管状）取样管取样	水泥深度不超过 2m	转动取样器内管控制开关，在适当位置插入水泥一定深度，关闭后小心抽出

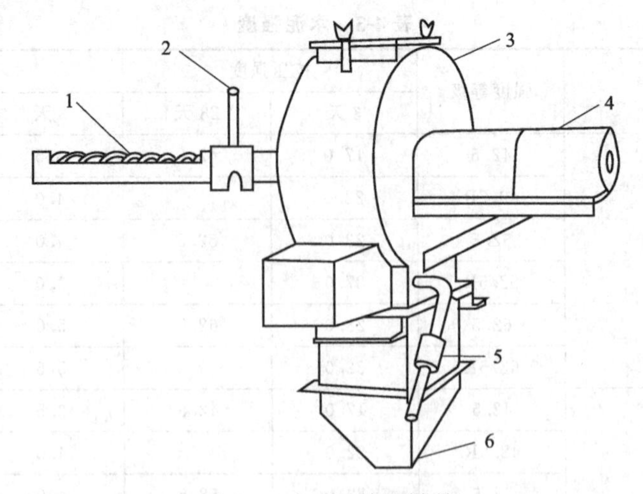

图 4-2　自动连续取样器

1—入料处；2—调节手柄；3—混料筒；4—电机；5—配重锤；6—出料口

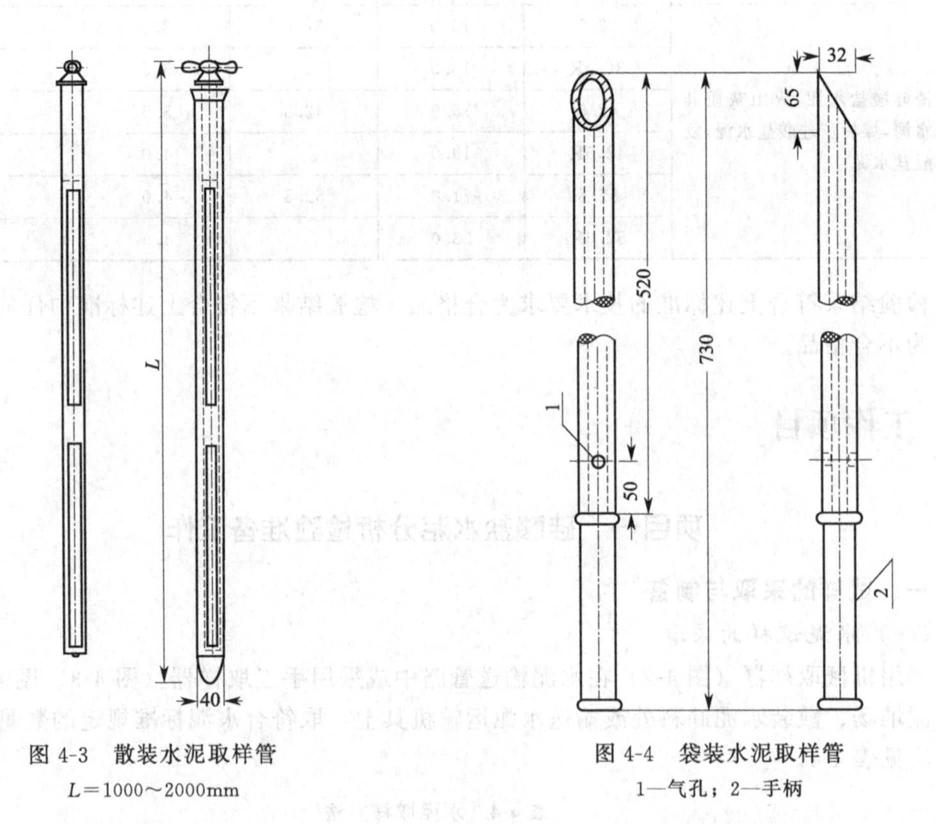

图 4-3　散装水泥取样管

$L=1000\sim2000$mm

图 4-4　袋装水泥取样管

1—气孔；2—手柄

（二）水泥试样的制备

1. 样品缩分

采用二分器，一次或多次将样品缩分到标准要求的规定量。

2. 样品的保存

缩分后的水泥样品应存放在洁净、干燥、防潮、密闭、不易破损、不与水泥发生反应的密封的金属容器中，并加封条，且至少在一处加盖清晰、不易擦掉的标有编号、取样时间、地点、人员的密封印。

3. 填写取样单

样品采集后，负责取样操作人员应按水泥企业的取样单样式填写取样单。

×××水泥厂取样单

水泥编号	水泥品种及标号	取样日期	取样人签字	备注

水泥试样的制备示例：采用四分法缩分至约 100g，经 0.080mm 方孔筛筛析，用磁铁吸去筛余物中金属铁，将筛余物经过研磨后使其全部通过 0.080mm 方孔筛。将样品充分混匀后装入带有磨口塞的瓶中并密封。

二、溶液、试剂的准备

（一）硅酸盐水泥中二氧化硅测定（代用法）的准备工作

1. 试剂

（1）制备样品溶液试剂

① 氢氧化钾：固体。

② 硝酸：1.42g/mL。

③ 盐酸：1.19g/mL。

④ 盐酸：1+5。

（2）硅酸盐水泥中二氧化硅测定（代用法）的分析试剂

① 硝酸：1.42g/mL。

② 氯化钾：颗粒粗大时应研细后使用。

③ 氯化钾溶液：50g/L，将 50g 氯化钾（KCl）溶于水中用水稀释至 1L。

④ 氯化钾-乙醇溶液：50g/L，将 5g 氯化钾（KCl）溶于 50mL 水中，加入 50mL 95%（体积分数）乙醇混匀。

⑤ 氟化钾溶液：150g/L，称取 150g 氟化钾（$KF \cdot 2H_2O$）于塑料杯中，加水溶解后用水稀释至 1L，贮存于塑料瓶中。

⑥ 酚酞指示剂溶液：10g/L，将 1g 酚酞溶于 100mL95%（体积分数）乙醇中。

⑦ 氢氧化钠标准滴定溶液：0.15mol/L。

⑧ 邻苯二甲酸氢钾：$C_8H_5KO_4$，用于标定氢氧化钠标准滴定溶液。

2. 仪器与设备

天平：不应低于四级，精确至 0.0001g。

马弗炉：隔焰加热炉，在炉膛外围进行电阻加热。应使用温度控制器，准确控制炉温，并定期进行校验。

银坩埚：带盖，容量 15～30mL。

50.00mL 移液管、250～300mL 塑料杯、200～300mm 塑料搅拌棒、中速滤纸及常规容量分析玻璃器皿。

（二）硅酸盐水泥中三氧化二铁测定（基准法）的准备工作

1. 试剂

（1）标定 EDTA 标准滴定溶液

① 碳酸钙标准溶液：$c(CaCO_3)=0.024$mol/L，称取 0.6g 已于 105～110℃烘过 2h 的碳酸钙（$CaCO_3$），精确至 0.0001g，置于 400mL 烧杯中，加入约 100mL 水，盖上表面皿，

沿杯口滴加盐酸（1+1）至碳酸钙全部溶解，加热煮沸数分钟，将溶液冷至室温，移入250mL容量瓶中，用水稀释至标线，摇匀。

② 氢氧化钾溶液：200g/L，将200g氢氧化钾（KOH）溶于水中，加水稀释至1L，贮存于塑料瓶中。

③ 钙黄绿素-甲基百里香酚蓝-酚酞混合指示剂（简称CMP混合指示剂）：称取1.000g钙黄绿素、1.000g甲基百里香酚蓝、0.200g酚酞与50g已在105℃烘干过的硝酸钾（KNO_3）混合研细，保存在磨口瓶中。

（2）硅酸盐水泥中三氧化二铁的测定（基准法）试剂

① 氨水：1+1。

② 盐酸：1+1。

③ 磺基水杨酸钠指示剂溶液：100g/L，将10g磺基水杨酸钠溶于水中，加水稀释至100mL。

④ EDTA标准滴定溶液：$c(\text{EDTA})=0.015\text{mol/L}$。

配制：称取约5.6g EDTA（乙二胺四乙酸二钠盐）置于烧杯中，加约200mL水，加热溶解，过滤用水稀释至1L。

标定：吸取25.00mL碳酸钙标准溶液（0.024mol/L）于400mL烧杯中，加水稀释至约200mL，加入适量的CMP混合指示剂，在搅拌下加入氢氧化钾溶液（200g/L），至出现绿色荧光后再过量2～3mL，以EDTA标准滴定溶液滴定至绿色荧光消失并呈现红色。

EDTA标准滴定溶液的浓度按下式计算：

$$c(\text{EDTA})=\frac{m\times 25\times 1000}{250\times V\times 100.9}=\frac{m}{V}\times\frac{1}{1.009} \tag{4-1}$$

式中 $c(\text{EDTA})$——EDTA标准滴定溶液的浓度，mol/L；

m——碳酸钙的质量，g；

V——滴定时消耗EDTA标准滴定溶液的体积，mL；

100.9——$CaCO_3$的摩尔质量，g/mol。

2. 仪器与设备

25.00mL移液管及其他常规容量分析玻璃器皿、电炉。

精密pH试纸。

（三）硅酸盐水泥中氧化铝测定（代用法）的准备工作

1. 试剂

（1）标定硫酸铜标准滴定溶液试剂

① 硫酸：1+1。

② HAc-NaAc缓冲溶液：pH=4.3，将42.3g无水乙酸钠（CH_3COONa）溶于水中，加80mL冰乙酸（CH_3COOH），用水稀释至1L，摇匀。

③ PAN［1-(2-吡啶基偶氮)-2-萘酚］指示剂溶液：2g/L，将0.2g 1-(2-吡啶基偶氮)-2-萘酚溶于100mL95%（体积分数）乙醇中。

④ EDTA标准滴定溶液：0.015mol/L，与“（二）硅酸盐水泥三氧化二铁的测定（基准法）准备工作”中“EDTA标准滴定溶液”相同。

（2）硅酸盐水泥中氧化铝测定（代用法）的试剂

① EDTA标准滴定溶液：$c(\text{EDTA})=0.015\text{mol/L}$同（1）中。

② 氨水：1+1。

③ 缓冲溶液：pH=4.3，同（1）中。

④ PAN 指示剂溶液：2g/L，同（1）中。

⑤ 硫酸铜标准滴定溶液：$c(CuSO_4)$=0.015moL/L。

配制：将 3.7g 硫酸铜（$CuSO_4 \cdot 5H_2O$）溶于水中，加 4～5 滴硫酸（1+1），用水稀释至 1L，摇匀。

EDTA 标准滴定溶液与硫酸铜标准滴定溶液体积比的标定：从滴定管缓慢放出 10～15mL EDTA 标准滴定溶液［c(EDTA)=0.015moL/L］于 400mL 烧杯中，用水稀释至约 150mL，加 15mL HAc-NaAc 缓冲溶液（pH=4.3），加热至沸，取下稍冷，加 5～6 滴 PAN 指示剂溶液（2g/L），以硫酸铜标准滴定溶液（0.015mol/L）滴定至亮紫色。

EDTA 标准滴定溶液（0.015mol/L ）与硫酸铜标准滴定溶液（0.015mol/L）的体积比 K_1 按式(4-2) 计算：

$$K_1=\frac{V_1}{V_2} \tag{4-2}$$

式中　V_1——EDTA 标准滴定溶液的体积，mL；

V_2——滴定时消耗硫酸铜标准滴定溶液的体积，mL。

2. 仪器与设备

常规容量分析玻璃仪器。

（四）硅酸盐水泥中氧化钙测定（代用法，带硅测定）的准备工作

1. 试剂、溶液及标准滴定溶液

（1）氟化钾溶液：20g/L。

（2）三乙醇胺：1+2。

（3）氢氧化钾鎔液：200g/L。

（4）EDTA 标准滴定溶液：c(EDTA)=0.015mol/L；与“（二）硅酸盐水泥三氧化二铁的测定（基准法）准备工作”中“EDTA 标准滴定溶液”相同。

（5）钙黄绿素-甲基百里香酚蓝-酚酞混合指示剂（CMP 混合指示剂）：与“（二）硅酸盐水泥三氧化二铁的测定（基准法）准备工作”中“钙黄绿素-甲基百里香酚蓝-酚酞混合指示剂（CMP 混合指示剂）”相同。

2. 仪器与设备

常规容量分析玻璃仪器。

（五）硅酸盐水泥中氧化镁测定（代用法）的准备工作

1. 试剂、溶液及标准滴定溶液

（1）酒石酸钾钠溶液：100g/L，将 100g 酒石酸钾钠（$C_4H_4KNaO_6 \cdot 4H_2O$）溶于水中，稀释至 1L。

（2）三乙醇胺：1+2。

（3）氨-氯化铵缓冲溶液：pH=10，将 67.5g 氯化铵（NH_4Cl）溶解于水中，加 570mL 氨水，加水稀释至 1L。

（4）酸性铬蓝 K-萘酚绿 B 混合指示剂：称取 1.000g 酸性铬蓝 K、2.5g 萘酚绿 B、50g 已在 105℃烘干过的硝酸钾（KNO_3），混合研细，保存在磨口瓶中。

（5）盐酸羟胺：$NH_2OH \cdot HCl$，当试样中一氧化锰含量在 0.5%以上时使用。

(6) EDTA 标准滴定溶液：$c(EDTA)=0.015mol/L$，与“（二）硅酸盐水泥三氧化二铁的测定（基准法）准备工作”中“EDTA 标准滴定溶液”相同。

2. 仪器与设备

常规容量分析玻璃仪器。

（六）硅酸盐水泥中氧化锰测定（基准法）的准备工作

1. 试剂、溶液及标准滴定溶液

(1) 制备氧化锰的测定试样溶液试剂

① 碳酸钠-硼砂混合溶剂：将 2 份质量的无水碳酸钠（Na_2CO_3）与 1 份质量的无水硼砂（$Na_2B_4O_7$）混匀研细。

② 硝酸：1+9。

③ 硫酸：5+95。

(2) 硅酸盐水泥氧化锰的测定（基准法）试剂

① 磷酸：1+1。

② 硫酸：1+1。

③ 高碘酸钾。

④ 一氧化锰（MnO）标准贮备溶液：0.0500mg/mL，称取 0.119g 硫酸锰（$MnSO_4 \cdot H_2O$），精确至 0.0001g，置于 300mL 烧杯中，加水溶解，加入约 1mL 硫酸（1+1），转入 1000mL 容量瓶中，用水稀释至标线，摇匀，贮存于塑料瓶中。

2. 仪器与设备

① 天平：不应低于四级，精确至 0.0001g。

② 铂坩埚：带盖，容量 15～30mL。

③ 玻璃容量器皿：容量瓶、移液管。

④ 分光光度计：可在 400～700nm 范围内测定溶液的吸光度，带有 1cm、2cm 比色皿。

项目二　硅酸盐水泥中二氧化硅的测定（代用法）

在 GB 176—1996 中，对硅酸盐水泥中二氧化硅的测定有基准法和代用法，这里介绍代用法。

一、试样溶液的制备

称取约 0.5g 试样（精确至 0.0001g），置于银坩埚中，加入 6～7g 氢氧化钠。在 650～700℃的高温下熔融 20min，取出冷却。

将坩埚放入盛有 100mL 接近沸腾水的烧杯中，盖上表面皿，于电热板上适当加热，待熔块完全浸出后取出坩埚，用水冲洗坩埚和盖，在搅拌下一次加入 25～30mL 盐酸，再加入 1mL 硝酸。用热盐酸（1+5）洗净坩埚和盖，将溶液加热至沸，冷却，然后移入 250mL 容量瓶中，用水稀释至标线，摇匀，即得试样溶液。该试样溶液可供测定二氧化硅、三氧化二铁、氧化铝、氧化钙、氧化镁和二氧化钛。

二、试样溶液的测定

移取 50.00mL 试样溶液于 250～300mL 塑料杯中，加入 10～15mL 硝酸（$\rho=1.42g/mL$），搅拌冷却至 30℃以下，加入固体氯化钾，仔细搅拌至饱和并有少量氯化钾析出，再加 2g 氯化钾及 10mL 氟化钾溶液（150g/L），仔细搅拌（如氯化钾析出量不够，应再补充加入），放置 15～20min，用中速滤纸过滤，用氯化钾溶液（50g/L）洗涤塑料杯及沉淀 3

次，将滤纸连同沉淀取下，置于原塑料杯中，沿杯壁加入 10mL 30℃以下的氯化钾-乙醇溶液（50g/L）及 1m 酚酞指示剂溶液（10g/L）。

仔细搅动滤纸（使之成纸糊状）并随之擦洗杯壁，用氢氧化钠标准滴定溶液（0.15mol/L）中和其中未洗尽的酸，直至溶液呈红色。

向杯中加入 200mL 沸水（煮沸并用氢氧化钠溶液中和至酚酞呈微红色），用氢氧化钠标准滴定溶液（0.15mol/L）滴定至微红色。

三、结果计算

二氧化硅的含量用质量分数表示，按下式进行计算：

$$w(SiO_2)=\frac{T_{SiO_2}V\times 5}{m\times 1000}\times 100\% \qquad (4\text{-}3)$$

$$T_{SiO_2}=c(NaOH)\times 15.02$$

式中　$w(SiO_2)$——二氧化硅的质量分数，%；

T_{SiO_2}——每毫升氢氧化钠标准滴定溶液相当于二氧化硅的质量（氢氧化钠标准滴定溶液对二氧化硅的滴定度），mg/mL；

$c(NaOH)$——氢氧化钠标准滴定溶液的浓度，mol/L；

15.02——（$\frac{1}{4}SiO_2$）的摩尔质量，g/mol；

V——滴定时消耗氢氧化钠标准滴定溶液的体积，mL；

5——全部试样溶液与所分取试样溶液的体积比；

m——称取试样的质量，g。

项目三　硅酸盐水泥中三氧化二铁的测定（基准法）

一、测定

吸取 25.00mL 溶液放入 300mL 烧杯中，加水稀释至约 100mL，用氨水（1+1）和盐酸（1+1）调节溶液 pH 在 1.8～2.0 之间（用精密 pH 试纸检验），将溶液加热至 70℃，加 10 滴磺基水杨酸钠指示剂溶液（100g/L），用 EDTA 标准滴定溶液［$c(EDTA)=0.015mol/L$］缓慢地滴定至亮黄色（终点时溶液温度应不低于 60℃），保留此溶液可供测定氧化铝用。

二、结果计算

$$w(Fe_2O_3)=\frac{T_{Fe_2O_3}V_2\times 10}{m\times 1000}\times 100\% \qquad (4\text{-}4)$$

$$T_{Fe_2O_3}=c(EDTA)\times 79.84$$

式中　$w(Fe_2O_3)$——三氧化二铁的质量分数，%；

$T_{Fe_2O_3}$——每毫升 EDTA 标准滴定溶液相当于三氧化二铁的质量（EDTA 标准滴定溶液对三氧化二铁滴定度），mg/mL；

$c(EDTA)$——EDTA 标准滴定溶液的浓度，mol/L；

79.84——（$\frac{1}{2}Fe_2O_3$）的摩尔质量，g/mol。

V_2——滴定时消耗 EDTA 标准溶液的体积，mL；

m——试料的质量，g。

允许差：同一试验室的允许差为 0.15%；不同试验室的允许差为 0.20%。

项目四　硅酸盐水泥中氧化铝的测定（代用法）

一、测定

将滴完铁的溶液中加入 EDTA 标准滴定溶液［$c(\text{EDTA})=0.015\text{mol/L}$］至过量 10～15mL（对铝、钛合量而言），用水稀释至150～200mL。将溶液加热至70～80℃后加数滴氨水（1＋1），使溶液 pH 在 3.0～3.5 之间，加 15mL 的缓冲溶液（pH＝4.3），煮沸1～2min，取下稍冷，加入 4～5 滴 PAN 指示剂溶液（2g/L），以硫酸铜标准滴定溶液［$c(\text{CuSO}_4)=0.015\text{mol/L}$］滴定至亮紫色。

二、结果计算

$$w(\text{Al}_2\text{O}_3)=\frac{T_{\text{Al}_2\text{O}_3}(V_4-K_1V_5)}{m}-0.64\times w_{\text{TiO}_2} \tag{4-5}$$

$$T_{\text{Al}_2\text{O}_3}=c(\text{EDTA})\times 50.98$$

式中　$w(\text{Al}_2\text{O}_3)$——氧化铝的质量分数，%；

$T_{\text{Al}_2\text{O}_3}$——每毫升 EDTA 标准滴定溶液相当于氧化铝的质量（EDTA 标准滴定溶液对氧化铝的滴定度），mg/mL；

$c(\text{EDTA})$——EDTA 标准滴定溶液的浓度，mol/L；

50.98——氧化铝（$\frac{1}{2}\text{Al}_2\text{O}_3$）的摩尔质量，g/mol。

V_4——加入 EDTA 标准滴定溶液的体积，mL；

V_5——滴定时消耗硫酸铜标准滴定溶液的体积，mL；

K_1——每毫升硫酸铜标准滴定溶液相当于 EDTA 标准滴定溶液的体积（以 mL 计），（EDTA 标准滴定溶液与硫酸铜标准滴定溶液的体积比）；

允许差：同一试验室的允许差为 0.20%，不同试验室的允许差为 0.30%。

项目五　硅酸盐水泥中氧化钙的测定（代用法，带硅测定）

一、测定

吸取 25.00mL 溶液放入 400mL 烧杯中，加入 7mL 氟化钾溶液（20g/L），搅拌并放置2min 以上，加水稀释至约 200mL，加 5mL 三乙醇胺（1＋2）及少许的钙黄绿素-甲基百里香酚蓝-酚酞混合指示剂（CMP 混合指示剂），在搅拌下加入氢氧化钾镕液（200g/L）至出现绿色荧光后再过量 5～8mL，此时溶液应在 pH＝13 以上，用 EDTA 标准滴定溶液［$c(\text{EDTA})=0.015\text{mol/L}$］滴定至绿色荧光消失并呈现红色。

二、结果计算

$$w(\text{CaO})=\frac{T_{\text{CaO}}V_2\times 10}{m\times 1000}\times 100\% \tag{4-6}$$

$$T_{\text{CaO}}=c(\text{EDTA})\times 56.08$$

式中　$w(\text{CaO})$——氧化钙的质量分数，%；

T_{CaO}——每毫升 EDTA 标准滴定溶液相当于氧化钙的质量（EDTA 标准滴定溶液对氧化钙滴定度），mg/mL；

$c(\text{EDTA})$——EDTA 标准滴定溶液的浓度，mol/L；

56.08——CaO 的摩尔质量，g/mol；

V_2——滴定时消耗 EDTA 标准滴定溶液的体积，mL；

m——试料的质量，g。

允许差：同一试验室的允许差为 0.25%，不同试验室的允许差为 0.40%。

项目六　硅酸盐水泥中氧化镁的测定（代用法）

一、测定

（一）当试样中一氧化锰含量在 0.5%以下时

吸取 25.00mL 溶液放入 400mL 烧杯中，加水稀释至约 200mL，加 1mL 酒石酸钾钠溶液（100g/L），5mL 三乙醇胺（1＋2），搅拌后，加入 25mL 缓冲溶液（pH＝10）及少许酸性铬蓝 K-萘酚绿 B 混合指示剂，用 EDTA 标准滴定溶液［c(EDTA)＝0.015mol/L］滴定，近终点时应缓慢滴定至纯蓝色。

（二）当一氧化锰含量在 0.5%以上时

吸取 25.00mL 溶液放入 400mL 烧杯中，加水稀释至约 200mL，加 1mL 酒石酸钾钠溶液（100g/L）、10mL 三乙醇胺（1＋2），搅拌后，加入 25mL 缓冲溶液（pH＝10）及少许酸性铬蓝 K-萘酚绿 B 混合指示剂，加入 0.5～1g 盐酸羟胺，用 EDTA 标准滴定溶液［c(EDTA)＝0.015mol/L］滴定，近终点时应缓慢滴定至纯蓝色。

二、结果计算

① 试样中一氧化锰含量在 0.5%以下时，氧化镁的质量分数 w_{MgO} 按下式计算：

$$w(\text{MgO})=\frac{T_{MgO}(V_2-V_3)\times 10}{m_2\times 1000}\times 100\% \tag{4-7}$$

$$T_{MgO}=c(\text{EDTA})\times 40.31$$

式中　w(MgO)——氧化镁的质量分数，%；

T_{MgO}——每毫升 EDTA 标准滴定溶液相当于氧化镁的质量（EDTA 标准滴定溶液对氧化镁的滴定度），mg/mL；

c(EDTA)——EDTA 标准滴定溶液的浓度，mol/L；

40.31——MgO 的摩尔质量，g/mol；

V_2——滴定钙镁总量时消耗 EDTA 标准滴定溶液的体积，mL；

V_3——测定氧化钙时消耗 EDTA 标准滴定溶液的体积，mL；

m_2——试料的质量，g。

② 试样中一氧化锰含量在 0.5%以上时，氧化镁的质量分数 w_{MgO} 按下式计算：

$$w(\text{MgO})=\frac{T_{MgO}(V_4-V_3)\times 10}{m\times 1000}\times 100\%-0.57\times w(\text{MnO}) \tag{4-8}$$

$$T_{MgO}=c(\text{EDTA})\times 40.31$$

式中　w(MgO)——氧化镁的质量分数，%；

T_{MgO}——每毫升 EDTA 标准滴定溶液相当于氧化镁的质量（EDTA 标准滴定溶液对氧化镁的滴定度），mg/mL；

c(EDTA)——EDTA 标准滴定溶液的浓度，mol/L；

40.31——MgO 的摩尔质量，g/mol。

V_4——滴定钙镁锰总量时消耗 EDTA 标准滴定溶液的体积，mL；

V_3——测定氧化钙时消耗 EDTA 标准滴定溶液的体积，mL；

m——试料的质量，g；

0.57——氧化锰对氧化镁的换算系数；

$w(MnO)$——测得的氧化锰的质量分数，%。

允许差：同一试验室的允许差为：含量＜2%时，为0.15%；含量＞2%时，为0.20%；不同试验室的允许差为：含量＜2%时，为0.25%；含量＞2%时，为0.30%。

项目七　硅酸盐水泥中氧化锰的测定（基准法）

一、试样溶液制备

将试样置于铂坩埚中，加3g碳酸钠-硼砂混合熔剂混匀，在950～1000℃下熔融10min，用坩埚钳夹持坩埚旋转，使熔融物均匀地附着于坩埚内壁，放冷。将坩埚放在已盛有50mL硝酸（1＋9）及100mL硫酸（5＋95）并加热至微沸的400mL烧杯中，保持微沸状态，直至熔融物全部溶解。洗净坩埚及盖，用快速滤纸将滤液过滤至250mL容量瓶中，并用热水洗涤数次。

将溶液冷却至室温，用水稀释至标线，摇匀。此溶液可供测定一氧化锰和二氧化钛用。

二、测定

（一）标准系列溶液制备

吸取0mL、2.00mL、6.00mL、10.00mL、14.00mL、20.00mL一氧化锰的标准溶液（0.0500mg/mL），分别放入50mL烧杯中，加5mL磷酸（1＋1）及10mL硫酸（1＋1），用水稀释至约50mL，加入0.5～1g高碘酸钾，加热微沸10～15min，至溶液达到最大的颜色深度，冷至室温，转入100mL容量瓶中，用水稀释至标线，摇匀。

（二）工作曲线绘制

使用分光光度计，10mm比色皿，以水作参比，于530nm处测定标准系列溶液的吸光度，以吸光度为纵坐标、一氧化锰含量为横坐标，用测得的吸光度与相对应的一氧化锰含量，绘制工作曲线。

（三）试液测定

吸取50.00mL溶液放入150mL烧杯中，依次加入5mL磷酸（1＋1）、10mL硫酸（1＋1）及0.5～1g高碘酸钾，加热并保持微沸15～20min，至溶液达到最大的颜色深度，冷却至室温，转入100mL容量瓶中，用水稀释至标线，摇匀。

使用分光光度计，10mm比色皿，以水作参比，于530nm处测定溶液的吸光度，在工作曲线上查出一氧化锰的含量（m_2）。

三、结果计算

一氧化锰的含量用质量分数表示，按下式计算：

$$w(MnO)=\frac{m_2\times 5}{m_1\times 1000}\times 100\% \tag{4-9}$$

式中　$w(MnO)$——氧化锰的质量分数，%；

m_2——测定溶液中一氧化锰的含量，mg；

m_1——试料的质量，g。

允许差：同一试验室的允许误差为0.05%，不同试验室的允许误差为0.10%。

问题探究

一、硅酸盐水泥的化学组成、性能及应用

（一）水泥简介

1. 水泥的定义

水泥：粉状水硬性无机胶凝材料。加水搅拌后成浆体，能在空气中或水中硬化，并能把砂、石等材料牢固地胶结在一起。水泥是重要的建筑材料，用水泥制成的砂浆或混凝土，坚固耐久，广泛应用于土木建筑、水利、国防等工程。

2. 常用的水泥类型及用途

水泥的种类繁多，按其矿物组成可分为硅酸盐水泥、铝酸盐水泥、氟铝酸盐水泥、铁铝酸盐水泥及少熟料水泥或无熟料水泥等。按其用途又可分为：通用水泥、专用水泥及特性水泥三大类。

通用水泥主要用于一般土木建筑工程，它包括硅酸盐水泥、普通硅酸盐水泥、矿渣硅酸盐水泥、火山灰质硅酸盐水泥、粉煤灰硅酸盐水泥以及复合硅酸盐水泥。

专用水泥是指具有专门用途的水泥，如砌筑水泥、道路水泥、油井水泥等。

特性水泥是某种性能比较突出的水泥，如快硬水泥、白色水泥、抗硫酸盐水泥、中热硅酸盐水泥和低热矿渣硅酸盐水泥及膨胀水泥等。

（二）硅酸盐水泥简介

1. 硅酸盐水泥的定义

凡由硅酸盐水泥熟料、0～5%石灰石或粒化高炉矿渣、适量的石膏磨细制成的水硬性胶凝材料，称为硅酸盐水泥（国外通称的波特兰水泥）。

2. 类型及代号

Ⅰ型硅酸盐水泥：不掺混合材料的硅酸盐水泥，代号P·Ⅰ；

Ⅱ型硅酸盐水泥：粉磨时掺加不超过水泥质量5%的石灰石或粒化高炉矿渣混合材料，代号P·Ⅱ。

硅酸盐水泥分42.5、42.5R、52.5、52.5R、62.5、62.5R六个强度等级。

3. 硅酸盐水泥熟料矿物组成

硅酸盐水泥的主要成分及含量

(1) 硅酸三钙（简称C_3S）　其矿物组成为$3CaO \cdot SiO_2$，含量约50%。

(2) 硅酸二钙（简称C_2S）　其矿物组成为$2CaO \cdot SiO_2$，含量约20%。

(3) 铝酸三钙（简称C_3A）　其矿物组成为$3CaO \cdot Al_2O_3$，含量7%～15%。

(4) 铁铝酸四钙（简称C_4AF）　其矿物组成为$4CaO \cdot Al_2O_3 \cdot Fe_2O_3$，含量10%～18%。

(5) 其他矿物组成　硅酸盐水泥熟料中还含有少量的游离氧化钙和游离氧化镁及少量的碱（氧化钠和氧化钾）。它们可能对水泥的质量及应用带来不利影响。

4. 熟料水泥的化学成分

熟料水泥的化学成分见表4-5。

5. 硅酸盐水泥的特点和应用

强度高：适用于高强混凝土和预应力钢筋混凝土工程。

硬化快：适用于要求凝结快、早强高的工程，冬季施工，预制、现浇等工程。

表 4-5 熟料水泥的化学成分

化学成分	含量范围/%	一般控制范围/%	化学成分	含量范围/%	一般控制范围/%
SiO_2	18～24	20～22	CaO	60～67	62～66
Fe_2O_3	2.0～5.5	3～4	MgO	≤4.5	
Al_2O_3	4.0～9.5	5～7	SO_3	≤3.0	

抗冻性好：适用于冬季施工及严寒地区遭受反复冻融的工程。

耐蚀性差：不适用于与淡水及海水等腐蚀性介质接触的工程。

耐热性差：不适用于有耐热要求的混凝土工程。

水化热大：不适用于大体积混凝土工程，但有利于低温季节蓄热法施工。

耐磨性好：适用于公路、地面工程。

抗碳化性好：对钢筋的保护作用强，适合于 CO_2 浓度高的环境。

二、硅酸盐水泥化学分析方法解读

（一）硅酸盐水泥中二氧化硅的测定——氟硅酸钾容量法分析条件控制

氟硅酸钾容量法与重量法比较，测定二氧化硅误差不大于重量法。其方法的特点是快速、简便，能及时指导生产，这是重量法所不及的。

1. 方法原理

试样经碱熔融，不溶性二氧化硅转化为可溶性的硅酸盐。在硝酸介质中与过量的钾离子、氟离子作用，定量地生成氟硅酸钾（K_2SiF_6）沉淀。沉淀在沸水中水解，生成相应的等量的氢氟酸。用氢氧化钠标准溶液滴定生成的氢氟酸，根据消耗的碱标准溶液的量，可计算出试样中的二氧化硅含量。

（1）试样熔融

$$CaAl_2(SiO_3)_4 + 10KOH \longrightarrow 4K_2SiO_3 + 2KAlO_2 + CaO + 5H_2O$$

（2）酸分解　在可溶性硅酸盐熔融物中，加入浓硝酸，生成游离的硅酸及其他金属盐类：

$$K_2SiO_3 + 2HNO_3 \rightleftharpoons H_2SiO_3 + 2KNO_3$$

（3）沉淀的形成　硅酸在硝酸介质中与过量的氟离子作用生成氟硅离子，进而与钾离子作用生成氟硅酸钾沉淀。其反应：

$$SiO_3^{2-} + 4F^- + 6H^+ \rightleftharpoons SiF_4 + 3H_2O$$

$$SiF_4 + 2F^- \rightleftharpoons SiF_6^{2-}$$

$$SiF_6^{2-} + 2K^+ \rightleftharpoons K_2SiF_6 \downarrow$$

（4）沉淀水解　氟硅酸钾沉淀在沸水中水解，生成偏硅酸和氢氟酸：

$$K_2SiF_6 + 3H_2O \rightleftharpoons 2KF + H_2SiO_3 + 4HF$$

（5）酸碱滴定

$$HF + NaOH \longrightarrow NaF + H_2O$$

2. 分析条件选择与控制

（1）分解试剂的选择及条件控制

① 碱性熔剂　常用的碱性熔剂为氢氧化钠和氢氧化钾，它们的熔点均较低，熔速快，对含氟试样不会因熔融时温度过高而使硅形成四氟化硅挥发逸出。试样中若铝、钛的含量较高，在用氢氧化钠分解试样时，会引入大量的 Na^+；在生成氟硅酸钾沉淀时，同时会生成氟铝酸钠（Na_3AlF_6）和氟钛酸钠（Na_2TiF_6）沉淀，水解后也同样产生氢氟酸，从而使二氧化硅的测定结果偏高。因此，当试样中铝和钛的含量高时，应用氢氧化钾作熔剂（氟铝酸

钾和氟钛酸钾的溶解度比相应的钠盐的溶解度要大得多)。

一般情况下，选择氢氧化钾做熔剂比选择氢氧化钠做熔剂较为有利。

② 酸性熔剂（氢氟酸）　在控制好温度条件的情况下，用氢氟酸处理试样时，二氧化硅被氢氟酸溶解后，生成的四氟化硅能够立即与过量的氢氟酸结合形成氟硅酸：

$$SiO_2 + 2H_2F_2 \rightleftharpoons SiF_4 + 2H_2O$$

$$SiF_4 + H_2F_2 \rightleftharpoons H_2SiF_6$$

但如果将溶液加热，氢氟酸和水逐渐蒸发，反应将朝着生成四氟化硅的方向进行。因此，用氢氟酸分解试样时，应在室温或水浴加热下进行，并且，应在分解过程中保持有过量的氢氟酸和一定体积的溶液，使硅不会变成四氟化硅挥发逸出。

(2) 酸种类的选择　盐酸虽然能增大氟硅酸钾的溶解度，但是，硝酸分解试样熔块时不易析出硅凝胶，并且，氟铝酸钾和氟钛酸钾在硝酸溶液中的溶解度要比在盐酸中小得多，可消除铝、钛的干扰，因此，沉淀通常是在硝酸溶液中进行。

(3) 沉淀条件的控制

① 酸度的控制　沉淀时溶液酸度对硅沉淀完全与否有一定的影响，氢离子的存在可以抑制氟硅酸钾沉淀的水解。若沉淀时酸度过低，易形成其他盐类氯化物与氟硅酸钾共沉淀而干扰测定，酸度过高会增加氟硅酸钾沉淀的溶解度和分解作用。因此，硝酸的浓度一般控制在 3mol/L。

② 氟化钾用量的控制　过量的 F^- 存在能使下列反应向右进行，从而使氟硅酸钾沉淀完全。

$$SiF_4 + 2F^- \rightleftharpoons SiF_6^{2-}$$

由于 Al^{3+}、Ti^{2+}、Fe^{3+} 等也能与 F^- 作用形成配合物而消耗 F^-，因此，溶液中有过量的 F^- 是十分必要的。但当氟化钾的加入量过大，则生成的 AlF_6^{3-}、TiF_6^{2-} 等的浓度也增大，就有可能生成氟铝酸钾、氟钛酸钾沉淀而干扰测定。一般来说，氟化钾的用量在 8～10mL，以控制在溶液中的浓度为 0.02～0.04g/mL 为宜。

③ 氯化钾加入量的控制　为保证有过量的 K^+ 又不使 F^- 的浓度过大，往往加入氯化钾，过量的氯化钾在溶液中的存在，因共同离子效应使反应向右进行，既可降低氟硅酸钾的溶解度，又保证了氟硅酸钾沉淀完全。

$$SiF_6^{2-} + 2K^+ \rightleftharpoons K_2SiF_6 \downarrow$$

氯化钾加入量过少，沉淀不完全，测定结果偏低；加入量过多，溶液呈过饱和状态，不仅使洗涤困难，而且，未溶解的氯化钾与杂质共沉淀，不易中和，干扰测定，使结果偏高。

一般加氯化钾的量以加至溶液刚好呈饱和状态为宜，氯化钾过饱和量不能超过 1.5g，以 0.5～1.0g 为佳。

④ 溶液体积的控制　沉淀时溶液体积应以 50mL 左右为最佳。体积过大，会使氟硅酸钾沉淀不完全，导致结果偏低；体积过小，溶液中离子的浓度过大，易形成其他氟化物沉淀。

⑤ 沉淀温度的控制　操作中，在加入硝酸后，应将溶液冷却至室温，最好控制在 30℃以下，铝含量高的样品温度不能过低。

氟硅酸钾沉淀的生成是放热反应，降低温度有利于沉淀完全。但氟铝酸钾沉淀的溶解度随温度降低而减小。因此将增加过滤、洗涤的困难。

若沉淀温度在 35～45℃，则很难得到合格的结果。

⑥ 沉淀放置的时间的控制　加入氯化钾后，经充分搅拌后放置 15～20min 即可过滤。

室温越高，放置时间应相应缩短。

如放置时间过短会导致沉淀陈化不够，沉淀在过滤和洗涤时漏滤较多，造成结果偏低。放置时间过长，由于陈化时产生共沉淀现象，将导致测定结果偏高。

(4) 氟硅酸钾沉淀的洗涤及残余酸的中和条件的控制　由于氟硅酸钾的溶解度较大，因此洗涤时除了应控制好温度外，还应注意不能用水洗涤沉淀，一般是用 50g/L 氯化钾-乙醇(1+1) 溶液作洗涤剂，并控制好洗涤的次数（2～3 次）和用量（20～30mL）。

沉淀洗涤数次后，大部分残余酸被除去，将沉淀与滤纸浆一起放回原容器中，以酚酞为指示剂，用 NaOH 中和剩余的酸，至溶液呈淡红色为止。

中和前应将滤纸展开捣碎，否则包在滤纸中的残余酸将会导致结果偏高。中和时应充分搅拌并应操作迅速，特别是室温较高时若中和时间过长，K_2SiF_6 沉淀易水解而使测定结果偏低。

(5) 氟硅酸钾沉淀的水解和滴定条件的控制　氟硅酸钾沉淀在热水中溶解后，SiF_6^{2-} 离解为四氟化硅，之后迅速水解生成氢氟酸：

$$K_2SiF_6 \longrightarrow 2K^+ + SiF_6^{2-}$$

$$SiF_6^{2-} \longrightarrow SiF_4 + 2F^-$$

$$SiF_4 + 3H_2O \longrightarrow 2H_2F_2 + H_2SiO_3$$

四氟化硅的水解是吸热反应，所以必须在沸水中进行，并在滴定过程中保持溶液的温度为 70～90℃，使水解反应能够进行得完全，并使滴定终点明显。温度低时，水解反应缓慢，且滴定终点不明显，所以应在氟硅酸钾沉淀中加入沸水后，立即开始滴定。

氢氧化钠滴定氢氟酸的终点 pH 为 7.5～8.3，而酚酞指示剂的变色点为 8.0～10.0，故滴定至溶液出现淡红色即为终点。由于沸水本身的 pH 约等于 7，滴定至终点时也将消耗一定量的碱，所以应在沸水中加入酚酞指示剂，滴加碱至呈稳定的淡红色后再使用，以消除水质对测定结果的影响。

(二) 硅酸盐水泥中三氧化二铁的测定——EDTA 配位滴定法分析条件控制

1. 测定三氧化二铁的方法原理

Fe^{3+} 在 pH=1.8～2.0 的酸性溶液中，在温度为 60～70℃的条件下，能与 EDTA 作用生成稳定的配合物：

$$Fe^{3+} + H_2Y^{2-} \longrightarrow FeY^- + 2H^+$$

所以，EDTA 配位滴定法是测铁最常用的方法之一。

硅酸盐水泥试样经碱熔融后，用水浸取加酸分解制成溶液，控制好 Fe^{3+} 与 EDTA 反应的条件，用磺基水杨酸（SSal）为指示剂：

$$\underset{(无色)}{Fe^{3+} + SSal^{2-}} \longrightarrow \underset{(紫红色)}{[Fe(SSal)]^+}$$

滴定到化学计量点时紫红色褪去：

$$\underset{(紫红色)}{[Fe(SSal)]^+} + H_2Y^{2-} \longrightarrow \underset{(黄色)}{FeY^-} + SSal^{2-} + 2H^+$$

2. 用 EDTA 配位滴定法测定 Fe^{3+} 时的条件控制

(1) 溶液的酸度　控制酸度为 pH=1.8～2.5 以前，先加入数滴浓硝酸，以氧化 Fe^{2+}。滴定 Fe^{3+} 时，溶液的酸度应控制在 pH=1.8～2.0 之间。如果 pH 太低（pH<1.5），磺基水杨酸的配位能力低，EDTA 与 Fe^{3+} 就不能定量配位，使测定结果偏低；如果 pH 值过高（pH>3），磺基水杨酸可与 Fe^{3+} 形成稳定性很高的 $[Fe(SSal)_2]^-$ 或 $[Fe(SSal)_3]^{3-}$，影响 EDTA 滴定铁时的置换作用，使终点拖长，并且，Fe^{3+} 开始水解，往往无滴定终点，

共存的 Ti^{3+}、Al^{3+} 也可能与 EDTA 作用，影响增大，使结果偏高。

另外，磺基水杨酸与 Fe^{3+} 的配合物颜色也与酸度有关。由于在 pH＝2～2.5 时，此化合物为红紫色，而磺基水杨酸本身为无色，Fe^{3+} 与 EDTA 配合物为黄色。所以，终点时溶液由红紫色变为黄色。

(2) 滴定的温度　由于 Fe^{3+} 与 EDTA 配位反应的速率较慢，所以滴定时应将溶液加热到 60～70℃。温度较低时（小于 50℃），反应很慢，终点拖长，不易得到准确的终点；温度过高（大于 75℃），Al^{3+} 等能与 EDTA 反应干扰滴定，使 Fe_2O_3 测定值偏高，而 Al_2O_3 测定值偏低。

(3) 终点误差　当溶液中铁的含量较高时，溶液呈较深的黄色，将影响到终点溶液颜色的观察。而且磺基水杨酸是一种低灵敏度的指示剂，在终点前颜色已消褪，使测定结果偏低，这对铝的连续滴定将产生一定的影响。在一般的分析及铁含量较低时，误差可在允许范围之内，但不能满足精密分析的要求。为提高测铁的准确度，可以使用磺基水杨酸和半二甲酚橙作联合指示剂，用铋盐标准溶液进行返滴定。即先以磺基水杨酸作指示剂，滴加 EDTA 标准溶液至指示剂的颜色褪去，再滴过量 EDTA 标准液 2～3mL，然后以半二甲酚橙为指示剂，用铋盐标准溶液回滴过量的 EDTA。此法主要靠控制溶液的酸度（pH＝1～1.5）和剩余 EDTA 的量来消除铝的干扰，滴定可在室温下进行。此方法准确度高、适应性强，对高铁或低铁及高铝类样品中的少量铁都能适用。

EDTA 配位滴定法测铁，常用于铁、铝的连续测定和铁、铝、钛的连续测定。该法比较适合于测定铁含量适中（1%～10%）的水泥试样。

（三）硅酸盐水泥中氧化铝的测定——EDTA 配位滴定法分析条件控制

1. 测定 Al_2O_3 的方法原理

在滴定 Fe^{3+} 含量之后的同一溶液中进行 Al_2O_3 含量的测定。

Al^{3+} 对二甲酚橙、铬黑 T 等常用的金属指示剂均有封闭作用，所以一般不用 EDTA 标准溶液直接滴定铝，而是采用返滴定法来进行 Al^{3+} 的测定。

Al^{3+} 与 EDTA 可以形成稳定的无色配合物，但在室温下配位速度很慢，只有在煮沸的溶液中才能较快进行。在过量的 EDTA 条件下，控制 pH＝2～3，在 60～70℃时，Al^{3+} 大部分与 EDTA 配位且配位反应较快，此时钛也与 EDTA 定量配位；在 pH≈4.2，加热煮沸 1～2min 时，Al^{3+} 则全部与 EDTA 定量配位：

$$Al^{3+} + H_2Y^{2-} \longrightarrow AlY^- + 2H^+$$

稍冷至 90℃左右后，以 PAN 为指示剂，用硫酸铜标准溶液滴定过量的 EDTA 至紫红色不变为止：

$$\underset{\text{(过量)}}{H_2Y^{2-}} + Cu^{2+} \longrightarrow \underset{\text{(绿色)}}{CuY^{2-}} + 2H^+$$

$$Cu^{2+} + \underset{\text{(黄色)}}{PAN} \longrightarrow \underset{\text{(紫红色)}}{Cu\text{-}PAN^{2+}}$$

2. 用 EDTA 配位滴定法测定 Al^{3+} 时的条件控制

(1) 过量 EDTA 的控制　一般情况下，EDTA 过量 10mL 左右，才能观察到敏锐好看的紫红色终点。过量太多，由于 CuY^{2-} 配合物呈绿色，对滴定终点时生成的红色有一定的影响，使终点为蓝紫色甚至蓝色；过量不足时，终点基本是红色。

(2) 酸度的调节　铜盐回滴法测铝时，为防止生成 $Al(OH)_3$，必须先在 pH＝2～3、60～70℃时，使大部分铝与 EDTA 配合，然后调至 pH＝4.2～4.8，pH＞5.0 时终点推迟。

(3) Ti^{3+}的干扰及消除　Ti^{3+}对测定Al^{3+}有一定的影响，可用苦杏仁酸作钛的掩蔽剂。苦杏仁酸能置换TiY配合物中的EDTA，终点稳定，3mg以下的氧化钛，加入5%的苦杏仁酸10～20mL即可掩蔽。钛量可完全回收，并且苦杏仁酸对铝的测定无影响。

采用回滴法时，因在pH＝2～3、60～70℃时，Al^{3+}、Ti^{4+}都能与EDTA配合，所以测定的结果是铝、钛的合量，严格测定时应同时测定TiO_2的含量，用差减法算出Al_2O_3的含量（此法适用于氧化锰含量在0.5%以下的样品）。

(4) 温度的控制　由于PAN温度较低时易发生僵化，且Cu-PAN配合物都不易溶于水，为增大其溶解度，需在较高的温度条件下滴定，一般80～90℃时终点较明显。也可通过加有机溶剂，如以乙醇代替水稀释溶液。

(四) *硅酸盐水泥中氧化钙的测定——EDTA配位滴定法（带硅测定）分析条件控制*

1. 测定CaO的方法原理

加入一定量的KOH（20%），当pH＞12.5时，Mg^{2+}生成$Mg(OH)_2$白色沉淀。

在pH＝12～13时，钙指示剂（NN）呈蓝色，它能与Ca^{2+}配合生成酒红色Ca-NN配合物：

$$\underset{\text{(纯蓝色)}}{NN}+Ca \longrightarrow \underset{\text{(酒红色)}}{Ca\text{-}NN}$$

用EDTA滴定，EDTA会与Ca^{2+}配合，生成无色配合物：

$$Ca+Y \longrightarrow \underset{\text{(无色)}}{CaY}$$

当EDTA过量，则会夺取Ca-NN中的Ca^{2+}，使NN游离出来：

$$EDTA+\underset{\text{(酒红色)}}{Ca\text{-}NN} \longrightarrow CaY+\underset{\text{(纯蓝色)}}{NN}$$

溶液由酒红色变为纯蓝色，即为终点。

2. 测定CaO的条件控制

(1) 指示剂的选择　测定钙、镁的金属指示剂很多，常用于滴定钙的指示剂是钙黄绿素和钙指示剂。在pH＝12～13时，钙黄绿素能与Ca^{2+}产生绿色荧光，滴定到终点时绿色荧光消失；而钙指示剂则与Ca^{2+}形成紫红色的配合物，滴定到终点时配合物被破坏，从而使溶液呈现游离指示剂的颜色——纯蓝色。

对于钙、镁合量的测定，常选择铬黑T或酸性铬蓝K-萘酚绿B（简称K-B）混合指示剂。在pH＝10时，铬黑T或K-B指示剂均与Ca^{2+}、Mg^{2+}形成紫红色配合物，终点时溶液也是变为纯蓝色。其中铬黑T对Mg^{2+}较灵敏，K-B指示剂对Ca^{2+}较灵敏。所以试样中镁的含量低时，应用铬黑T指示剂，而钙的含量低时应用K-B指示剂。

(2) 指示剂的用量　钙指示剂的加入量要适当，加入量太少，指示剂易被氢氧化镁沉淀吸附，使指示剂失灵而滴过终点，在近终点时，可补加一点固体指示剂。

(3) 干扰的消除　用EDTA配位法测定钙、镁时，溶液中Fe^{3+}、Al^{3+}和Mg^{2+}等也能和EDTA发生配位反应，一般加三乙醇胺、酒石酸钾钠及氟化物进行掩蔽。

由于三乙醇胺与Fe^{3+}和Al^{3+}分别生成稳定的配合物而不与EDTA配合，因此加入三乙醇胺（1＋2）可掩蔽Fe^{3+}、Al^{3+}。

滴定钙时溶液中应避免引入酒石酸，因酒石酸与镁微弱配合后抑制氢氧化镁的沉淀，少量未形成氢氧化镁沉淀的镁离子也同时被滴定。

(4) 滴定速度　当pH＞12.5后，溶液表面的Ca^{2+}易吸收空气中CO_2形成非水溶性的碳酸钙，引起结果偏低。因此，应逐份调整pH并迅速滴定，以避免上述误差出现。

（五）硅酸盐水泥中氧化镁的测定——EDTA 配位滴定法分析条件控制

1. MgO 的测定原理

在 pH＝10 时，Ca^{2+} 与 Mg^{2+} 同时与 EDTA 以 1∶1 定量配合，因此，消耗的 EDTA 体积为 Ca^{2+}、Mg^{2+} 总量，从总体积中减去上面测 CaO 所消耗的 EDTA 体积，即为 MgO 消耗的 EDTA 体积，可求得 MgO 含量。

加入酒石酸钾钠与三乙醇胺联合掩蔽铁、铝，效果较好。

滴定时，用酸性铬蓝 K-萘酚绿 B 指示剂（简称 K-B）。反应过程如下：

加入 K-B 指示剂与 Ca^{2+}、Mg^{2+} 形成紫红色配合物：

$$Ca^{2+}(Mg^{2+}) + \text{K-B} \longrightarrow \underset{\text{(紫红色)}}{Ca(Mg)\text{-K-B}}$$

用 EDTA 滴定时：

$$Ca^{2+}(Mg^{2+}) + Y^{4-} \longrightarrow Ca(Mg)Y^{2-}$$

过量 1 滴 EDTA，会夺取 Ca（Mg）-K-B 中的 Ca^{2+}、Mg^{2+}，使 K-B 游离出来：

$$\underset{\text{(紫红色)}}{Ca(Mg)\text{-K-B}} + Y^{4-} \longrightarrow \underset{\text{(蓝绿色)}}{Ca(Mg)Y^{2-}} + \text{K-B}$$

溶液由紫红色变为蓝绿色为终点。

2. 测定氧化镁时的条件控制

（1）干扰的消除及试剂加入顺序

① 消除 Fe^{3+}、Al^{3+} 的干扰　用 EDTA 配位法测定钙、镁时，共存的 Fe^{3+}、Al^{3+} 等有干扰，可通过加入三乙醇胺、酒石酸钾钠及氟化物进行掩蔽。

加入掩蔽剂时，应按顺序先加酒石酸钾钠溶液（在酸性环境中加），后加三乙醇胺，以避免在调 pH 过程中形成氢氧化铝沉淀。

② 消除 Mn^{2+} 的干扰　有 Mn^{2+} 存在，加入三乙醇胺并将溶液 pH 调整到 10 后，Mn^{2+} 迅速被空气氧化成 Mn^{3+}，并形成绿色的 Mn^{3+}-TEA 配合物，随着溶液中锰量的增加，测定结果的正误差随之增大。通常在配位滴定钙镁合量时，MnO 在 0.5mg 以下，影响较小，可忽略锰的影响；若 MnO 含量在 0.5mg 以上时，可在溶液中加入盐酸羟胺还原 Mn^{3+}-TEA 配合物中的 Mn^{3+} 为 Mn^{2+}，用 EDTA 滴定出钙、镁、锰合量。差减获得镁量。

③ 硅酸的干扰　pH＝10 的溶液中，硅酸的干扰不显著，但当硅或钙浓度较大时，仍然需要加入 KF 溶液消除硅酸的影响，不过 KF 用量可以适当减少。

（2）溶液 pH 的控制　滴定时溶液的 pH 应近似于 10，pH 过低则指示剂变色不太明显，pH 过高（如 pH＞11）则形成氢氧化镁沉淀，使镁的分析结果偏低。

（3）K-B 配比对终点的影响　K-B 指示剂中，酸性铬蓝 K 与萘酚绿 B 的配比对终点影响很大。当 K∶B 为 1∶2.5 配比时，终点由酒红色变为纯蓝色，清晰敏锐。但也应根据指示剂的生产厂家、批号、存放时间及分析者的习惯等进行调整。

（4）滴定速度的控制　滴定接近终点时，EDTA 夺取 Ca(Mg)-K-B 中的 Ca^{2+}、Mg^{2+} 时，反应速率较慢，此时，要慢滴快搅拌，以免滴过量。若滴定速度快，将导致分析结果偏高。

（六）硅酸盐水泥中氧化锰的测定——高碘酸盐分光光度法（基准法）分析条件控制

1. MnO 测定的原理

在酸性溶液中，高碘酸钾可氧化锰（Ⅱ）：

$$2Mn^{2+} + 5IO_4^- + 3H_2O \longrightarrow 2MnO_4^- + 5IO_3^- + 6H^+$$

2. 分析条件的选择与控制

(1) 氧化剂高碘酸钾的用量　高碘酸钾用量决定试样中二氧化锰是否氧化完全，影响溶液的颜色稳定及颜色的深浅，因此要注意保证高碘酸钾过量少许。

(2) 氧化温度及时间的控制　高碘酸钾氧化锰（Ⅱ）反应速率较慢，锰含量低时就更难氧化，因此，一般要将溶液煮沸并保温 20min 才能氧化完全。

(3) 磷酸的作用　硫-磷混酸中的磷酸不仅可消除三价铁的干扰，还可防止氧化过程中形成不溶性二氧化锰沉淀。

知识拓展

一、硅酸盐水泥生产中的原料

（一）硅酸盐水泥生产中的主要原料

1. 石灰质原料

石灰质原料是以碳酸钙为主要成分的原料，是水泥熟料中 CaO 的主要来源。如石灰石、白垩、石灰质泥灰岩、贝壳等。1t 熟料约需 1.4～1.5t 石灰质干原料，在生料中约占 80%。石灰质原料的质量要求见表 4-6。

表 4-6　石灰质原料的质量要求

品　位	CaO/%	MgO/%	R_2O/%	SO_3/%	燧石或石英/%
一级品	>48	<2.5	<1.0	<1.0	<4.0
二级品	45～48	<3.0	<1.0	<1.0	<4.0

2. 黏土质原料

黏土质原料指含碱和碱土的铝硅酸盐，主要成分为 SiO_2，其次为 Al_2O_3，少量 Fe_2O_3，是水泥熟料中 SiO_2、Al_2O_3、Fe_2O_3 的主要来源。黏土质原料主要有黄土、黏土、页岩、泥岩、粉砂岩及河泥等。1t 熟料约需 0.3～0.4t 黏土质原料，在生料中约占 11%～17%。黏土质原料的质量要求见表 4-7。

表 4-7　黏土质原料的质量要求

品　位	硅酸率	铁率	MgO/%	R_2O/%	SO_3/%	塑性指数
一级品	2.7～3.5	1.5～3.5	<3.0	<4.0	<2.0	>12
二级品	2.0～2.7 或 3.5～4.0	不限	<3.0	<4.0	<2.0	>12

一般情况下，SiO_2 含量 60%～67%，Al_2O_3 含量 14%～18%。

（二）硅酸盐水泥生产中的辅助原料

1. 校正原料

(1) 铁质校正原料　补充生料中 Fe_2O_3 的不足，主要为硫铁矿渣和铅矿渣等。

(2) 硅质校正原料　补充生料中 SiO_2 的不足，主要有硅藻土等。

(3) 铝质校正原料　补充生料中 Al_2O_3 的不足，主要有铝矾土、煤矸石、铁矾土等。校正原料的质量要求见表 4-8。

表 4-8　校正原料的质量要求

校正原料	硅质原料			铁质原料	铝质原料
成分	硅率	SiO_2/%	R_2O/%	Fe_2O_3/%	Al_2O_3/%
含量	>4.0	70～90	<4.0	>40	>30

(4) 缓凝剂　以天然石膏和磷石膏为主。掺加量 3%～5%。

2. 工业废渣的利用

(1) 赤泥　烧结法生产氧化铝排出的赤色废渣，以 CaO、SiO_2 为主。掺加石灰质原料可配制成生料。

(2) 电石渣　以 CaO 为主。可替代部分石灰石生产水泥。

(3) 煤矸石　以 SiO_2、Al_2O_3 为主。可替代黏土生产水泥。

(4) 粉煤灰　以 SiO_2、Al_2O_3 为主。可替代黏土配制生料，也可作混合材料。

(5) 石煤　以 SiO_2、Al_2O_3 为主。可作不黏土质原料，也可作燃料。

二、硅酸盐试样的分解方法

由于硅酸盐成分复杂，多数情况下，制备的试样溶液要能够适合多种成分的测定，以满足系统分析法要求。由于这一原因，在经典的硅酸盐分析法中只能使用铂器皿进行试样熔融处理，熔剂也仅有几种可以采用，这就限制了试样处理手段及测定方法的选择。随着化学分析技术的不断进步，对硅酸盐中各成分的测定方法有了许多改进，随之在试样的处理及溶液的制备方面也有了很大的发展，经化学法处理将试样制成溶液后，分取测定各元素的系统方法是当前硅酸盐分析中较为理想的步骤。以下简要介绍目前较常用的试样处理方法：酸溶法和高温熔融法。

(一) 酸溶法

硅酸盐试样能用酸分解，主要由两个方面因素决定：二氧化硅含量与碱性氧化物含量之比。比值越小，越容易分解；与硅酸相结合碱性氧化物的碱性。碱性越强，越容易分解，甚至可直接溶解于水。如硅酸钠可溶解于水，硅酸钙可溶解于酸，而硅酸铝不溶于水和酸。

1. 盐酸酸溶法

在硅酸盐系统分析中，由于用盐酸融解样品后有大量的硅酸析出，影响了测定，因而只有少数样品（如水泥熟料和高炉矿渣等）可以用盐酸分解，限制了酸溶法的使用范围。为此，加入少量硝酸可改进试样分解的效果，提高盐酸的分解能力。

2. 氢氟酸酸溶法

大多数硅酸盐都能为氢氟酸所分解：

$$SiO_2 + 3H_2F_2 \longrightarrow H_2SiF_6 + 2H_2O$$

$$H_2SiF_6 \longrightarrow SiF_4\uparrow + H_2F_2$$

因此，分解硅酸盐试样最有效的溶剂氢氟酸。

由于具挥发性的四氟化硅在水中发生水解：

$$3SiF_4 + 3H_2O \rightleftharpoons 2H_2SiF_6 + H_2SiO_3$$

因此，用氢氟酸分解硅酸盐试样时，一般是在硫酸或过氯酸存在下进行的，硫酸、过氯酸的吸水性强，在反应过程中可以防止四氟化硅的水解，使硅酸盐试样分解，反应进行彻底。

此外，硫酸、过氯酸也可使一些易挥发的金属氟化物转化为硫酸盐或过氯酸盐，防止了挥发损失。

若试样中存在碱土金属（钙、锶、钡）和铅，则在硫酸存在时，会形成难溶性的硫酸盐，给继续的分析带来麻烦，此时，应采用氢氟酸-过氯酸分解法效果更好。

在用氢氟酸分解完试样后，需将过量的氢氟酸加热除去，以免过量的 F^- 与一些金属离子形成稳定的配离子（AlF_6^{3-}、FeF_6^{3-}、TiF_6^{2-} 等）而影响这些离子的测定。

氢氟酸分解试样应在铂或聚四氟乙烯器皿中进行。但由于前者价格昂贵，故目前广泛采用后者。

由于氢氟酸具有腐蚀性，所以氢氟酸分解试样必须在通风性能良好的通风橱中进行。对分解不完全的试样，有时需配合使用焦硫酸钾进行熔融处理。

除用盐酸酸溶和氢氟酸酸溶外，有时对某种元素单独测定时，也用硫酸、磷酸、硝酸或高氯酸等来对某些试样进行分解，如常用磷酸分解水泥生料等，以快速测定其中的铁。

（二）熔融法

一些难为酸所直接分解的试样，常需借助碱金属化合物为熔剂进行熔融，熔融能增加碱金属氧化物的比值，使之能为酸所分解。常用的熔剂有如下几种，应根据分析样品的组分和对分析的不同要求来选择。

1. 碳酸钠和碳酸钾

碳酸钠是一种常用的碱性熔剂，无水碳酸钠的熔点为 852℃，它与硅酸盐共熔时发生复分解反应：

$$KAlSi_3O_8 + 3Na_2CO_3 \longrightarrow 3Na_2SiO_3 + KAlO_2 + 3CO_2 \uparrow$$

$$Mg_3Si_4O_{10}(OH)_2 + 4Na_2CO_3 \longrightarrow 4Na_2SiO_3 + 3MgO + 4CO_2 \uparrow + H_2O$$

$$SiO_2 + Na_2CO_3 \longrightarrow Na_2SiO_3 + CO_2 \uparrow$$

其熔融物用盐酸处理后，得到金属氯化物。

用无水碳酸钠作熔剂时，其加入量一般为样品量的 5～10 倍（二氧化硅含量越低，加入量应越大），熔融温度通常为 950～1000℃，熔融时间为 30～40min。由于其熔融温度高，铁、镍、银等坩埚不适合，因而熔融时所用的器皿一般为铂坩埚。当样品中某些元素（如硫化物等）含量高时，对铂坩埚有侵蚀作用，应进行预处理。

由于沉淀吸附钾盐比钠盐大，不容易把它从沉淀中洗净，所以，在系统分析中一般不用碳酸钾作熔剂。但碳酸钾熔融后的熔块较易脱落和溶解，带入的大量钾离子利于用氟硅酸钾法测定二氧化硅，所以在单独测定二氧化硅时，碳酸钾是常用的熔剂。

无水碳酸钾的熔点为 891℃，进行熔融时的条件与无水碳酸钠相近，但使用前要先将其脱水。

有时也用 5 份碳酸钾和 4 份碳酸钠所组成的碳酸钾钠混合熔剂，目的是降低熔融的温度（混合熔剂的熔点约为 700℃），以减少试样对器皿的侵蚀。

2. 苛性碱

氢氧化钾、氢氧化钠都是分解硅酸盐的有效熔剂，苛性碱能熔融分解绝大多数的硅酸盐材料，生成可溶性的碱金属盐等。如：

$$CaAl_2Si_6O_{16} + 14NaOH \longrightarrow 6Na_2SiO_3 + 2NaAlO_2 + CaO + 7H_2O$$

氢氧化钾、氢氧化钠的熔点均较低（KOH 为 404℃，NaOH 为 328℃），所以能够在较低的温度下（650～700℃）分解试样，以减轻试样对坩埚的侵蚀。

用氢氧化钾作熔剂分解试样时，若温度过高，氢氧化钾将大量挥发，使分解效果不够理想，所以一般只用于直接测定二氧化硅，而较少用于系统分析。

用氢氧化钠作熔剂，适应性强、分解效果好、价格低廉，配以氟硅酸钾酸碱滴定和 EDTA 配位滴定法，已形成一套不需分离的、平行的快速系统测定方法。其测定程序简单、速度快而准确度高，在实际生产中得到广泛的应用。

用苛性碱作熔剂进行熔融时，一般用镍、铁或银坩埚，有时也用石墨坩埚，但不能用铂坩埚，因为在加热时，强碱对铂有较强的侵蚀作用。

用苛性碱作熔剂对含硅量高的试样比较适宜（如高岭土、石英石等）。为避免熔物在反应时溅出，温度应逐渐升高，至 650～700℃时，保温 10～20min。熔剂量一般为试样量的 10 倍，二氧化硅的含量低时，还应加大熔剂的量。

由于用苛性碱分解试样时其温度较低，有些较难分解的试样可能分解不完全，为提高分解能力，有时还加入少量的过氧化钠共熔（此时不能用石墨坩埚）。

3. 过氧化钠

过氧化钠是一种具有强氧化性的碱性熔剂。分解能力强，一些用其他方法不能完全分解的试样，使用过氧化钠可以迅速而彻底地分解。

在用过氧化钠熔融分解过程中，能将一些元素的低价化合物氧化为高价化合物，如用于分解石榴石，其中的三价铬会被氧化为六价：

$$2Mg_3Cr_2(SiO_4)_3+12Na_2O_2 \longrightarrow 6MgSiO_3+4Na_2CrO_4+8Na_2O+3O_2\uparrow$$

用过氧化钠分解试样时，一般选用铁、镍、银或刚玉坩埚进行。由于过氧化钠的强氧化性，熔融时坩埚会受到强烈侵蚀，组成坩埚的物质会大量进入到熔融物中，对以后的分析会有影响。此外，过氧化钠试剂往往不纯，也会给试液带来杂质，故实际工作中较少用过氧化钠分解试样，一般只用于某些特别难分解的试样，或者某些待测元素需经氧化后形成可溶于碱性介质的盐类，而与其他元素分离的测定中。

4. 其他熔剂

用焦硫酸钾处理酸性氧化物十分有效，在熔融高铝矾土等一些酸性氧化物含量较高的试样常使用。熔融后，试样中的二氧化硅，仍以石英状态存在，可通过滤出后再经氢氟酸-硫酸处理。

无水硼砂（$Na_2B_4O_7$）与无水碳酸钠（Na_2CO_3）按 1∶1 配合而成的混合熔剂，可用于熔解矾土、刚玉等一些难熔矿物，但此熔剂由于引入了大量的硼酸盐，在测定时会干扰二氧化硅的测定（分光光度法测硅除外），需将硼除去，手续十分麻烦，所以该熔剂只适用于含硅量较低的试样。

用偏硼酸锂（$LiBO_2$）、四硼酸锂（$Li_2B_4O_7$）等含锂硼酸盐代替钠盐作熔剂，其最大的优点是可以在制得的溶液中进行钾和钠的测定，但也因为引入了大量的硼而不利于二氧化硅的测定。

进行硅酸盐试样分解时，将试样置于合适的坩埚中，加入合适的熔剂。在高温炉中熔融时，使试样分解成可溶性物质，然后取出坩埚放冷，用热水将熔块浸出，再加盐酸及少量硝酸。这样就得到澄清透明的制备液，可以作为测定硅、铁、铝、钙、镁等使用。

三、硅酸盐水泥各组分化学分析其他方法

（一）硅酸盐水泥中二氧化硅含量测定的其他方法

硅酸盐水泥中二氧化硅含量测定，除可以用氟硅酸钾容量法（代用法）测定外，还可用重量-钼蓝分光光度法测定，即硅酸盐水泥中二氧化硅测定基准法。

方法原理是：试样以无水碳酸钠烧结，盐酸溶解，加固体氯化铵于沸水浴上加热蒸发，使硅酸凝聚。滤出的沉淀用氢氟酸处理后，失去的质量即为纯二氧化硅的量。滤液中的可溶部分二氧化硅用钼蓝分光光度法测定。二者之和为二氧化硅的总含量。

（二）硅酸盐水泥中三氧化二铁含量测定的其他方法

硅酸盐水泥中三氧化二铁含量测定，除采用以磺基水杨酸钠为指示剂，用 EDTA 标准滴定溶液滴定的测定方法（基准法）外，还采用原子吸收光谱仪进行测定的方法（代用法）。

方法原理是：试样经氢氟酸-高氯酸分解，以盐酸溶解后，以锶盐消除硅、铝、钛等对铁的干扰，在空气-乙炔火焰中，于 248.3nm 处测定吸光度。

（三）硅酸盐水泥中氧化铝含量测定的其他方法

硅酸盐水泥中氧化铝含量测定，除采用 EDTA 配合-铜盐回滴定法测定氧化铝（代用

法）外，还可采用EDTA配位滴定法（基准法）进行测定。

方法原理是：试样用无水碳酸钠烧结，或用氢氧化钠熔融，然后用水浸取，加盐酸分解，制成溶液。在用EDTA标准滴定溶液滴定铁后的溶液中，以溴酚蓝为指示剂，调整溶液pH至3，在煮沸下用EDTA-铜和PAN为指示剂，用EDTA标准滴定溶液滴定至红色消失而呈稳定的亮黄色。

（四）硅酸盐水泥中氧化钙含量测定的其他方法

硅酸盐水泥中氧化钙的测定，除采用氟化钾抑制硅酸的干扰，以EDTA标准滴定溶液滴定的带硅测定法（代用法）外，还可采用EDTA配位滴定法（基准法）进行测定。

方法原理是：试样经碱熔融，经盐酸脱水、过滤，将除去硅后的溶液调整pH＝13以上，以三乙醇胺为掩蔽剂，用钙黄绿素-甲基百里香酚蓝-酚酞混合指示剂，指示终点用EDTA标准滴定溶液滴定。

（五）硅酸盐水泥中氧化镁含量测定的其他方法

硅酸盐水泥中氧化镁的测定，除采用控制溶液pH分别测定钙镁总量及钙含量，从而计算氧化镁含量的方法（代用法）外，还可采用原子吸收光谱法进行测定。

方法原理是：以氢氟酸-高氯酸分解或用硼酸锂熔融-盐酸分解试样的方法制备试样溶液，用锶盐消除硅、铝、钛等对镁的抑制干扰，用原子吸收光谱仪，镁空心阴极灯，在空气-乙炔火焰中，于285.2nm处测定吸光度。

（六）硅酸盐水泥中氧化锰含量测定的其他方法

硅酸盐水泥中氧化锰的测定，除采用高碘酸盐分光光度法（基准法）外，还可采用原子吸收光谱法进行测定。

以氢氟酸-高氯酸分解或用硼酸锂熔融-盐酸分解试样的方法制备试样溶液，用锶盐消除硅、铝、钛等对锰的抑制干扰，用原子吸收光谱仪，锰元素空心阴极灯，在空气-乙炔火焰中，于279.5nm处，以水校零，测定吸光度。

四、化工产品中铁含量测定的常用方法

（一）磺基水杨酸比色法

方法原理：在pH为8～11.5时，三价铁离子与显色剂磺基水杨酸能形成稳定的黄色配合物，颜色的深度与铁的含量成正比。在波长为460nm，测吸光值A，由标准曲线可求得试样中铁的含量。

使用磺基水杨酸比色法测定样品中的铁含量时，应注意如下事项。

① 该法适用于测定含铁量在5%以下的样品。

② 钙镁等离子与磺基水杨酸可生成无色的配合物而消耗显色剂，减弱铁的显色效果，故显色时应加入过量的显色剂，否则，铁不易达到最大的显色深度。

③ 选择比色皿时，可根据铁含量大小而定。含量低时，可选2cm比色皿；含量高时，可选1cm比色皿。但测定样品所用比色皿应与标准系列保持一致。

④ 样品的显色条件应尽量与标准系列保持一致。

（二）重铬酸钾法

方法原理：绝大多数矿物，如铬铁矿、铁矿、钛铁矿均能为磷酸所分解。试样用磷酸溶解后，其中的Fe^{3+}与磷酸形成稳定的无色$[Fe(HPO_4)_2]^-$配合物，在盐酸存在下以铝片（或铝丝）将Fe^{3+}定量地还原为Fe^{2+}，再以二苯胺磺酸钠为指示剂，在酸性介质中，用$K_2Cr_2O_7$标准溶液滴定Fe^{2+}，当溶液呈现稳定的紫色时即为终点。其化学反应式为：

$$3Fe^{3+} + Al \longrightarrow 3Fe^{2+} + Al^{3+}$$

$$6Fe^{2+} + Cr_2O_7^{2-} + 14H^+ \longrightarrow 6Fe^{3+} + 2Cr^{3+} + 7H_2O$$

由上可知：Fe^{2+}与$K_2Cr_2O_7$之间的化学计量关系为6：1，因此可确定$K_2Cr_2O_7$基本单元为$\frac{1}{6}K_2Cr_2O_7$，在化学计量点时则有$n(\frac{1}{6}K_2Cr_2O_7)=n(Fe)$，可计算出试样中铁的百分含量。

使用重铬酸钾法测铁的含量时，应注意如下事项。

① 在加铝片进行还原之前，应加入足够量的盐酸，以克服由于磷酸与Fe^{3+}形成的极稳定的配合物对Fe^{3+}的定量还原所产生的影响。还原时的温度最好保持在60～70℃，温度太高作用过于激烈，温度太低作用缓慢。

② 由于在还原后Fe^{2+}仍有被氧气氧化成Fe^{3+}的可能，所以可直接加冷水将溶液稀释，然后立即用$K_2Cr_2O_7$标准溶液进行滴定。

③ 金属铝中常含有少量杂质铁，会引起测定结果的偏高，为得到准确的结果应排除铝片带入的含铁量，因此必须做空白实验。

练　习

1. 硅酸盐试样的分解处理方法主要有多少种？各是什么？水泥熟料在分解过程中发生了哪些化学反应？

2. 硅酸盐中SiO_2含量的主要测定方法是什么？

3. 若配制EDTA溶液的水中含Ca^{2+}，判断下列情况对测定结果的影响：

(1) 以$CaCO_3$为基准物质标定EDTA，并用EDTA滴定试液中的Zn^{2+}，以二甲酚橙为指示剂；

(2) 以金属锌为基准物质，二甲酚橙为指示剂标定EDTA，用EDTA测定试液中Ca^{2+}、Mg^{2+}合量；

(3) 以$CaCO_3$为基准物质，铬黑T为指示剂标定EDTA，用以测定试液中Ca^{2+}、Mg^{2+}合量。

并以此例说明配位滴定中为什么标定和测定的条件要尽可能一致。

4. 在Fe^{3+}、Al^{3+}、Ca^{2+}、Mg^{2+}等共存的溶液中，以EDTA标准滴定溶液分别滴定Fe^{3+}、Al^{3+}、Ca^{2+}等以及Ca^{2+}、Mg^{2+}等含量时，如何消除其他共存离子的干扰？

5. 在测定Al^{3+}时，为什么采用铜盐返滴定法，为什么要控制EDTA标准滴定溶液的加入量？

6. 在测定Ca^{2+}时，为什么要先加三乙醇胺而后加NaOH？

7. 在测定Ca^{2+}、Mg^{2+}含量时，为什么要先加酒石酸钾钠溶液后再加三乙醇胺？

任务五 硝酸磷肥的分析检验

【知识目标】

1. 了解硝酸磷肥生产的基本原理及工艺条件的选择；
2. 了解硝酸磷肥的产品质量标准；
3. 掌握硝酸磷肥试样的采取和制备；
4. 掌握硝酸磷肥中总氮、磷、游离水、氯离子含量的测定方法和测定原理。

【技能目标】

1. 能正确采取和制备肥料样品；
2. 能正确控制分析条件，采用蒸馏后滴定法准确测定硝酸磷肥中总氮含量；
3. 能正确控制分析条件，采用磷钼酸喹啉重量法准确测定硝酸磷肥中磷含量；
4. 能正确控制分析条件，采用卡尔·费休法和真空烘箱法准确测定硝酸磷肥中游离水含量；
5. 能正确控制分析条件，采用佛尔哈德法准确测定硝酸磷肥中氯离子含量。

任务内容

一、硝酸磷肥生产工艺及质量控制

硝酸磷肥一般由硝酸分解磷矿而制得。磷矿的主要组分氟磷灰石在用硝酸分解时生产出磷酸、硝酸钙和氟化氢：

$$Ca_5F(PO_4)_3+10HNO_3 \longrightarrow 3H_3PO_4+5Ca(NO_3)_2+HF$$

磷矿分解时生成的氟化氢与磷矿中含有的硅酸盐反应生成氟硅酸。磷矿中所含的杂质，如碳酸钙、碳酸镁、铁、铝、稀土元素矿物以及氟化钙等与硝酸作用生成硝酸盐：

$$(Ca,Mg)CO_3+2HNO_3 \longrightarrow (Ca,Mg)(NO_3)_2+CO_2\uparrow+H_2O$$

$$Fe_2O_3+6HNO_3 \longrightarrow 2Fe(NO_3)_3+3H_2O$$

$$Al_2O_3+6HNO_3 \longrightarrow 2Al(NO_3)_3+3H_2O$$

$$CaF_2+2HNO_3 \longrightarrow Ca(NO_3)_2+2HF$$

硝酸铁或铝还能与酸解液中的磷酸反应生成不溶于水的磷酸铁或铝，降低水溶性 P_2O_5 的含量。磷矿中可能含有少量有机物，能还原硝酸，造成氮的损失，同时产生泡沫，给操作增添麻烦，因此有些磷矿必须经 800～900℃煅烧，以除去有机物。

（一）硝酸磷肥生产工艺简介

硝酸磷肥的生产方法很多，其中最简单的是硝基过磷酸钙法，瑞士曾多年采用过此法。它与过磷酸钙生产工艺相似，在混合器中用浓度 65%～70%的硝酸分解磷矿粉，制得吸湿性较低的三水硝酸钙，约含 N 8%、P_2O_5 16%。此法优点是流程十分简单，产品的水溶率可达 80%，但生产过程中有大量 NO_x 气体逸出，污染环境，产品吸湿性严重，发展受到限制。

大多硝酸磷肥的生产是以浓度为 50%～60%硝酸分解磷矿，得到的酸解液中 Ca^{2+} 大于 PO_4^{3-}，如不除钙，则氨中和后的产品的磷全部为枸溶性的 $CaHPO_4$，为了制得含有一定水

溶性 P_2O_5 产品，必须除去一部分钙。溶液中过多的钙可采用不同的工艺流程除去，根据除钙方法不同形成了不同的硝酸磷肥生产工艺。其中以冷冻法在国内外使用最普遍，另外还有硝酸-硫酸法、硝酸-磷酸法、硝酸-硫酸盐法、碳化法、离子交换法和有机溶剂萃取法等。分离钙以后溶液的后加工步骤基本相似，主要是溶液用氨中和、蒸发脱水、造粒、干燥和筛分即得成品。

1. 冷冻法（硝酸钙结晶法）

将硝酸分解磷矿的酸解液冷冻至低温（如－5℃），使溶液中的硝酸钙以四水合硝酸钙 $Ca(NO_3)_2 \cdot 4H_2O$ 形式结晶析出，然后将结晶和母液分离，得到 $CaO:P_2O_5$ 适宜的滤液，再用氨中和滤液，形成的料浆经浓缩、造粒得到含有硝酸铵、磷酸二钙、磷酸铵和 P_2O_5 的硝酸磷肥。一般产品的氮磷含量为23%，如在造粒前加入钾盐，可制得氮磷钾三元复合肥料。

此法利用硝酸的化学能分解磷矿，而硝酸根仍可作为氮元素，以不同形式留在产品中，起到了以氮带磷的作用，不耗或少耗硫酸；生产中不排出大量磷石膏，氟排出量少，对环境污染小；另外还可在一定范围内调整产品中 P_2O_5 的水溶率。但此法对原料磷矿的质量要求高，工艺流程长，装置投资高，能耗较大，技术相应较复杂。

2. 硫酸盐法

在磷矿的硝酸分解液中添加可溶性硫酸盐（如硫酸铵、硫酸钾等），利用硫酸根和钙生成不溶性硫酸钙结晶来固定萃取液中多余的钙，调节硝酸萃取液中 $CaO:P_2O_5$，生成硫酸钙沉淀后可以直接进行氨化，或将硫酸钙分离后，再将母液氨化制得含有部分或全部水溶性 P_2O_5 的复合肥料。若以硫酸钾为沉淀剂时，产品是三元复合肥料，且不含氯离子，适用于忌氯作物施肥。此法流程简单，工艺适应性强，但浓缩时能耗大。

3. 混酸法

（1）硝酸-硫酸法　用硝酸-硫酸的混酸处理磷矿，H^+ 分解磷矿，同时硫酸根（SO_4^{2-}）可与酸解液中的钙离子形成硫酸钙沉淀以除去多余钙，加入的硫酸量一般要使40%～60%钙离子从溶液中析出，再用氨中和酸解液，制得含有水溶性磷酸一铵和枸溶性磷酸二铵的硝酸磷肥。磷矿分解的基本反应式如下：

$$Ca_5F(PO_4)_3+6HNO_3+2H_2SO_4 \longrightarrow 3H_3PO_4+3Ca(NO_3)_2+2CaSO_4\downarrow+HF$$

$$6H_3PO_4+6Ca(NO_3)_2+2HF+13NH_3 \longrightarrow 5CaHPO_4+NH_4H_2PO_4+12NH_4NO_3+CaF_2$$

此法流程短，对磷矿要求较低，投资较小，另对硝酸浓度要求不高（>42% HNO_3），产品水溶性好，水溶率可达82%。但有副产品磷石膏，且生产装置规模偏小。我国开封化肥厂（15万吨/年）的硝酸磷肥装置采用该流程。

（2）硝酸-磷酸法　在磷矿的硝酸分解液中添加磷酸，可平衡溶液中多余的钙，并可根据磷酸加入量调解产品中氧化钙与五氧化二磷的比例和水溶磷。基本反应式为：

$$Ca_5F(PO_4)_3+10HNO_3+4H_3PO_4 \longrightarrow 7H_3PO_4+5Ca(NO_3)_2+HF$$

$$7H_3PO_4+5Ca(NO_3)_2+12NH_3 \longrightarrow 5CaHPO_4+2NH_4H_2PO_4+10NH_4NO_3$$

此流程较简单且行之有效，产品中氮磷比可在较大范围内调节，并且使磷酸的氨加工和硝酸萃取液的氨加工合并进行，经济合理。生产中需大量的磷酸，使推广受到一定限制。

4. 碳化法

在有稳定剂存在下，将硝酸萃取液先氨化中和至pH为3.5～4.0，再调节pH为7.5～8.0条件下继续通入氨和二氧化碳处理萃取液中多余的钙。典型产品规格（以 $N\text{-}P_2O_5\text{-}K_2O$%表示）是16-14-0。反应式为：

$$6H_3PO_4+10Ca(NO_3)_2+2HF+20NH_3+3CO_2+3H_2O \longrightarrow 6CaHPO_4+20NH_4NO_3+CaF_2+3CaCO_3$$

此法特点是流程和设备都较简单，易于推广，但产品中的磷酸盐全部是枸溶性的，颗粒产品肥效较差。

磷的形态和养分浓度因生产工艺不同而有所差别，表 5-1 列出不同制法硝酸磷肥产品的比较。

表 5-1 不同制法硝酸磷肥产品的比较

生产方法	氮(N)/%	磷(P_2O_5)/%	水溶性磷占全磷/%	N∶P_2O_5
冷冻法	20～27	20～14	75	2∶1
混酸法	12～20	12～30	30～50	2∶1
硫酸盐法	14～15	14～15	30～50	2∶1
碳化法	16～18	12～14	0	2∶0.67

（二）硝酸磷肥的工艺流程及质量控制

1. 冷冻法生产硝酸磷肥工艺流程

冷冻法硝酸磷肥生产的基本工序包括酸解、酸不溶物分离、酸解液冷冻结晶、硝酸钙结晶和分离、母液中和、中和料浆浓缩、造粒、干燥、筛分、成品包装、副产品加工处理、“三废”处理等。

2. 冷冻法制硝酸磷肥的生产工艺与化检

冷冻法的工艺流程目前以挪威海德罗流程比较成熟，是间接冷冻法硝酸磷肥生产流程的典型代表（如图 5-1)。我国山西化肥厂（90 万吨/年）的硝酸磷肥装置即采用该流程。该流程主要包括硝酸磷肥湿线、干线、硝酸钙转化及废气、废渣、废水处理四个部分。

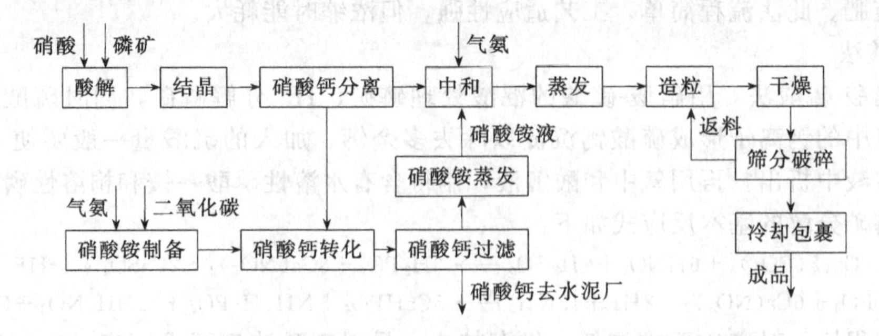

图 5-1 冷冻法生产硝酸磷肥的工艺流程

首先是原料的选择，由化验室采样分析检验磷矿粉粒组成，使之符合生产需要。采用 58%～60%硝酸在酸解槽内分解磷矿，化验室定时对酸解液进行采样化验，及时了解磷矿分解时产生的有害气体含量，以控制排放至大气中的污染物。酸解液经过沉降槽，过滤除去酸不溶物。

硝酸分解磷矿是一个非均相反应过程，反应速率与磷矿粒度、反应温度、硝酸用量及浓度、反应时间以及搅拌强度等因素有关。

(1) 硝酸浓度及用量　为加速反应及减少以后浓缩时的蒸发水量，一般采用 50%以上的硝酸。在冷冻法中，由于硝酸浓度对 $Ca(NO_3)_2 \cdot 4H_2O$ 结晶析出率影响较大，一般采用 56%～60%硝酸。

硝酸分解磷矿的理论用量，通常以磷矿中所含的氧化钙与氧化镁的总量为计算基准，但由于磷矿中含有倍半氧化物和有机物会消耗硝酸，因此实际的硝酸用量为理论量的 102%～105%，冷冻法为理论量的 110%。

(2) 反应温度　硝酸分解的温度是靠反应时放出的热量来维持的，如果硝酸温度约 30℃，则可保证分解反应在 50～55℃进行。温度过低（<40℃），分解速度减慢；随着温度

的增加，溶液的黏度减少，有利于离子扩散，使分解速度加快，但温度超过60℃，将加剧设备腐蚀。

(3) 磷矿粒度　磷矿越细则与硝酸接触表面积越大，分解速度也越快。但因硝酸分解能力强，生成的硝酸钙溶解度大，不会产生固体膜包裹矿物颗粒，故矿粉细度可稍粗一些，一般要求100%通过40目筛，对于易分解磷矿粒度可粗些，可保持1～2mm。

(4) 分解时间　分解时间与磷矿品种、磷矿粒度、酸用量有关。在采用较粗矿粒时，粒度对分解时间影响最大，一般需1～1.5h。

将处理过的酸解液在间壁冷冻结晶器内用氨水或盐水作冷冻介质冷却到－5℃，结晶析出大约90%的硝酸钙，化验室要定时进行采样分析，保证硝酸钙达到一定的结晶率，使母液中$CaO:P_2O_5$（摩尔比）达到产品所需要求。接着经双转鼓真空过滤机分离结晶，用冷硝酸洗涤后，送硝酸钙转化工段。将硝酸钙结晶熔融后在碳化塔内用碳酸铵转化成硝酸铵和碳酸钙，碳酸钙过滤后去水泥厂作原料，硝酸铵蒸发浓缩后返回中和工序。分离硝酸钙后的母液用气氨连续中和，中和后的料浆主要为磷酸二钙、硝酸铵与磷酸一铵的混合物，化验室要采样进行分析检验，因中和操作必须严格按照对磷矿进行实验所确定工艺条件进行。中和后料浆进入真空蒸发器浓缩，化验室定时检测料浆的含水量，根据造粒质量要求将料浆蒸发到一定浓度（一般一段蒸发到97%，二段蒸发到99.5%）。采用返料造粒法在双轴造粒机中进行造粒，然后将湿粒送入回转干燥炉干燥，再用斗式提升机提升到双层振动筛中进行筛分，2～4mm的粒子干燥至水分含量低于1%，成为合格产品送成品库，粗粒与细粒返回造粒机。化验室在生产线上每隔1h采样一次进行分析检验。最后包装成品再经采样测定合格才能出厂。

二、硝酸磷肥产品质量标准及分析方法标准

(一) 硝酸磷肥产品质量标准

硝酸磷肥现行有效的标准是国家推荐性标准，标准代号为GB/T 10510—2007，企业也可以根据自身的实际情况，制订企业标准并到属地技术监督部门备案。

《GB/T 10510—2007 硝酸磷肥　硝酸磷钾肥》标准中规定如下。

1. 硝酸磷肥

硝酸磷肥是以硝酸分解磷矿石后，加工制成的氮磷比约为2∶1的肥料。

2. 配合式

按$N\text{-}P_2O_5\text{-}K_2O$（总氮-有效五氧化二磷-氧化钾）顺序，用阿拉伯数字分别表示其在肥料中所占百分比含量的一种方式。“0”表示肥料中不含该元素。

3. 外观　硝酸磷肥为浅灰色或乳白色颗粒状产品，无机械杂质。

4. 硝酸磷肥技术指标

硝酸磷肥的技术指标见表5-2。

表5-2　硝酸磷肥产品技术要求

项　　目		优等品 27-13.5-0	一等品 26-11-0	合格品 25-10-0
总养分($N+P_2O_5+K_2O$)的质量分数/%	≥	40.5	37.0	35.0
水溶性磷占有效磷百分率/%	≥	70	55	40
水分(游离水)的质量分数/%	≤	0.6	1.0	1.2
粒度(粒径1.00～4.75mm)/%	≥	95	85	80
氯离子(Cl^-)的质量分数/%	≤	—	—	—

注：1. 单一养分测定值与标明值负偏差的绝对值不得大于1.5%。

2. 如硝酸磷钾肥产品氯离子含量大于3.0%，并在包装容器上标明“含氯”，可不检验该项目；包装容器未标明“含氯”时，必须检验氯离子含量。

5. 企业标准

硝酸磷肥企业标准的技术指标，需要查看已经备案的企业标准。

6. GB/T 10510—2007 对产品的标识、包装、运输和贮存也做出了具体规定。

产品用编织袋内衬聚乙烯薄膜袋或内涂膜聚丙烯编织袋包装，应按 GB8569 规定执行。每袋净含量 50kg±0.5kg、40kg±0.4kg、25kg±0.25kg，平均每袋净含量分别不应低于 50.0kg、40.0kg、25.0kg。

如产品中氯离子的质量分数大于 3.0%，应在包装容器上标明“含氯”，非硝酸分解磷矿石制得的肥料不应标注硝酸磷肥（硝酸磷钾肥）。产品包装袋上应有牢固清晰的标志，内容包括：生产厂名、厂址、产品名称、商标、N-P_2O_5 养分含量、本标准编号和净重。其余执行 GB18382 的规定。硝酸磷肥的运输和贮存过程应防雨、防潮、防晒、防破裂。

（二）硝酸磷肥产品分析方法标准

《GB/T 10510—2007 硝酸磷肥 硝酸磷钾肥》标准中规定的分析方法标准如下。

1. 氮含量的测定

按《GB/T 10511—2008 硝酸磷肥中总氮含量的测定 蒸馏后滴定法》进行。

2. 磷含量的测定

硝酸磷肥中磷含量（以 P_2O_5 质量分数计）的测定，按《GB/T 10512—2008 硝酸磷肥中磷含量的测定 磷钼酸喹啉重量法》进行测定，该标准代替《GB/T 10512—1989 硝酸磷肥中磷含量的测定 磷钼酸喹啉重量法》，《GB/T 10512—2008》与《GB/T 10512—1989》的主要区别是：有效磷的提取由中性柠檬酸铵改成用 EDTA 溶液。

3. 游离水含量的测定

硝酸磷肥中游离水含量的测定按《GB/T10513—1989 硝酸磷肥中游离水含量的测定 卡尔·费休法》或《GB/T 10514—1989 硝酸磷肥中游离水含量测定 真空烘箱法》测定，其中，前者为仲裁法，企业生产中一般采用《GB/T 10514—1989 硝酸磷肥中游离水含量测定 真空烘箱法》。

4. 粒度测定

按《GB/T 10515—89 硝酸磷肥粒度测定》进行测定，试验筛孔径为 1.00mm 和 4.75mm。

5. 结果判定

“表 5-2 硝酸磷肥产品技术要求”中全部四项检验项目为硝酸磷肥产品出厂检验项目，符合要求时，判该产品合格。如检验结果中有一项指标不符合标准要求时，应重新从二倍量的包装袋中采样进行检验，重检结果中，即使有一项指标不符合标致要求，都判该批产品不合格。

每批出厂产品应附质量说明书，内容包括：生产企业名称、地址、产品名称、产品等级、批号或生产日期、产品净含量、总养分、配合式及执行的标准编号。

工作项目

项目一 硝酸磷肥分析检验准备工作

一、试样的采取与制备

（一）硝酸磷肥试样的采取

1. 采样工具

采样工具有采样铲（见图 5-2）、采样探子、气动采样探针、自动采样器等。

采样探子适用于粉末、小颗粒、小晶体等固体化工产品采样。采样探子分为末端开口的采样探子、末端封闭的采样探子、可封闭的采样探子和关闭式采样探子（见图 5-3）。

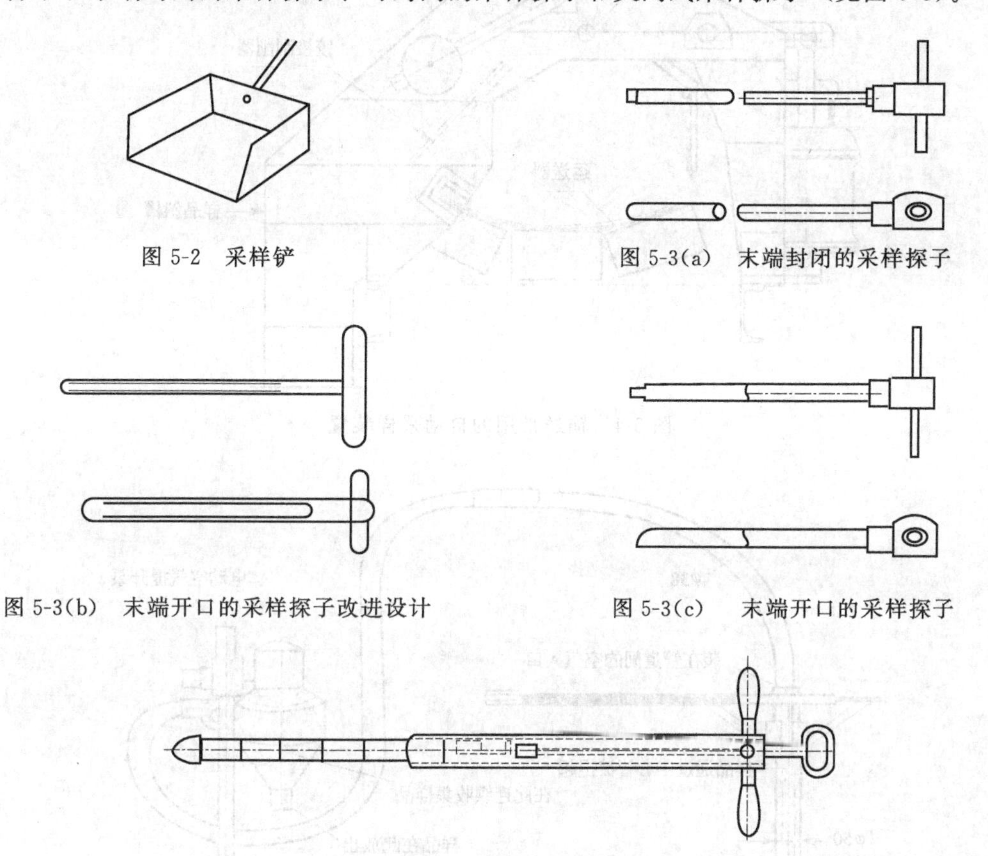

图 5-2　采样铲

图 5-3(a)　末端封闭的采样探子

图 5-3(b)　末端开口的采样探子改进设计

图 5-3(c)　末端开口的采样探子

图 5-3(d)　可封闭的采样探子

采样探子采样时按一定角度插入物料一定深度，插入时应槽口向下，把探子转动两三次，小心地把探子抽回，并注意抽回时应保持槽口向上，再将探子内的物料倒入样品容器中。

输送带用的自动采样装置（见图 5-4），有一个铰接刮刀曲柄，此曲柄通过一个链环机械螺旋管驱动，链环机带有一个横跨带的刮刀，此刮刀可移走一个截面的物料并送到位于侧边的一个斜槽内，刮刀的下部是铰接的，这样可使刮刀返回时从物料的上方走过，而不碰到物料。

气动采样探针（见图 5-5）是由一个软管将一个装有电动空气提升泵的旋风集尘器和一个由两个同心管组成的探子构成的。开动空气提升泵，使空气沿着两管之间的环形通路流至探头，并在探头产生气动而带起样品，同时使探针不断地插入物料。

2. 确定采取的样品数和样品量

硝酸磷肥产品按批检验，以每班产量为一批。

(1) 单元产品　不超过 512 袋时，按表 1-3 确定采样袋数；大于 512 袋时，可按总袋数立方根的三倍数确定采样袋数，如遇小数，则进为整数。

$$n=3\times\sqrt[3]{N}$$

式中　n——采样袋数；

N——每批产品总袋数。

按表 1-3 或上式计算结果，随机抽取一定袋数，用采样器从每袋最长对角线插入至袋的

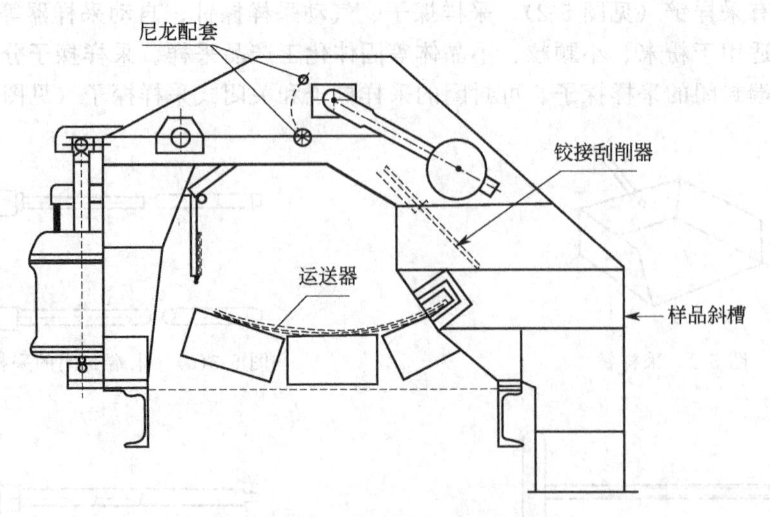

图 5-4 输送带用的自动采样装置

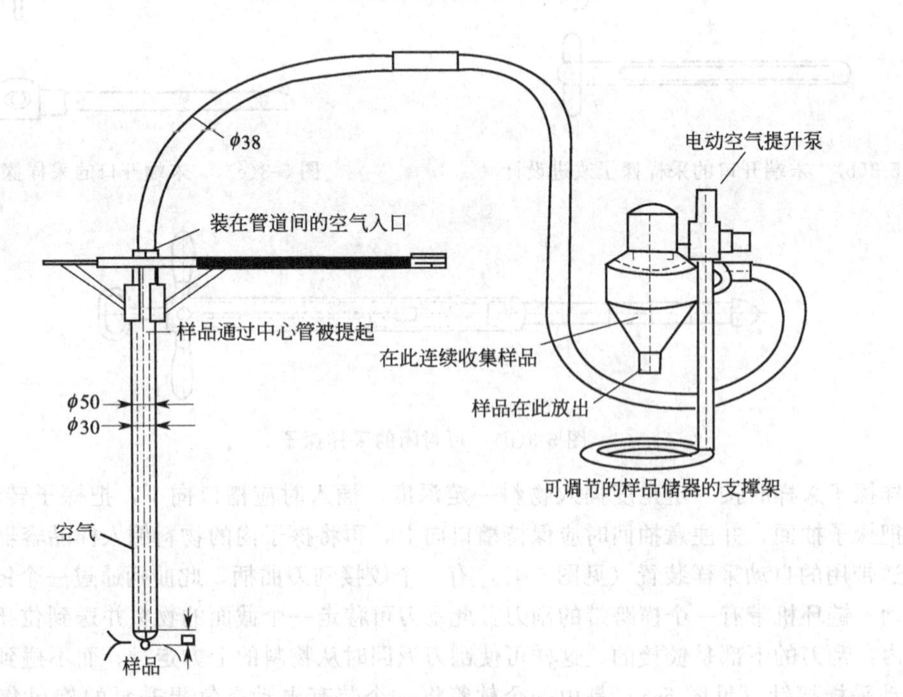

图 5-5 典型的气动采样探子

3/4 处，每袋采样量不少于 100g 样品，每批采取总样品量不少于 2kg。

(2) 散装产品　批量少于 2.5t，采样为 7 个单元（或点）；

批量为 2.5～80t，采样为 $\sqrt{\text{批量(t)}\times 20}$ 个单元（或点），计算到整数；

批量大于 80t，采样为 40 个单元（或点）。

3. 采样记录和采样报告

采样时应记录被采物料的状况和采样操作，如物料名称、来源、编号、包装情况、采样日期、采样人等。必要时要根据记录写采样报告。

（二）硝酸磷肥试样的制备

1. 试样缩分

将采取的样品迅速混匀，用缩分器或四分法将样品缩分为至不少于1kg。将缩分后的样品分装于两个洁净、干燥的500mL具有磨口塞的玻璃瓶或塑料瓶中，密封并贴上标签，注明生产企业名称、产品名称、产品等级、批号或生产日期、取样日期和取样人姓名，一瓶做产品质量分析，另一瓶保存两个月，以备查用。

2. 试样的制备

取缩分好的样品，再经多次缩分后取约100g样品，迅速研磨至全部通过0.50mm孔径筛，混匀，置于洁净、干燥的瓶中做成分分析，余下样品供粒度测定用。

二、溶液、试剂的准备

（一）硝酸磷肥中总氮含量测定的准备工作

1. 试剂、溶液及标准滴定溶液

（1）盐酸：1.18g/mL。

（2）定氮合金（Cu 50%、Al 45%、Zn 5%）（细度不大于0.85mm）或金属铬粉（细度不大于0.25mm）。

（3）硝酸铵：使用前于100℃下干燥至恒重。

（4）甲基红-亚甲基蓝混合指示液：将50mL甲基红乙醇溶液（2g/L）和50mL亚甲基蓝乙醇溶液（1g/L）混合。

（5）氢氧化钠溶液：400g/L。

（6）氢氧化钠标准溶液：$c(\mathrm{NaOH})=0.5\mathrm{mol/L}$。

（7）硫酸：1.84g/mL、$c\left(\frac{1}{2}\mathrm{H_2SO_4}\right)\approx 0.50\mathrm{mol/L}$ 或 1mol/L。

（8）广泛pH试纸。

2. 仪器设备

定氮装置及常用容量分析仪器。

（二）硝酸磷肥中磷含量测定的准备工作

1. 试剂、溶液及标准滴定溶液

（1）硝酸溶液：1+1。

（2）喹钼柠酮试剂

溶液A：70g钼酸钠溶解在加有100mL水的400mL烧杯中；

溶液B：60g柠檬酸溶解在加有100mL水的1000mL烧杯中，再加85mL硝酸；

溶液C：将溶液A加到溶液B中，混匀；

溶液D：混合35mL硝酸和100mL水在400mL烧杯中，并加入5mL喹啉；

溶液E：将溶液D加到溶液C中，混匀，静置24h后，用滤纸过滤，滤液中加入280mL丙酮，用水稀释至1000mL。溶液贮存于聚乙烯瓶中，置于暗处，避光避热保存。

（3）乙二胺四乙酸二钠（EDTA）溶液：37.5g/L，称取37.5g EDTA于1000mL烧杯中，加入少量水溶解，用水稀释至1000mL，混匀。

2. 仪器设备

（1）恒温干燥箱：能控制温度在180℃±2℃。

（2）玻璃坩埚式滤器：P_{16}，容积30mL。

（3）恒温水浴振荡器，能控制温度在60℃±1℃的往复式振荡器或回旋式振荡器。

（4）其他实验室常用仪器。

（三）硝酸磷肥中游离水测定的准备工作

恒温电热烘箱：可控制在100℃±20℃。

称量瓶：具有磨口盖，直径为50mm，高为30mm。

（四）硝酸磷肥磷粒度测定的准备工作

分子筛、振筛器。

项目二 硝酸磷肥中总氮含量的测定

本测定方法适用于各种流程生产的硝酸磷肥总氮含量的测定。

一、测定

（一）试样的还原

称取0.5～1.0g的试样（精确至0.0002g）于蒸馏烧瓶中，加约300mL水，摇动使试样溶解，再加定氮合金3～5g和防溅棒，将蒸馏烧瓶连接于蒸馏装置上。

或称取0.5～1.0g的试样（精确至0.0002g）于蒸馏烧瓶中，加约35mL水，摇动使试样溶解，加入约1.2g铬粉和7mL盐酸，静置5～10min，插上梨形玻璃漏斗。置蒸馏烧瓶于通风橱内的加热装置上（加热装置提供的热能应能使250mL水在7～7.5min内加热至激烈沸腾），加热至沸腾并泛起泡沫后1min，冷却至室温后小心加入300mL水和防溅棒，将蒸馏烧瓶连接于蒸馏装置上。

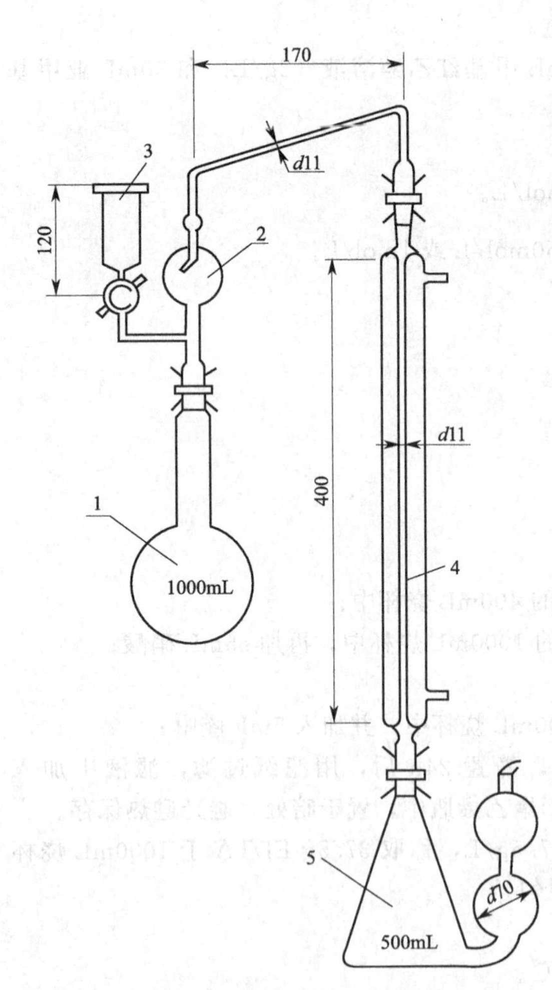

图5-6 蒸馏装置

1—蒸馏瓶；2—防溅球管；3—滴液漏斗；4—冷凝管；5—带双连球的锥形管

（二）蒸馏

向接收器中准确加入40mL硫酸溶液$[c(\frac{1}{2}H_2SO_4)\approx0.50mol/L]$或20mL硫酸溶液$[c(\frac{1}{2}H_2SO_4)\approx1mol/L]$，加4～5滴甲基红-亚甲基蓝混合指示剂，加水至略高于接收器双连球管末端，以保证封闭气体出口，将接收器连接在蒸馏装置的直形冷凝管下端。蒸馏装置的磨口连接处应涂硅脂密封。

连接好蒸馏烧瓶，通过蒸馏装置（如图5-6）的滴液漏斗加入20mL（若用铬粉还原法，应加入50mL）氢氧化钠溶液（400g/L），在溶液将流尽时加入20～30mL水冲洗漏斗，剩5～10mL水时关闭活塞。静置10min后开通冷却水，开始加热，沸腾时根据泡沫产生程度调节供热强度，避免泡沫溢出或液滴带出。蒸馏出至少150mL馏出液后，把接收器稍微移开，冷凝管下端靠在接收器壁上，用pH试纸测试冷凝管出口的液滴，如无碱性则可结束蒸馏。

（三）滴定

将接收器中的溶液混匀，用 0.5mol/L 氢氧化钠标准溶液返滴定剩余硫酸，直到指示剂颜色呈灰绿色为终点。

在测定的同时，按同样的操作步骤，同样试剂，但不含试样进行空白试验。

（四）核对试验

使用新配制的含 100mg 氮的硝酸铵，按测定试样的相同条件进行测定。

二、结果计算

试样中总氮含量以氮（N）的质量分数 w 表示，按下式计算：

$$w=\frac{c(V_1-V_2)\times 14.01}{m\times 1000}\times 100\% \quad (5\text{-}1)$$

式中　c——测定及空白试验时使用氢氧化钠标准滴定溶液的浓度，mol/L；

V_1——空白试验时使用氢氧化钠标准滴定溶液的体积，mL；

V_2——测定时使用氢氧化钠标准滴定溶液的体积，mL；

14.01——氮的摩尔质量，g/mol；

m——试样的质量，g。

计算结果表示到小数点后两位，取平均测定结果的算术平均值作为测定结果。

平行测定结果的绝对差值不大于 0.30%，不同实验室测定结果的绝对差值不大于 0.50%。

项目三　硝酸磷肥中磷含量的测定

一、测定

（一）水溶性磷的提取

称取含有 100～183mg 五氧化二磷的试样（精确至 0.0002g）。将试样置于 75mL 的瓷蒸发皿中，用玻璃研棒将试样研碎，加 25mL 水研磨，将试液倾注过滤到预先加入 5mL 硝酸溶液（1+1）的 250mL 容量瓶中，洗涤、研磨试样三次，每次用水约 25mL，然后将水不溶物转移到滤纸上，用水洗涤瓷蒸发皿和不溶物至容量瓶中溶液达 200mL 左右为止，最后用水稀释至刻度，混匀。记作试液 A，供测定水溶性磷用。

（二）有效磷的提取

另外称取同上试样，将试样置于 250mL 容量瓶中，加入 150mL EDTA 溶液，塞紧瓶塞，摇动容量瓶，使试样分散于溶液中，置于 60℃±2℃的恒温水浴振荡器中，保温振荡 1h（振荡频率以容量瓶内试样能自由翻动即可）。取出容量瓶，冷却至室温，用水稀释至刻度，混匀。干过滤，弃去最初几毫升滤液，即得滤液 B，供测定有效磷用。

二、磷的测定

（一）水溶性磷的测定

用移液管吸取 25.0mL 试液 A，移入 500mL 烧杯中，加入 10mL 硝酸溶液，用水稀释至 100mL，在电炉上加热至沸，取下加入 35mL 喹钼柠酮试剂，用表面皿盖住烧杯，在电热板上微沸 1min 或置于近沸水浴中保温至沉淀分层，取出烧杯，冷却至室温，冷却过程中转动烧杯 3～4 次。

用预先在 180℃±2℃下干燥至恒重的 4 号玻璃坩埚式过滤器抽滤，先将上层清液滤完，然后以倾泻法洗涤沉淀 1～2 次，每次用 25mL 水，将沉淀转移入滤器中，再用水继续洗涤，共用水 125～150mL。将带有沉淀的滤器置于 180℃±2℃的恒温干燥箱内，待温度达到(180±2)℃后干燥 45min，取出移入干燥器中，冷却至室温，称量。

（二）有效磷的测定

用移液管吸取 25.0mL 试液 B 于 500mL 烧杯中，以下操作按水溶性磷的测定步骤进行。

（三）空白试验

在测定的同时，除不加试样外，按与试样测定采用完全相同的试剂、用量和分析步骤，进行平行测定。

三、结果计算

水溶性磷（P_2O_5）含量以质量分数 x_1 表示，按下式计算：

$$x_1=\frac{(m_1-m_2)\times 0.03207}{m_3\times\frac{25}{250}}\times 100\% \tag{5-2}$$

式中 m_1——测定水溶性磷所得磷钼酸喹啉沉淀的质量，g；

m_2——测定水溶性磷时，空白试验所得磷钼酸喹啉的质量，g；

m_3——测定水溶性磷时，试样的质量，g；

0.03207——磷钼酸喹啉沉淀质量换算为五氧化二磷质量的系数。

有效磷（P_2O_5）含量以质量分数 x_2 表示，按下式计算：

$$x_2=\frac{(m_4-m_5)\times 0.03207}{m_6\times\frac{25}{500}}\times 100\% \tag{5-3}$$

式中 m_4——测定有效磷所得磷钼酸喹啉沉淀的质量，g；

m_5——测定有效磷时，空白试验所得磷钼酸喹啉沉淀的质量，g；

m_6——测定有效磷时，试样的质量，g；

水溶性磷占有效磷的百分数 x_3，按下式计算：

$$x_3=\frac{x_1}{x_2}\times 100\% \tag{5-4}$$

允许差：取平行测定结果的算术平均值作为测定结果。平行测定结果的绝对差值不大于 0.20%。不同实验室测定结果的绝对差值不大于 0.30%。

项目四　硝酸磷肥中游离水的测定

《GB/T 10514—1989 硝酸磷肥中游离水含量测定　真空烘箱法》标准中规定用烘箱干燥法测定硝酸磷肥中游离水含量，该法适用于各种流程生产的硝酸磷肥中游离水含量的测定。

一、分析步骤

用已恒重的称量瓶称取约 2g 试样，精确至 0.001g，放入电热恒温干燥箱中（称量瓶应放在温度计水银球的周围），微开或取下称量瓶盖，在 100℃±2℃下烘 2h 后，将称量瓶和盖子迅速移至干燥器中冷却 30min。冷却后盖好盖子，称量（精确至 0.0001g），反复操作至恒重（连续两次称量操作，其结果之差不大于 0.0003g，取最后一次称量值作为测定结果）。

二、结果计算

游离水含量 x_4，以质量分数表示，按下式计算：

$$x=\frac{m-m_1}{m}\times 100\% \qquad (5\text{-}5)$$

式中　m——干燥前试样的质量，g；

m_1——干燥后试样的质量，g。

允许差：取平行测定结果的算术平均值为测定结果，平行测定结果的绝对差值不大于0.1%。

项目五　硝酸磷肥磷粒度的测定

一、操作步骤

称取缩分后的实验室样品200g，精确到1g；将分子筛按孔径大小依次叠好，孔径大的在上层，小的在下层；将试样置于4.0mm筛子上，盖好筛盖，置于振筛器上，夹紧，振动5min；未通过4.0mm孔径筛子的试样及底盘上的试样称量，精确到1g，夹在筛孔中的颗粒应作不通过此筛孔部分计量，保留2.0～2.8mm之间的颗粒硝酸磷肥，以备作颗粒平均抗压强度测定用。

注：若无振筛器，可用人工进行筛分操作，仲裁分析时必须用振筛器。

二、结果计算

试样的粒度D以1～4mm颗粒质量占总试样质量的百分数表示，按下式计算：

$$D=\frac{m_0-m_1}{m_0}\times 100\% \qquad (5\text{-}6)$$

式中　m_1——未通过4.0mm孔径筛网的和底盘上的试样质量之和，g；

m_0——试样的质量，g。

问题探究

一、硝酸磷肥的化学组成、性能及应用

1. 硝酸磷肥的化学组分与性能

硝酸磷肥是用硝酸分解磷矿加工制得的氮磷（钾）复合肥料。产品既含有硝态氮又含有铵态氮，其主要组分是磷酸钙盐、磷酸铵盐和硝酸盐等。含钾的硝酸磷肥还含有硝酸钾和（或）磷酸氢钾等组分。

硝酸盐的主要成分是硝酸铵，还有少量的硝酸钙，均溶于水。

磷酸盐有三种形态：水溶性的磷酸盐包括磷酸氢钙、磷酸一铵、磷酸二铵等；枸溶性的磷酸盐包括溶解于中性柠檬酸铵或碱性柠檬酸铵溶液的磷酸二钙和磷酸铁铝盐、磷酸二镁等；还有未分解的磷矿粉和碱性磷酸盐，都属于难溶性的磷酸盐。

硝酸磷肥的水溶性磷和硝态氮占大部分，优质硝酸磷肥中水溶性磷占总有效磷70%以上，近期肥效有保证，含有部分枸溶性磷和铵态氮，远期肥效更胜于磷铵，其增产作用略高于等养分的复混肥且肥效稳定，是物理性能良好的复合肥料。

在农化性质中，硝酸磷肥中的枸溶性磷主要是由磷酸二钙提供的。在酸性土壤中，就直接肥效而言，这种含大量磷酸二钙的肥料至少和含水溶性磷的磷肥相当，而其残留肥效更好；因磷酸二钙接近中性，在一定程度上避免了磷酸铁、磷酸铝的生成，防止了磷的固定。在碱性土壤中磷酸二钙的直接肥效不如水溶性磷，但它转化为磷酸三钙的机会较小，残留肥效较高，但以含枸溶性磷为主的硝酸磷肥比起含水溶性磷的磷肥在肥效

上总有一种滞后现象，而且大颗粒（直径 5mm）比小颗粒（直径 2mm）和粉末的滞后现象更为严重。

2. 硝酸磷肥的应用

硝酸磷肥生产的特点是利用硝酸的化学能分解磷矿，硝酸根又作为氮元素以不同品种形式留在产品中，起到了以氮带磷的双重作用，且氮磷总回收率可高达 98%，同时硝酸磷肥不排出大量磷石膏，可减少“三废”处理量，因此它在技术经济上比较合理，此外，硝酸磷肥不消耗硫酸，在硫资源短缺的国家或地区，生产这类肥料具有一定的经济技术意义。

硝酸磷肥既具有速效的硝态氮（NO_3^-）与水溶 P_2O_5，又具有肥效持久的铵态氮（NH_4^+）与枸溶性 P_2O_5，养分比例优于其他复合肥，其增产作用略高于等养分的复混肥且肥效稳定。硝酸磷肥适用于酸性和中性土壤，水溶性磷占绝大部分，对各种作物均有良好肥效，可作早期追肥和基肥、底肥、种肥，优先应用于缺氮又缺磷的土壤，集中施用效果更好。硝酸磷肥中的氮以硝铵为主，硝态氮不被土壤吸附，易随水流失，应优先用于干旱地作物，避免流失。在严重缺磷的干旱土壤上，应选用高水溶性的硝酸磷肥，但对喜磷轻氮作物（豆科作物、糖用甜菜），效果不明显。

硝酸磷肥呈深灰色，中性，硝酸磷肥的临界相对温度较低（55%～60%），易吸湿结块，产品通常制成粒径为 2.4～2.8mm 的颗粒，但是在贮存、运输、施用过程中仍需注意防潮。再者硝酸磷肥含有一定的硝酸铵，热稳定性差，易燃、易爆。当遇热分解时产生大量热量，可能引起火灾，并有红褐色有害气体产生。因此，贮运时要注意安全，防止高温并远离火源。

二、硝酸磷肥化学分析方法解读

（一）硝酸磷肥中总氮含量的测定——蒸馏后滴定法分析条件控制

硝态氮的测定有蒸馏法（还原法）和氮试剂重量法，蒸馏法准确可靠，但蒸馏时间较长（50min），常用于硝酸磷肥的生产控制分析及产品分析。

1. 方法原理

在酸性介质中，用金属铬粉或定氮合金将硝酸盐和亚硝酸盐还原为铵盐，再加过量的氢氧化钠溶液碱化，蒸馏出氨，用一定体积的硫酸标准溶液吸收，在甲基红-亚甲基蓝乙醇混合指示剂存在下，用氢氧化钠标准溶液滴定过量的酸。通过氢氧化钠标准溶液消耗的量，求出硝酸磷肥中总氮的含量。

① 定氮合金（Cu50%-Al45%-Zn5%）将硝态氮还原为铵态氮。

$$Cu+2NaOH+2H_2O \longrightarrow Na_2[Cu(OH)_4]+2[H]$$

$$Al+NaOH+3H_2O \longrightarrow Na[Al(OH)_4]+3[H]$$

$$Zn+2NaOH+2H_2O \longrightarrow Na_2[Zn(OH)_4]+2[H]$$

$$NO_3^-+8[H] \longrightarrow NH_3+OH^-+2H_2O$$

② 在碱性溶液中蒸馏出氨，用过量硫酸标液吸收。

$$NH_4^++OH^- \longrightarrow NH_3\uparrow+H_2O$$

$$NH_3+H_2SO_4(\text{过量}) \longrightarrow (NH_4)_2SO_4$$

③ 用氢氧化钠标准溶液滴定过量的酸。

$$2NaOH+H_2SO_4(\text{剩余}) \longrightarrow Na_2SO_4+2H_2O$$

2. 分析条件选择与控制

（1）样品称样量的选择　称样量由试样中总氮含量来确定，一般在 0.5～2g 范围内。以总氮含量接近235mg或硝态氮含量接近60mg为合适，但低含量的试样以称样量2.5g为上限。

(2) 催化剂的选择　仅含硝态氮或硝态与铵态氮，不存在酰胺态氮、氰氨态氮和有机质氮的情况下，硝态氮的还原过程用定氮合金代替铬粉加盐酸，简化了操作并减少了环境污染。定氮合金是由Cu、Al、Zn熔化制成合金后再破碎、磨细的，市场上有售，并非由Cu、Al、Zn的粉末混合配制而成，粒度不大于200～300μm。

(3) 蒸馏条件的控制

① NaOH浓度及用量　用0.5mol/L氢氧化钠标准溶液滴定时，需要注意控制滴定的速度，以免过量。

加入的氢氧化钠溶液将流尽时，务必用水冲洗漏斗，以防止玻璃磨口活塞被腐蚀。供热强度根据蒸馏时沸腾程度来调节，过高有可能使氢氧化钠液滴进入接收器，造成测定结果偏高；过低则延长蒸馏时间。夏季冷却水温度过高时，有可能冷凝管中的氨从水中游离出来而蒸馏不完全，故此时必须用pH试纸检查冷凝管出口液滴的酸碱性，直至pH接近7才能停止蒸馏。

② 还原仪器　为1000mL的磨口硬质玻璃圆底烧瓶，与蒸馏装置、接收器配套。用磨口相连接为最佳，拆装都比较方便。接收器的双球形侧管可防止在停止加热时溶液倒吸。如不具备上述条件，也可使用普通圆底烧瓶，通过有孔橡皮塞连接加液漏斗和冷凝管，接收器使用锥形瓶。这样蒸馏效果是相同的，但操作比较麻烦，容易折损玻璃导管，应注意操作的安全性。

③ 还原加热装置　置于通风橱内的1500W电炉，或能在7～8min内使250mL水从常温至剧烈沸腾的其他形式热源，要求有一定加热强度且恒定。

④ 蒸馏加热装置　1000～1500W电炉，置于升降台架上，可自由调节高度。也可使用调温电炉或能够调节供热强度的其他形式热源，要求可以灵活调节加热强度。

⑤ 防暴沸装置　防溅棒是由一根长约100mm，直径约5mm玻璃棒连接在一根长约25mm聚乙烯管上。使用防溅棒的效果比使用防暴沸颗粒（沸石、玻璃珠等）的效果要好，同时也容易清洗。

(4) 平行实验　空白试验也应做平行数据，差值在0.2mL以内，取平均值。核对试验最好使用标准物质，如无此条件，应使用分析纯的硝酸铵，溶液配制后尽快使用。

(二) 硝酸磷肥中有效磷含量的测定——磷钼酸喹啉重量法分析条件控制

磷钼酸喹啉重量法测定磷含量，测定结果准确，常用作仲裁分析。

1. 方法原理

用乙二胺四乙酸二钠溶液提取样品中的有效磷，提取液中正磷酸根离子在酸性介质中与喹钼柠酮试剂生成黄色磷钼酸喹啉沉淀，经过滤、洗涤、干燥和称重，根据沉淀质量计算出磷的含量。

正磷酸离子在酸性介质中与钼酸根离子生成磷钼杂多酸：

$$PO_4^{3-}+12MoO_4^{2-}+27H^+ \longrightarrow H_3(PO_4\cdot 12MoO_3)\cdot H_2O+11H_2O$$

磷钼杂多酸与喹啉生成溶解度很小的大分子沉淀，即黄色磷钼酸喹啉沉淀：

$$H_3(PO_4\cdot 12MoO_3)\cdot H_2O+3C_9H_7N \longrightarrow (C_9H_7N)_3H_3(PO_4\cdot 12MoO_3)\cdot H_2O$$

2. 分析条件选择及控制

(1) 有效磷提取条件　采用较高浓度的EDTA溶液提取，在60～100℃提取测定结果稳定，经验表明：60℃提取时间需要1h，也可在90℃下提取15～30min。提取完毕，立即用自来水冲洗容量瓶，使其迅速冷却。定容后，立即过滤，不宜久放。过滤时最初滤液浑浊，应连续弃去几次，直到滤液清亮才可留用。

(2) 有效磷的测定条件选择和控制　采用重量法测定有效磷，测定结果的准确程度主要取决于沉淀完全程度和纯净程度。磷钼杂多酸的形成直接影响磷钼酸喹啉沉淀的生成，而磷钼杂多酸的形成与溶液的酸度、温度和配位酸酐的用量都有关系。这些条件不同时，杂多酸的组成也可能不同，其性质也不一样。因此要得到理论上形成的磷钼酸喹啉沉淀，必须严格控制磷钼杂多酸形成的条件。

一般认为沉淀磷钼酸喹啉的最佳条件：HNO_3 酸度 0.6mol/L；丙酮 10%；柠檬酸 2%；钼酸钠 2.3%；喹啉 0.17%。

① 磷钼酸喹啉生成的酸度控制　磷钼酸喹啉沉淀只有在酸性环境中稳定，在碱性溶液中会重新分解为原来的简单酸根离子。增加酸度对沉淀的生成有利，但酸度过大时却会造成沉淀的物理性能差，使以后的过滤、洗涤困难；酸度太低，则沉淀不完全，测定结果偏低。

沉淀前，加水稀释的体积不宜过大，总体积应控制在 100mL 左右，以保证溶液的酸度，一般沉淀体系中硝酸的酸度控制在 0.6～1mol/L。

② 沉淀形成的温度控制　加入喹钼柠酮后，为获得满意的沉淀效果，应避免煮沸，采用在电炉或电热板上保温 2～3min，待黄色沉淀沉降分层后取下，静置冷却，过滤、洗涤。或在加入喹钼柠酮后，继续加热煮沸 1min 或加热至微沸，溶液不必搅拌，以防沉淀结块而不易洗涤，这对小量生产尚可，对大批量生产条件不易控制，会造成结果波动。

③ 沉淀剂用量选择　沉淀剂喹钼柠酮用量应以每 10mL 沉淀剂沉淀 8mg 五氧化二磷计，再多加 10mL，保证沉淀的完全，一般以加入 35～40mL 为宜。

沉淀剂应贮存于棕色瓶或聚乙烯瓶中，避光保存。

④ 沉淀的洗涤及过滤　沉淀携带有金属盐类和大量的酸溶液，会给测定带来误差，必须对沉淀进行洗涤。沉淀中残存酸很不易洗净，洗涤时需把沉淀吹起，至少要洗 10 次以上才能把残存酸洗净。过滤洗涤沉淀时，沉淀上爬严重，需仔细操作，一般用抽滤装置过滤洗涤沉淀，能很好地解决沉淀上爬和残存酸不易洗净的缺点。

另外在过滤洗涤磷钼酸喹啉沉淀时，出现洗涤液浑浊的现象，是由于酸度降低，钼酸盐水解析出白色三氧化钼沉淀，不影响测定。

⑤ 磷钼酸喹啉沉淀的干燥　磷钼酸喹啉沉淀在不同温度下干燥，其组成不同。100～107℃，只脱去游离水分，能达到恒重，但所需时间长；107～155℃，结晶水失去不完全，不易恒重；155～370℃，结晶水全部失去，组成为 $(C_9H_7N)_3H_3[PO_4 \cdot 12MoO_3]$，能达到恒重；370℃以上沉淀失去有机部分，不易恒重。由此可见以 $(C_9H_7N)_3H_3[PO_4 \cdot 12MoO_3]$ 状态组成最稳定，易恒重。在实验中，可选择在 250℃左右烘干 20～30min 或 180℃左右烘干 40～60min。

(3) 干扰及消除

① NH_4^+ 的干扰及消除　分析试液中常含有一定量的铵盐，在测定磷的条件下，由于 NH_4^+ 具有和喹啉相近的性质，能与磷钼杂多酸生成黄色的磷钼酸铵沉淀 $[(NH_4)_3PO_4 \cdot 12MoO_3 \cdot 2H_2O]$，其相对分子质量相对较小，易造成结果偏低。

加入丙酮可消除 NH_4^+ 干扰，同时，丙酮的存在，能改善磷钼酸喹啉的物理性能，使沉淀颗粒粗大、疏松，便于过滤、洗涤。

② Si 的干扰及消除　硅具有和磷相近的性质，在测定磷的条件下，硅也能生成硅钼酸

喹啉沉淀，干扰测定。

柠檬酸能和钼酸生成电离度较小的配合物，使其电离生成的钼酸根离子浓度仅满足生成磷钼酸喹啉沉淀，而不生成硅钼酸喹啉沉淀，从而排除硅的干扰；同时，在柠檬酸溶液中，磷钼酸铵的溶解度比磷钼酸喹啉的溶解度大，可进一步排除 NH_4^+ 的干扰。但柠檬酸的量不能太多，以免钼酸根离子浓度过低而造成磷钼酸喹啉也不能沉淀完全。

（三）硝酸磷肥磷粒度的测定——筛分法分析条件控制

粒径是指固体物质颗粒的大小，不同产品有不同的粒径要求，肥料产品为了提高肥料的长久性和缓释性，常要求有一定的粒径，硝酸磷肥产品粒度应控制在 1～4mm。粒径的测定方法有筛分法、微粒度测定法等，根据测定要求，颗粒状硝酸磷肥的粒度的测定采用筛分法。

1. 方法原理

筛分法是利用一系列筛孔尺寸不同的筛网来测定颗粒粒度及其粒度分布，将筛子按孔径大小依次叠好，把被测试样从顶上倒入，盖好筛盖，置于振筛器上振荡，使试样通过一系列的筛网，然后在各层筛网上收集，将颗粒硝酸磷肥分成不同粒度，称量，计算百分率。

2. 分析条件的控制

筛分法实际测定的是不同颗粒度的质量分布，非真正意义上的粒径。

实验筛：孔径为 1.0mm、2.0mm、2.8mm、4.0mm 筛子一套，并附有筛盖和筛底盘，应符合 GB 6003 中 R40/3 系列。

知识拓展

一、化学肥料知识

（一）概述

植物正常生长发育必须不断从外界吸取营养元素，其中必需的大量元素有碳、氢、氧、氮、磷、钾、硫、镁、钙；必需微量元素有铁、锰、锌、铜、硼、钼、氯。大量元素与微量元素虽在需要量上有多少之别，但在植物的生命活动中各有其独特的作用，彼此不能互相代替。例如，氮是植物叶和茎生长不可缺少的；磷对植物发芽、生根、开花、结果，使籽实饱满起重要作用；钾能使植物茎杆强壮，促进淀粉和糖类的形成，并增强对病害的抵抗力。

化学肥料，简称化肥，是指用化学方法制造的、含有农作物生长所需营养元素的一种肥料，与其他肥料比较，具有养分高、肥效快、贮运和施用方便的特点。可以有目的地利用其调节土壤中养分含量比例，促进农业的高产和稳产。但长期使用单一化学肥料，不利于改良土壤结构，易使土壤板结化和酸碱化。

化肥品种主要有氮肥、磷肥与钾肥，它们是作物需要量最多的三大营养元素肥料，也称为肥料的三要素或常量元素肥料；需要补充量较少的硫、钙、镁等元素的肥料称为中量元素肥料；需要补充量极少的硼、锌、锰、铜、钼等称为微量元素肥料。目前，我国在肥料施用方面存在重化肥，轻有机肥；重氮肥，轻磷、钾肥，忽视微肥；施用化肥的氮、磷、钾比例严重失调，成为农业增产的一大障碍。据统计，国产化肥的氮、磷、钾比例为 $N:P_2O_5:K_2O=1:0.31:0.013$，远低于国际平均水平 1：0.5：0.4。

（二）氮肥

氮肥有自然氮肥和化学氮肥。自然氮肥有人畜尿粪、油饼、腐草等，因还含有少量磷和钾，实际是复合肥料。化学氮肥主要是指工业生产的含氮肥料，有铵盐，如硫酸铵、硝酸铵、氯化铵、碳酸氢铵等；硝酸盐，如硝酸钠、硝酸钙等；尿素是有机化学氮肥。此外，如氨水、硝酸铵钙、硫酸铵、氰氨基化钙（石灰氮）等，也是常用的化学氮肥。

尿素，又称碳酰二胺，易溶于水、液氨及醇类，具有吸湿性。农用尿素含氮量为46%，属中性速效肥固体氮肥，施入土壤后不存在残存物；在有机合成、医药和纺织等生产中作为工业原料使用。尿素生产方法有全物质循环法、二氧化碳气提法和氨气提法三种。

硝酸铵，白色结晶，有五种晶型，每种晶型在一定温度范围内是稳定的，总氮含量为35%，极易溶于水、液氨等，易吸湿而结块。硝铵可单独作氮肥或与磷肥、钾肥制成复混肥料使用，用于寒冷地区的旱田作物。硝铵热稳定性差，受热分解发生爆炸，可作为炸药原料，用于军事、采矿和筑路等方面，医药上可用作麻醉剂。硝酸铵的生产方法有中和法和转化法两种。

（三）磷肥

自然磷肥有磷矿石及农家肥中的骨粉、骨灰等。化学磷肥主要是以自然矿石为原料，经过化学加工处理的含磷肥料。用无机酸处理磷矿石制得的磷肥称酸法磷肥，如过磷酸钙（又名普钙）、重过磷酸钙（又名重钙）、富过磷酸钙、沉淀磷酸钙等；将磷矿石和某些配料（如蛇纹石、滑石、橄榄石、白云石）或不加配料，经过高温煅烧分解制得的磷肥称为热法磷肥，如钙镁磷肥、钙钠磷肥、脱氟磷肥、钢渣磷肥等。

普钙是世界上最早工业化的化肥品种，其有效 P_2O_5 含量一般为12%～20%，普钙为速效肥，可作基肥、追肥和种肥，适用于各种农作物、中性或碱性土壤。钙镁磷肥含有效 P_2O_5 12%～20%，产品中还含有镁、钾、铁、锰、铜、锌、钼等多种营养元素，肥效良好，成本低，特别适用于我国大量的酸性土壤、砂质土壤和缺镁的贫瘠土壤。

（四）钾肥

自然钾肥有自然矿物，如光卤石、钾石盐等；有农家肥，如草木灰、豆饼、绿肥等。化学钾肥主要有氯化钾、硫酸钾、硫酸钾镁、磷酸氢钾和硝酸钾等。

氯化钾纯品为无色结晶，易溶于水，呈中性，可被作物直接吸收利用，也可与土壤胶体上的阳离子代换而被土壤吸附，可作基肥和追肥。

硫酸钾吸湿性极小，不易结块，易溶于水。肥料用硫酸钾一般含 K_2O 为46%～51%，是一种高效生理酸性肥料，但常期施用会增加土壤酸性，可能造成土壤板结。

（五）复混肥料

氮、磷、钾三种养分中，至少有两种养分标明量的、由化学方法和（或）掺混方法制成的肥料称为复混肥料。还可将除草、抗病虫害的农药和激素或稀土元素、腐殖酸、生物菌、磁性载体等科学地添加到复混肥料中，使之具有肥料、除草、杀虫、生化、磁性等多种功能。复混肥料在再加工之前，必须考虑所选物料的物化性质及物料的相配性，以免影响产品的品质。

复混肥料有复合肥料、掺混肥料、缓/控释肥料、液体复混肥料、有机复合肥料及专用型复混肥料等。

（六）微量元素肥料

对于作物来说，含量介于0.2～200mg/kg（按干物重计）的必需营养元素称为“微量元素”。微量元素肥料是指含有微量元素养分的肥料，简称微肥，如硼肥、锰肥、铜肥、锌肥、钼肥、铁肥、氯肥等，可以是含有一种微量元素的单纯化合物，也可以是含有多种微量和大量营养元素的复合肥料和混合肥料。可用作基肥、种肥或喷施等。

为了提高肥料的利用率，节约能源，降低成本，方便贮运、施用和不污染环境，当今世界化学肥料的生产向高效化（即肥料所含有效养分浓度高）、复混化（所含养分种类多，含农药、激素、除草剂等）、长效化（肥料的肥效持续时间长）和液体化方向发展。

二、化学肥料中总养分测定的其他方法

化学肥料中总养分常以 $N\text{-}P_2O_5\text{-}K_2O$（总氮-有效五氧化二磷-氧化钾）表示，其中的总氮、有效五氧化二磷和氧化钾分别有多种测定方法。

（一）化学肥料中总氮含量测定的方法

氮肥中氮通常以氨态（NH_4^+ 或 NH_3）、硝酸态（NO_3^-）、有机态（$—CONH_2$、$>CN_2$）3 种形式存在。三种状态的性质不同，分析方法也不同。

1. 氨态氮的测定

氨态氮（NH_4^+ 或 NH_3）的测定有甲醛法、强碱分解蒸馏后滴定法和酸量法三种。

（1）甲醛法　在中性条件下，铵盐和甲醛作用生成六亚甲基四胺和相当于铵盐含量的酸，用氢氧化钠标准溶液滴定生产的酸，根据氢氧化钠消耗的体积计算样品中的含氮量。此法适合于强酸性铵盐肥料中氮含量的测定，如硫酸铵、氯化铵等。

（2）强碱分解蒸馏后滴定法　样品和过量强碱溶液作用，经蒸馏后分解出氨，用一定量过量的硫酸标液吸收，以甲基红-亚甲基蓝乙醇溶液为指示剂，用氢氧化钠标准溶液滴定至终点，依据两种标液消耗的体积和浓度，计算样品的含氮量。此法适合于含铵盐的氮肥中氮含量的测定，如尿素、硫酸铵等。

（3）酸量法　样品与一定量过量的硫酸标准溶液反应，在指示剂存在下，在碱标准溶液返滴定至终点时，依据两种标液消耗的体积及浓度，计算含氮量。此法主要适用于氨水、碳酸氢铵中氮含量的测定。

2. 硝态氮的测定

硝态氮的测定有铁粉还原法、德瓦达合金还原法和氮试剂重量法。

（1）铁粉还原法　在酸性溶液中铁粉置换出的新生态氢使硝态氮还原为铵态氮，再加入适量水和过量氢氧化钠，用蒸馏法测定。此法适用于含硝酸盐的无机肥料。

（2）德瓦达合金还原法　定氮合金又称德瓦达合金，适合于含硝酸盐的肥料，但对含受热易分解出游离氨的尿素、石灰氮或有机物肥料不适用。

（3）氮试剂重量法　在酸性溶液中，硝态氮与氮试剂（又称硝酸灵）作用，生成复合物沉淀，将沉淀过滤、干燥和称重，根据沉淀质量求出氮的含量。

3. 有机氮的测定

常用的方法是：有机态氮经浓硫酸消化成氨态氮，再以甲醛法或强碱分解蒸馏后滴定法测定。

除此之外，有机氮的测定方法还有尿素酶法、硝酸银法等。

（1）尿素酶法　在一定酸度溶液中，用尿素酶将尿素态氮转化为氨，再用硫酸标准溶液滴定。酰胺态氮常用此法测定，如尿素和含尿素的复合肥料。

（2）硝酸银法　在碱性溶液中加过量硝酸银标准溶液，使氰化银完全沉淀，用一定体积的滤液，以硫酸高铁铵作指示剂，用硫氰酸钾标准滴定溶液滴定剩余的硝酸银。

（二）化学肥料中磷测定方法

磷肥中磷化合物有水溶性磷化合物、枸溶性磷化合物和难溶性磷化合物三类。

因为对象或目的不同，常分别测定有效磷及全磷的含量，结果均用 P_2O_5 表示。

有效磷指水溶性磷化物柠檬酸溶性磷化合物中的磷。全磷指磷肥中所有含磷化合物中含磷量的总和。

磷肥中磷含量的测定有磷钼酸铵容量法、磷钼酸铵重量法、磷钼酸喹啉容量法、磷钼酸喹啉重量法和钒钼酸铵分光光度法。

1. 磷钼酸喹啉重量法

此法适合于一切磷肥中有效磷含量的测定，准确度高，常用作仲裁分析（见硝酸磷肥中磷的测定）。

2. 磷钼酸铵容量法

按磷钼酸喹啉称量法得到过滤洗涤好的磷钼酸喹啉沉淀，然后将沉淀溶于一定量过量的氢氧化钠标准溶液，用盐酸标准溶液回滴至终点，根据两种标准溶液消耗的体积换算出样品中五氧化二磷的含量。此法具有测定速度快，准确度相对重量法要低一些，主要用于日常生产的控制分析。

3. 钒钼酸铵分光光度法

用水、碱性柠檬酸铵溶液提取试样中有效磷，提取液中正磷酸根离子在酸性介质中与钼酸盐及偏钒酸盐反应，生成稳定的黄色配合物，于波长 420nm 处用示差折光法测定其吸光度，从而计算出 P_2O_5 含量。

（三）化学肥料中氧化钾测定方法

钾肥中水溶性钾盐和弱酸性钾盐所含钾之和称为有效钾。有效钾与难溶性钾盐所含钾之和称为总钾，以 K_2O 表示。钾肥中有效钾含量的测定，通常用热解制备试液，难溶于水的钾盐可以用 20g/L 柠檬酸、氢氟酸-高氯酸或碱熔体系分解制备试液。钾肥中钾的测定方法有四苯硼酸钠重量法、四苯硼酸钠容量法和火焰光度法等。

1. 四苯硼酸钠重量法

试样用稀酸溶解，加甲醛溶液使铵离子转变为六亚甲基四铵，加 EDTA 消除干扰分析的其他阳离子。取一定质量的试液，在弱酸性或弱碱性条件下，用四苯硼酸钠沉淀钾，沉淀过滤、洗涤、干燥称重。计算钾含量。

$$K^+ + Na[B(C_6H_5)_4] \longrightarrow K[B(C_6H_5)_4]\downarrow + Na^+$$

2. 四苯硼酸钠容量法

试样用稀酸溶解，加甲醛溶液和 EDTA 溶液，消除氨离子干扰。在微碱性溶液中，以定量四苯硼酸钠沉淀钾，以达旦黄为指示剂，用季铵盐回滴滤液中过量的四苯硼酸钠至溶液显粉红色为终点。

四苯硼酸钠重量法和容量法简便、准确、快速，适用于含量较高的钾肥含钾量测定。

3. 火焰光度法

有机肥料试样用硫酸-过氧化氢消煮，稀释后用火焰光度法测定。在一定浓度范围内，溶液中钾离子浓度与发光强度成正比。火焰光度法快速、准确，用于微量钾的测定。

三、化学肥料水分测定的其他方法

《GB/T 10510—2007 硝酸磷肥、硝酸磷钾肥》中规定，《GB/T 10513—1989 硝酸磷肥中游离水含量的测定　卡尔·费休法》为硝酸磷肥水分含量测定的仲裁法。

水和卡尔·费休试剂（碘、吡啶、二氧化硫和甲醇组成的溶液）能进行定量反应：

$$H_2O + I_2 + SO_2 + 3C_5H_5N + ROH \longrightarrow 2C_5H_5N \cdot HI + C_5H_5NH \cdot OSO_2OR$$

存在于试样中的水分（游离水）经二氧六环或无水乙醇萃取后，用卡尔·费休试剂滴定至电流计指针产生与标定卡尔·费休试剂时同样的偏斜度，并保持稳定 1min，根据消耗卡尔·费休试剂体积，可计算萃取液中的水分。

四、化工产品中水分的检测方法简介

水分是化工产品分析的重要项目之一。

化工产品中的水分，以吸附水和化合水两种状态存在，由分子间力形成的吸附水存在于产品的表面或孔隙中，其含量与化工产品的物质的性质、吸水性、样品的粒度、环境的湿度等有关。吸附水较易蒸发，一般在常温下，通风干燥一定时间，当物质中的水分和大气的湿度达到平衡时，即可以除去。吸附在物质内部毛细孔中的水则较难蒸发，须在 102～105℃下烘干一定时间除去。化合水包括结晶水和结构水两部分。结晶水以 H_2O 分子状态结合于物质的晶格中，稳定性较差，通常在较低的温度（低于 300℃）烘干即可分解逸出。结构水则以化合状态的氢或氢氧根存在于物质的晶格中，结合得十分牢固，须加热到 300～1000℃的高温，才能分解逸出。

化工产品中水分的测定，通常有干燥减量法、卡尔·费休法、气相色谱法和有机溶剂蒸馏法，还有介电容量法、电导率法、红外吸收光谱法和示差折光法等。

（一）干燥减量法

1. 方法原理

干燥减量法指通过加热使固体产品中包括水分在内的挥发性物质挥发尽，从而使固体物质的质量减少的方法。

采用干燥减量法测定产品中真实水分时，应满足三个条件：挥发的只是水分；不发生化学变化或虽然发生了化学变化，但不伴随有质量变化；水分可以完全除去。

将试料在 105℃±2℃下加热烘干至恒重，计算干燥后减少的质量。本方法适于加热稳定的固体化工产品中水分的测定。

2. 仪器

带盖称量瓶；烘箱（灵敏度控制在±2℃）；干燥器；电子天平或分析天平。

（二）有机溶剂蒸馏法

1. 方法原理

水与一些有机溶剂（如苯、甲苯、二甲苯等）能形成共沸物。样品与这些溶剂在洁净、干燥的圆底烧瓶中共同蒸馏时，样品中的水分可在低于其沸点温度时随有机溶剂一起蒸馏出来。在冷凝管中冷凝后，由于水与有机溶剂互不混溶，且水的密度大，在接收器中沉入下层，充分静置分层（接收器中溶剂上层完全透明），可通过计量冷凝的水量，计算样品中水分的含量。

本法适用于高温下易分解的有机物中水分的测定。

2. 仪器与试剂

（1）仪器：蒸馏法水分测定器，如图 5-7 所示。

（2）试剂：苯、甲苯或二甲苯，先加入少量水，充分振荡后放置，将水层分离弃去。苯、甲苯或二甲苯经蒸馏后可回收使用。

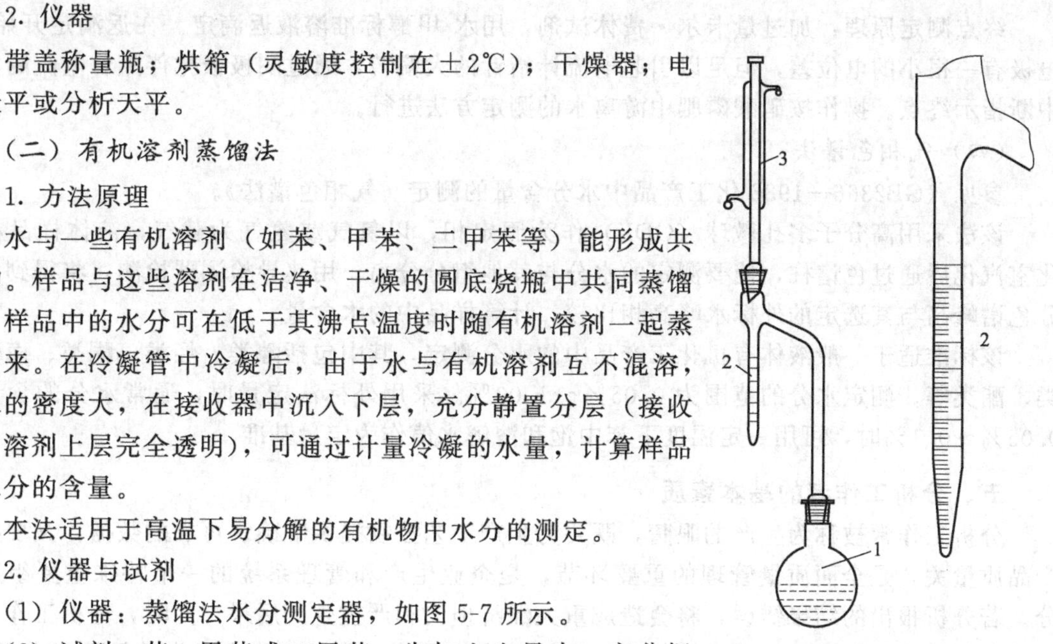

图 5-7　水分测定器
1—圆底烧瓶；2—接收器；3—冷凝管

（三）卡尔·费休法

1. 方法原理

卡尔·费休法其基本原理是利用 I_2 氧化 SO_2 时，需要定量的 H_2O 参加反应：

$$I_2+SO_2+2H_2O \rightleftharpoons H_2SO_4+2HI$$

该反应是可逆的，为了使反应正向移动并定量进行，需加入适量的碱性物质以中和反应后生成的酸。实验证明，吡啶是最适宜的试剂，同时吡啶还具有可与碘和二氧化硫结合以降低二者蒸气压的作用。其反应式为：

$$C_5H_5N\cdot I_2+C_5H_5N\cdot SO_2+C_5H_5N+H_2O \longrightarrow 2C_5H_5NHI+C_5H_5NSO_3$$

但生成的 $C_5H_5NSO_3$ 也能与水反应，干扰测定：

$$C_5H_5NSO_3+H_2O \longrightarrow C_5H_5N\cdot HOSO_2OH$$

因此，还必须加进甲醇或另一种含活泼羟基的溶剂，使硫酸酐吡啶转变成稳定的甲基硫酸氢吡啶。甲醇可以防止上述副反应发生：

$$C_5H_5NSO_3+CH_3OH \longrightarrow C_5H_5NHOSO_2OCH_3$$

因此卡尔·费休法测定水分的滴定剂是含有碘、二氧化硫、吡啶和甲醇的混合液，试剂的理论摩尔比为碘：二氧化硫：吡啶：甲醇＝1：1：3：1，称为卡尔·费休试剂。

利用卡尔·费休法可测定大部分有机、无机固液体化工产品中游离水或结晶水的含量。测定中可分别采用目视法和电量法（直接电量滴定法、电量返滴定法）判定指示终点。

2. 目视法判定终点的原理

卡尔·费休试剂呈现 I_2 的棕色，与水反应后棕色立即褪去。当用卡尔·费休试剂滴定至试样溶液出现棕色时，表示到达终点。

3. 直接电量滴定法

按硝酸磷肥中游离水的测定方法测定。

4. 电量返滴定法

终点测定原理：加过量卡尔·费休试剂，用水-甲醇标准溶液返滴定。在返滴定开始时，电极有一很小的电位差，但足以引起电流计指针的大偏转，通过阴极极化伴随着电流的突然中断指示终点。操作按硝酸磷肥中游离水的测定方法进行。

（四）气相色谱法

参见《GB2366—1986 化工产品中水分含量的测定　气相色谱法》。

该法采用高分子多孔微球（GDX）作为固定相，以氢气或氮气为载气，液体样品在汽化室汽化后通过色谱柱，使要测定的水分与其他组分分离，用热导检测器检测，将得到的水分色谱峰高与其选定的外标水峰高相比较，计算样品中的水含量。

该标准适于一般液体有机化工产品中的水分测定，其中包括醇类、烃类、酮类、卤代烃类、酯类等，测定水分的范围为 0.05%～1.00%。采用外标法定量时，通常水分的含量为 0.05%～0.1%时，可用一定温度下苯中饱和溶解水值作为定量基准。

五、分析工作者的基本素质

分析工作常被称为生产的眼睛，既要为生产工艺控制提供准确、可靠的数据，又要把好产品质量关，是全面质量管理的重要环节，是企业生产和管理系统的一个特殊重要组成部分。若分析报出的结果错误，将会造成重大经济损失和严重生产后果；同时，分析工作又是一种十分精细、知识性、技术性都十分强的工作；另外，分析工作会经常使用化学危险品，进行包含潜在危险的某些操作，是一项含有不安全因素的工作。因此，作为分析工作者必须具备良好的素质，才能胜任这一工作，满足生产与科研提出的各项要求。分析工作者需具备如下基本素质。

1. 高度的责任感和质量第一的理念

责任感是分析工作者第一重要的素质，充分认识到分析检验工作的重要作用，要敢于对分析数据负责，对产品质量负责，对企业和社会负责。

2. 严谨的工作作风和实事求是的科学态度

分析工作者的任务就是报告测定结果和数据。如果所报告的数据的不确定度优于规定目标，这些数据就具有合格的质量；随意更改数据、谎报结果是一种严重犯罪行为。分析工作是十分仔细的工作，工作前要有计划，做好充分准备，使整个分析测试过程能有条不紊、紧张而有序地进行，测试操作过程中要培养精细观察实验现象，准确、及时、如实记录实验数据，严格遵守各项操作规程。数据要记在专用的记录本上。记录要及时、真实、齐全、整洁、规范化。

3. 掌握扎实的基础理论知识与熟练的操作技能

当今的分析内容涉及的知识领域十分广泛，分析方法不断的更新，新工艺、新技术、新设备不断涌现，如果没有一定的基础知识是不能适应的。即使是一些常规分析也包含较深的理论原理，需要一定的基础理解掌握分析方法原理，了解相关的国家标准及修订变更情况，能独立解决和处理分析中出现的各种负责情况。同时掌握熟练正确的操作技能和过硬的操作基本功的分析工作者的基本要求，那种说起来头头是道而干起来一塌糊涂的理论家是不可取的。

4. 具备分析工作的身体条件和良好的工作习惯

身体健康，无色盲、色弱等可能影响分析工作的眼疾，能够胜任日常分析化验工作。

实验进行中所用的仪器、试剂要放置合理、有序；实验台面要清洁、整齐；每告一段落要及时整理；全部完毕后，一切仪器、试剂、工具等都要放回原处。工作时要穿实验服。实验服不得在非工作处所穿用，以免有害物质扩散。工作前后都要注意洗手，以免因手脏而沾污仪器、试剂、样品，以致引入误差；或将有害物质带出实验室，甚至误入口、眼，引起伤害或中毒。

5. 要有不断创新的开拓精神

科学在发展，分析工作更是日新月异，分析工作者必须不断地学习新知识，学习并执行有关的标准，包括国家标准、行业标准、地方标准和企业标准。在分析测试中，特别是在完成具有法律效力的测试任务时，必须按照相关标准的规定进行。同时能从实际工作需要出发，开展新方法、新技术的研究与探索，以促进分析技术的不断进步，满足生产、科研提出的新要求。尽可能多掌握多种分析方法和各种分析技术，在本岗位上结合工作实际开展技术革新和研究实验。

练　习

1. 硝酸分解磷矿的原理是什么？
2. 硝酸磷肥有哪几种生产方法？简述硝酸磷肥的生产工艺。
3. 简述硝酸磷肥的质量标准。
4. 如何确定硝酸磷肥试样的采样数和采样量？如何制备试样？
5. 简述蒸馏后滴定法测定硝酸磷肥中总氮含量的测定过程。
6. 什么是有效磷、全磷？
7. 磷钼酸喹啉重量法的测定原理是什么？应用时应注意哪些问题？

8. 用磷钼酸喹啉测定有效磷时，所用的喹钼柠酮试剂是由哪些试剂配制的？各试剂的作用是什么？
9. 卡尔·费休法测定硝酸磷肥中水分含量的原理是什么？
10. 硝酸磷肥的主要成分是什么？
11. 化肥的常见品种有哪些？养分测定方法主要有哪些？
12. 如何鉴别一种复合肥是否为硝酸磷肥？
13. 化工产品中水分的测定方法有哪些？其基本原理是什么？
14. 简述分析工作者的基本素质。

任务六　工业冰乙酸的分析检验

【知识目标】

1. 了解工业冰乙酸的生产工艺；

2. 掌握工业冰乙酸产品质量检验和评价方法。

【技能目标】

1. 能选择标准方法准确测定工业冰乙酸产品中主要成分的含量，能测定或确定产品中杂质的含量或限值；

2. 能根据检验结果判定工业冰乙酸的质量等级。

任务内容

一、工业冰乙酸生产工艺及质量控制

（一）工业冰乙酸的生产工艺

目前工业冰乙酸生产方法主要为乙烯乙醛氧化法、乙烯直接氧化和低压甲醇羰基化法。

1. 乙烯乙醛氧化法

该法于1959年由原联邦德国Hoechest-Wacker公司开发成功，工艺过程是利用石油资源制取乙烯，乙烯经催化氧化制成乙醛，乙醛在醋酸锰作用下进一步氧化制成乙酸。该工艺简单，收益率较高。日前我国该工艺的生产能力还占较大的比例。

2. 乙烯直接氧化法

乙烯直接氧化制乙酸的一步法气相工艺由日本昭和电工株式会社于1997年开发成功，该工艺以负载钯的催化剂为基础，反应在多管夹套反应器中进行，反应温度为150～160℃。该法与乙烯乙醛氧化法相比，投资省，工艺简单，废水排放少。但由于要消耗有多种用途的乙烯资源，成本较高，国内外该法生产装置都在逐步被淘汰。

3. 低压甲醇羰基化法

美国成功开发出低压甲醇羰基化工艺，此生产方法是甲醇与一氧化碳在碘化铑催化剂作用下，在30～40MPa压力及180～200℃温度下进行均相反应，生产装置分CO提纯、CO压缩、反应、精馏、吸收和催化剂制备六个部分（见图6-1），其反应器用锆材或巴氏合金作内衬。甲醇低压羰基化法的经济性集中表现在两点：其一，甲醇和一氧化碳在较低的压力下就能反应，甲醇的转化率和选择性都高达99%，粗乙酸的浓度高，因此提纯简单，流程紧凑，催化剂长期运转安全可靠，排放的“三废”少，没有严重的污染。其二，初始原料为一氧化碳和甲醇，原料来源广泛，价格低廉，一步合成，能耗不高，生产成本较低。

目前，甲醇低压羰基合成生产乙酸已成为各公司普遍采用的工艺技术路线，随着其他生产技术路线的逐步被淘汰，甲醇羰基合成乙酸生产能力的比例将会进一步增加。

（二）工业冰乙酸的质量控制

低压甲醇羰基化法合成生产乙酸，生产装置分CO提纯、CO压缩、反应、精馏、吸收和催化剂制备六个部分。控制CO的纯度，保证催化剂的稳定性和选择性，从而保证冰乙酸的质量。由于铑的价格昂贵，加之回收系统费用高且步骤复杂，人们仍在开发甲醇羰基合成

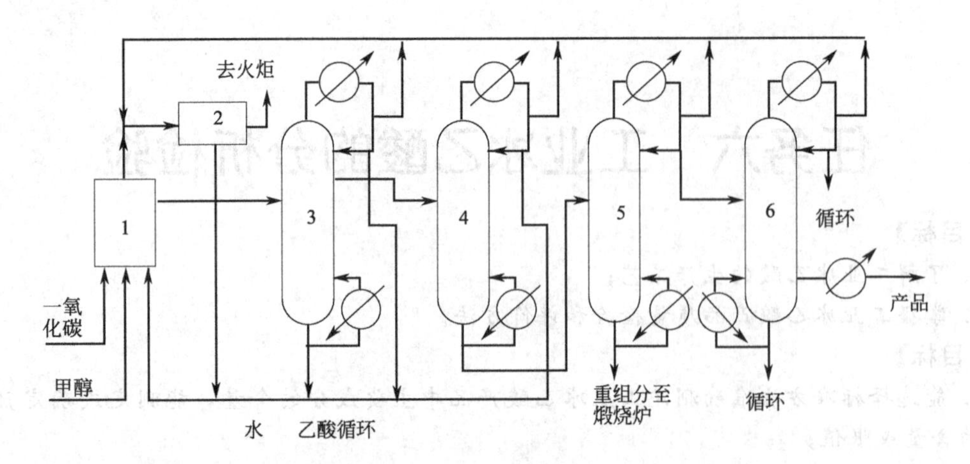

图 6-1 甲醇低压羰基化法制乙酸流程

1—反应系统；2—洗涤系统；3—脱氢组分塔；4—脱水塔；5—脱重组分塔；6—精制塔

法的改进工艺与替代催化剂。以提高铑催化剂的稳定性，提高甲醇转化率和乙酸质量。

二、工业冰乙酸产品标准及方法标准

（一）工业冰乙酸产品标准

GB/T 1628.1—2000《工业冰乙酸》标准规定了工业冰乙酸产品标准。

1. 产品外观

工业冰乙酸为无色澄清液体。

2. 工业冰乙酸产品标准

工业冰乙酸产品分为三个等级，具体指标见表 6-1。

表 6-1 工业冰乙酸产品标准

指标名称		指标			指标名称		指标		
		优等品	一等品	合格品			优等品	一等品	合格品
色度/黑曾单位(铂-钴色号)	⩽	10	20	30	水分/%	⩽	0.15	—	—
乙酸含量/%	⩾	99.8	99.0	98.0	蒸发残渣/%	⩽	0.01	0.02	0.03
甲酸含量/%	⩽	0.06	0.15	0.35	铁含量(以 Fe 计)/%	⩽	0.00004	0.0002	0.0004
乙醛含量/%	⩽	0.05	0.05	0.10	还原高锰酸钾物质/min	⩾	30	5	—

（二）工业冰乙酸方法标准

1. 工业冰乙酸色度的测定

仲裁分析，分光光度法，按 GB/T1628.2—2000 规定的方法进行。

2. 工业冰乙酸色度的测定

目视比色法，按 GB/T3143—1990 规定的方法进行。

3. 工业冰乙酸含量的测定

滴定法，按 GB/T1628.3—2000 规定的方法进行。

4. 工业冰乙酸中甲酸含量的测定

碘量法，按 GB/T1628.4—2000 规定的方法进行。

5. 工业冰乙酸中甲酸含量的测定

气相色谱法，按 GB/T1628.5—2000 规定的方法进行。

6. 工业冰乙酸中乙醛含量的测定

滴定法，按 GB/T1628.6—2000 规定的方法进行。

7. 工业冰乙酸中铁含量的测定

原子吸收光谱法，按 GB/T1628.7—2000 规定的方法进行。

工作项目

项目一　工业冰乙酸分析检验准备工作

一、试样的采取与制备

1. 制定采样方案

（1）确定批量　工业冰乙酸产品以同等质量的均匀产品为一批。桶装产品以不大于 60t 为一批，罐装产品以车罐或船罐的单位包装量为一批。

（2）样品数　冰乙酸用桶或瓶装时，总的包装桶数小于 500 时，取样桶数按工业浓硝酸分析检验中表 1-3 规定选取；大于 500 时，按 $3\sqrt[3]{N}$（N 为总的包装数）的规定选取。以车罐或船罐装时，从每车罐或船罐中选取。

2. 采样方法

工业冰乙酸有一定毒性、腐蚀性很强，采样时，操作者要佩戴好眼睛等防护用品。

用玻璃制采样管、不锈钢制采样管或加重型采样器取样，从贮存容器的上、中、下部采取均匀试样，采样总体积不少于 2L，混合均匀后分别装于两个清洁、干燥的 1L 磨口瓶中。贴标签并注明：产品名称、批号、采样日期、采样人姓名。一瓶供检验用，另一瓶密封保留两个月备查。

3. 采样记录

按表 1-2 填写采样记录。

4. 试样的制备

将所采的样品收集于两个清洁干燥带磨口塞的瓶中，密封瓶上粘贴标签，并注明生产厂名、产品名称、批号、采样日期和采样者姓名。一瓶用于检验，另一瓶保存半个月备查。

检验结果如果有一项指标不符合标准要求时，桶装产品应重新自两倍数量的包装单元中采样进行检验，罐装产品应重新多点采样进行复验。

二、溶液、试剂的准备

（一）工业冰乙酸色度测定的准备工作

1. 溶液、试剂

（1）六水合氯化钴：$CoCl_2 \cdot 6H_2O$。

（2）盐酸。

（3）氯铂酸钾：K_2PtCl_6。

（4）标准比色母液：500Hazen 单位，在 1000mL 容量瓶中溶解 1.00g 六水合氯化钴（$CoCl_2 \cdot 6H_2O$）和相当于 1.05g 1.245g 的氯铂酸钾于水中，加入 100mL 盐酸溶液，稀释至刻线，并混合均匀。

（5）系列标准铂-钴对比溶液。

2. 仪器

（1）纳氏比色管：50mL 或 100mL，在底部以上 100mm 处有刻度标记。

(2) 比色管架：一般比色管架底部衬白色底板，底部也可安有反光镜，以提高观察颜色的效果。

(二) 工业冰乙酸含量测定的准备工作

1. 溶液、试剂

(1) 氢氧化钠标准滴定溶液：$c(NaOH)=1mol/L$。

(2) 酚酞指示液：5g/L。

2. 仪器

具塞称量瓶：容量约 3mL。

(三) 工业冰乙酸中甲酸含量测定的准备工作

1. 溶液、试剂

(1) 盐酸溶液：1＋4。

(2) 碘化钾溶液：250g/L。

(3) 次溴酸钠溶液：$c\left(\frac{1}{2}NaBrO\right)=0.1mol/L$，吸取 2.8mL 溴，置于盛有 500mL 水和 100mL 80g/L 的氢氧化钠溶液的 1000mL 容量瓶中，振摇至全部溶解，用水稀释至刻度并混匀，贮于棕色瓶中，保存在阴暗处，两天后使用。

(4) 溴化钾-溴酸钾溶液：$c\left(\frac{1}{6}KBrO_3\right)=0.1mol/L$，称取 10g 溴化钾和 2.78g 溴酸钾于盛有 200mL 水的 1000mL 容量瓶中，溶解后，用水稀至刻度，并混匀。

(5) 硫代硫酸钠标准滴定溶液：$c(Na_2S_2O_3)=0.1mol/L$。

① 配制　称取 26g 硫代硫酸钠（$Na_2S_2O_3 \cdot 5H_2O$）（或无水硫代硫酸钠 16g），溶于 1000mL 蒸馏水中，缓缓煮沸 10min，冷却，放置两周后过滤备用。

② 标定　称取在 120℃干燥至恒重的基准重铬酸钾 0.15g，称准至 0.0001g，置于碘量瓶中，加水 25mL 使溶解，加碘化钾 2.0g，轻轻振摇使溶解，加 20%硫酸 20mL，摇匀，密塞；在暗处放置 10min 后，加水 150mL 稀释，用配制好的硫代硫酸钠滴定液（0.1mol/L）滴定，至近终点时，加淀粉指示液 3mL(5g/L)，继续滴定至蓝色消失而显亮绿色，平行标定三份，同时作空白实验。

③ 计算

$$c=\frac{m}{M\left(\frac{1}{6}K_2Cr_2O_7\right)(V_2-V_1)\times 10^{-3}} \tag{6-1}$$

式中　m——重铬酸钾的质量，g；

c——硫代硫酸钠标准溶液的浓度，mol/L；

V_1——滴定时硫代硫酸钠标准溶液的用量，mL；

V_2——空白滴定时硫代硫酸钠标准溶液的用量，mL；

$M\left(\frac{1}{6}K_2Cr_2O_7\right)$——以$\frac{1}{6}K_2Cr_2O_7$ 为基本单元的重铬酸钾的摩尔质量，g/mol。

(6) 淀粉指示液：10g/L。

2. 仪器

(1) 锥形瓶：容量 500mL，耐真空。

(2) 滴液漏斗：容量 100mL，耐真空。

(3) 真空泵或水流泵：维持真空度 1×10^4 Pa 以下。

（四）工业冰乙酸中乙醛含量测定的准备工作

1. 溶液、试剂

（1）亚硫酸氢钠溶液：18.2g/L，称取 1.66g 偏重亚硫酸钠溶解于盛有 50mL 水的 100mL 容量瓶中，溶解后，用水稀释至刻度并混匀。

（2）碘标准溶液：$c\left(\frac{1}{2}I_2\right)=0.02mol/L$，临用前取碘标准滴定溶液$\left[c\left(\frac{1}{2}I_2\right)=0.1mol/L\right]$稀释制成。

① 碘标准溶液 $c\left(\frac{1}{2}I_2\right)=0.1mol/L$ 配制　称取 13.5g 碘，加 36g 碘化钾、50mL 水，溶解后加入 3 滴盐酸及适量水稀释至 1000mL。用垂融漏斗过滤，置于阴凉处，密闭，避光保存。

② 碘标准溶液 $c\left(\frac{1}{2}I_2\right)=0.1mol/L$ 标定　用移液管移取 30～35mL 已知浓度的硫代硫酸钠标准溶液，加 150mL 水，加 3mL 5g/L 淀粉指示剂，摇匀，用待标定的碘标准溶液滴定至溶液呈蓝色为终点。

③ 计算

$$c\left(\frac{1}{2}I_2\right)=\frac{c(Na_2S_2O_3)V(Na_2S_2O_3)}{V_1} \tag{6-2}$$

式中　$c(Na_2S_2O_3)$——硫代硫酸钠标准滴定溶液的浓度，mol/L；

$V(Na_2S_2O_3)$——移取硫代硫酸钠标准滴定溶液的体积，mL；

V_1——滴定消耗碘标准溶液的体积，mL。

（3）硫代硫酸钠标准滴定溶液：$c(Na_2S_2O_3)=0.02mol/L$。

（4）淀粉指示液：10g/L。

2. 试验仪器

一般试验室仪器。

项目二　工业冰乙酸色度的测定

工业冰乙酸色度的测定一般采用目视比色法，按 GB/T 3143—1990《工业冰乙酸色度的测定 目视比色法》进行。

一、测定步骤

向一支 50mL 或 100mL 比色管中注入一定量的样品，使注满到刻度线；向另一支比色管中注入具有类似样品颜色的标准铂-钴对比溶液，使注满到刻度线。比较样品与标准铂-钴对比溶液的颜色。在日光或日光灯照射下正对白色背景，从上往下观察，确定接近的颜色。

二、分析结果的表述

试样的颜色以最接近于试样的标准铂-钴对比溶液的黑曾（铂-钴）颜色单位表示。如果试样的颜色与任何标准铂-钴对比溶液不相符合，则根据可能估计一个接近的铂-钴色号，并描述观察到的颜色。

项目三　工业冰乙酸含量的测定

按照 GB/T 1628.3—2000《工业冰乙酸含量的测定　滴定法》进行。

一、测定步骤

用具塞称量瓶称取约 2.5g 试样，精确至 0.0002g。置于已盛有 50mL 无二氧化碳水的

250mL 的锥形瓶中，并将称量瓶盖摇开，加 0.5mL 酚酞指示液，用氢氧化钠标准滴定溶液滴定至微粉红色，保持 5s 不褪色为终点。

二、分析结果的表述

以质量分数表示的乙酸含量 w_1(%) 按下式计算：

$$w_1=\frac{Vc\times 0.06005}{m}\times 100\%-1.305w_2 \tag{6-3}$$

式中 V——试样消耗氢氧化钠标准滴定溶液的体积，mL；

c——氢氧化钠标准滴定溶液的实际浓度，mol/L；

m——试样质量，g；

w_2——甲酸的质量分数，%；

0.06005——与 1.00mL 氢氧化钠标准滴定溶液 [c(NaOH)＝1.000mol/L] 相当的以克表示的乙酸质量；

1.305——甲酸换算为乙酸的换算系数。

项目四　工业冰乙酸中甲酸含量的测定

按照 GB/T 1628.4—2000《工业冰乙酸中甲酸含量的测定　碘量法》进行。

一、测定步骤

1. 总还原物的测定

将滴液漏斗 2 按图 6-2 置于盛有 80mL 水的锥形瓶 3 上，打开滴液漏斗活塞，用泵抽取能吸入 200mL 液体的真空度，关闭滴液漏斗活塞，拔出连接泵的活塞，通过滴液漏斗吸入用移液管吸取的 25mL 次溴酸钠溶液，每次用 5mL 水冲洗滴液漏斗，冲洗两次，再通过滴液漏斗吸入用移液管吸取的 10mL 试样，每次仍用 5mL 水冲洗滴液漏斗，冲洗两次。混匀，在室温下静置 10min，然后通过滴液漏斗，吸入 5mL 碘化钾溶液和 20mL 盐酸溶液，剧烈振摇 30s，打开滴液漏斗活塞，取下滴液漏斗，加 50mL 水于锥形瓶中，用硫代硫酸钠标准滴定溶液滴定至溶液呈浅黄色时，加约 2mL 淀粉指示液，继续滴定至蓝色刚好消失为终点。同时做空白试验，用 10mL 水代替试样。

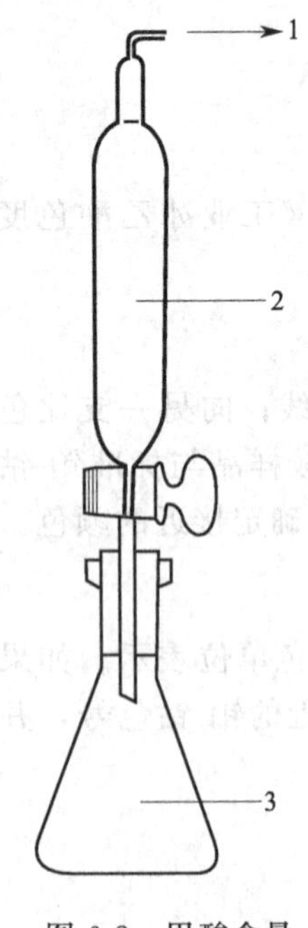

图 6-2　甲酸含量测定仪器

1—接真空泵；2—滴液漏斗；3—锥形瓶

2. 除甲酸外其他还原物的测定

移取 25mL 溴化钾-溴酸钾溶液于已盛有 90mL 水的锥形瓶 3 中，将滴液漏斗按图 6-2 置于此锥形瓶上，打开活塞，用泵抽取能吸入 200mL 液体的真空度，关闭滴液漏斗活塞，拔出连接泵的活塞，通过滴液漏斗吸入用移液管吸取的 10mL 试样，每次用 5mL 水冲洗滴液漏斗，冲洗两次，再吸入 10mL 盐酸溶液。混匀，在室温下静置 10min，然后通过滴液漏斗吸入 5mL 碘化钾溶液和 50mL 水混匀后，打开滴液漏斗活塞，取下滴液漏斗，用硫代硫酸钠标准滴定溶液滴定至溶液呈浅黄色时，加约 2mL 淀粉指示液，继续滴定至蓝色刚好消失为终点。同时做空白试验，用 10mL 水代替试样。

甲酸含量测定仪器装配图如图 6-2 所示。

二、分析结果的表述

以质量分数表示的甲酸含量 w_2(%) 按下式计算：

$$w_2=\left(\frac{V_0-V_1}{V_4\rho}-\frac{V_2-V_3}{V_5\rho}\right)c\times 0.023\times 100\% \quad (6\text{-}4)$$

式中　V_0——步骤 1 中测定空白试验消耗硫代硫酸钠标准滴定溶液的体积，mL；

V_1——步骤 1 中试样消耗硫代硫酸钠标准滴定溶液的体积，mL；

V_2——步骤 2 中空白试验消耗硫代硫酸钠标准滴定溶液的体积，mL；

V_3——步骤 2 中试验消耗硫代硫酸钠标准滴定溶液的体积，mL；

c——硫代硫酸钠标准滴定溶液的实际浓度，mol/L；

V_4——测定总还原性物所取试样的体积，mL；

V_5——测定除甲酸外其他还原性物所取试样的体积，mL；

ρ——试样 20℃时密度，g/mL；

0.023——与 1.00mL 硫代硫酸钠标准滴定溶液［$c(Na_2S_2O_3)=1.000$mol/L］相当的以克表示的甲酸质量。

项目五　工业冰乙酸中乙醛含量的测定

按照 GB/T 1628.6—2000《工业冰乙酸中乙醛含量的测定　滴定法》进行。

一、测定步骤

分别移取 10mL 试样置于已盛有 10mL 水的两个 50mL 容量瓶中，再吸取 5mL 亚硫酸氢钠溶液加入容量瓶中，用水稀释至刻度，混匀并静置 30min。

按照同样步骤、同样数量的试剂制备空白溶液。

分别移取 50mL 碘标准溶液于 3 个碘量瓶中，并将它们放到冰水浴中静置。在试验溶液放置 30min 后，从两个容量瓶中分别吸取 20mL 试验溶液于两个碘量瓶中，再吸取 20mL 空白溶液于另一个碘量瓶中，分别用硫代硫酸钠标准滴定溶液滴定至溶液呈浅黄色时，加入 0.5mL 淀粉指示液，继续滴定至蓝色刚好消失为终点。

二、分析结果的表述

以质量分数表示的乙醛含量 w_3(%) 按下式计算。

$$w_3=\frac{(V_1-V_0)c\times 0.022}{V\rho\times\frac{20}{50}}\times 100\% \quad (6\text{-}5)$$

式中　V_0——空白试验消耗硫代硫酸钠标准滴定溶液的体积，mL；

V_1——试样消耗硫代硫酸钠标准滴定溶液的体积，mL；

c——硫代硫酸钠标准滴定溶液的实际浓度，mol/L；

V——试样体积，mL；

ρ——试样 20℃时密度，g/mL；

0.022——与 1.00mL 硫代硫酸钠标准滴定溶液［$c(Na_2S_2O_3)=1.000$mol/L］相当的以克表示的乙醛质量。

问题探究

一、工业冰乙酸化学组成、性能及应用

（一）工业冰乙酸化学组成

1. 乙酸

乙酸是工业冰乙酸的主要含量，根据乙酸的不同含量，工业冰乙酸分为优等品、一等品和合格品三个质量等级。

2. 甲酸

由于生产原料和工艺原因，工业冰乙酸中含有一定量的甲酸。

3. 乙醛

由于生产原料和工艺原因，工业冰乙酸中含有少量的乙醛。

（二）性能及应用

工业冰乙酸是有一定毒性、腐蚀性很强的有机酸性、无色澄清液体，有刺激性气味。无水乙酸在低温时凝固成冰状，俗称冰乙酸。结构简式，CH_3COOH，分子式，$C_2H_4O_2$，相对分子质量 60.05，相对密度 1.05，熔点 16.7℃，沸点 118℃。闪点 39℃，爆炸极限 4%～17%（体积分数），溶于水、乙醇和乙醚。

乙酸是重要的有机原料，主要用于合成醋酸乙烯、聚醋酸乙烯乳液、醋酸纤维、醋酸酐、醋酸酯、金属醋酸盐及卤代醋酸等，也是制药、染料、农药及其他有机合成的重要原料。此外，在照相、醋酸纤维素、织物印染以及橡胶工业等方面也有广泛的用途。

乙酸用铝合金或塑料桶包装，贮运时应远离火种、热源，不可与氧化剂、碱类物品共贮混运。贮存乙酸的容器要注意密封，注意防火、防爆。

二、工业冰乙酸化学分析方法解读

（一）工业冰乙酸色度的测定——目视比色法分析条件控制

1. 测定原理

试样的颜色与标准铂-钴比色液的颜色目测比较，并以黑曾（铂-钴）颜色单位表示结果。

2. 方法适用性

化工产品的色度是指化工产品颜色的深浅，是产品的重要外观标志。

铂-钴色度标准法适用于色调接近铂-钴标准溶液的澄清、透明、浅色的液体产品的色度测定，测定下限为 4 黑曾单位，色度不大于 40 黑曾单位时，测定的误差为±2 黑曾单位。

3. 分析条件控制

（1）光源差异　太阳光和夜晚的白炽灯会对结果产生不同的影响。应当在阳光充足而又不直射的条件下进行目视比色。

（2）色度标样　为减少人眼观测误差，在样品色号附近多配几个色度标样，间隔小些，以提高测定的准确度。

（3）比色管要求　比色管的材质要相同，及比色管玻璃的颜色要一致，玻璃色调的差异将影响目视比色的结果。比色管的几何尺寸要一致，内径要相同，以保证样品与标准光程相等。另外，在体积一定时比色管刻度的高度应尽量高些，以提高观测灵敏度。

4. 标准比色液保存

标准比色母液和稀释溶液放入带棕色玻璃瓶中，置于暗处密封保存。标准比色母液可以保存 6 个月，如果保存期超过 6 个月，溶液的吸光度仍符合，还可以继续使用。稀释溶液可以保存 1 个月，但最好使用新鲜配制的。

（二）工业冰乙酸含量的测定——酸碱滴定法分析条件的控制

1. 测定原理

以酚酞为指示液，用氢氧化钠标准滴定溶液中和滴定，计算时扣除甲酸含量。

2. 分析条件控制

(1) 试样称取　用具塞称量瓶称取试样，然后稀释到一定体积的无二氧化碳水中，目的是避免冰乙酸的挥发损失，同时排出了二氧化碳对滴定的影响。

(2) 无二氧化碳水的制备　将蒸馏水放入烧瓶中煮沸 10min，立即将装有碱石棉玻璃管的塞子塞紧，放冷后使用。

3. 指示剂选择

氢氧化钠滴定冰乙酸的产物是乙酸钠，滴定突跃范围较小（pH 为 7.7～9.7)，且处于碱性范围内。而酚酞的变色范围是 8～10，所以用酚酞为指示剂，终点误差小。

（三）工业冰乙酸中甲酸含量的测定——碘量法分析条件控制

1. 测定原理

(1) 总还原物的测定　过量的次溴酸钠溶液氧化试样中的甲酸和其他还原物，剩余的次溴酸钠用碘量法测定。

反应式为：

$$HCOOH + NaOBr \longrightarrow NaBr + CO_2\uparrow + H_2O$$

$$NaOBr + 2KI + 2HCl \longrightarrow 2KCl + NaBr + H_2O + I_2$$

$$2Na_2S_2O_3 + I_2 \longrightarrow Na_2S_4O_6 + 2NaI$$

(2) 除甲酸外其他还原物的测定　一定量过量的 $KBrO_3$-KBr 标准溶液，在酸化时，BrO_3^- 即氧化 Br^- 析出 Br_2，氧化除甲酸外的其他还原物，过量的 Br_2 与加入的 KI 反应，析出 I_2，再以淀粉为指示剂，用 $Na_2S_2O_3$ 标准滴定溶液滴定之。

$$BrO_3^- + 5Br^- + 6H^+ \longrightarrow 3Br_2 + 3H_2O$$

$$Br_2(\text{过量}) + 2I^- \longrightarrow 2Br^- + I_2$$

$$I_2 + 2S_2O_3^{2-} \longrightarrow 2I^- + S_4O_6^{2-}$$

甲酸含量由两步测定值之差求得。

2. 分析条件控制

(1) 试样和试剂取用　采用密封真空的方式取样和试剂，一方面避免乙酸特别是甲酸的挥发损失，也避免定量的溴化钾-溴酸钾在盐酸作用下产生的溴的挥发损失。

(2) 漏斗冲洗　在甲酸测定过程中，通过滴液漏斗加入试样和试剂后，用水冲洗要保证冲洗干净，否则会产生较大误差。

(3) 反应条件　在甲酸氧化静置过程中，反应溶液的温度不能太高，一般在室温下进行，夏天尤其要注意，应避免阳光照射。

(4) 滴定条件的控制　在用硫代硫酸钠滴定过程中，应快滴慢摇，以免 I_2 的挥发损失和减少 I^- 与空气的接触。滴定至溶液呈浅黄色时，即在接近终点时再加入淀粉指示液，这样可以避免淀粉指示剂对 I_2 的吸附，减小滴定误差。

(5) 淀粉指示剂　淀粉指示剂应采用可溶性直链淀粉进行配制，最好新鲜配制，因淀粉溶液久置会变质。

(6) 光线能促进空气对碘化钾的氧化，尤其是强光影响更大，因此滴定时应尽量避光。

3. $Na_2S_2O_3$ 标准滴定溶液的配制和标定

$Na_2S_2O_3$ 不稳定，易分解，不宜用直接法配制。配制时用新煮沸并冷却的蒸馏水，可以加入少量的碳酸钠，以防止硫代硫酸钠的分解。配制好的硫代硫酸钠滴定液应贮于棕色瓶中，放置暗处，放 7～10 天后再用基准物质重铬酸钾标定。

（四）工业冰乙酸中乙醛含量的测定——滴定法分析条件控制

1. 测定原理

试样中的乙醛与过量的亚硫酸氢钠溶液发生加成反应，加入一定量的碘液将过剩的亚硫酸氢钠氧化除去，剩余的碘用硫代硫酸钠测定。反应式：

$$CH_3CHO + NaHSO_3 \longrightarrow CH_3-\underset{SO_3Na}{\overset{H}{\underset{|}{\overset{|}{C}}}}-OH$$

$$NaHSO_3 + I_2 + H_2O \longrightarrow 2HI + NaHSO_4$$

$$I_2 + 2Na_2S_2O_3 \longrightarrow 2NaI + Na_2S_4O_6$$

2. 分析条件控制

（1）加成试剂亚硫酸氢钠溶液的浓度和用量　醛与亚硫酸氢钠的加成反应是一个可逆的反应。则应使用大量过量的亚硫酸氢钠，反应能定量完全，保证测量的准确度。

（2）滴定温度　冰水浴低温下滴定，亚硫酸氢钠与醛的反应是可逆反应，而且随着温度的提高，逆反应速率加快，生成物 α-羟基磺酸钠离解度增大。随着过量的亚硫酸氢钠的逐渐被滴定，α-羟基磺酸钠有逐渐离解的趋势，所以低温滴定，抑制 α-羟基磺酸钠的解离，以保证结果的准确性。

（3）测定结果的准确性　测定结果的准确性主要受滴定终点和空白影响，样品测定和空白试验应在完全相同的条件下进行。

知识拓展

一、羧酸类化合物的分析方法简介

羧酸类有机化合物具有羧基（—COOH）官能团，固有一定酸性，可以利用碱标准溶液进行中和滴定，测出羧酸含量。

但要注意，由于诱导效应和共轭效应的原因，羧酸分子中取代基对酸性有影响，当吸电子基团处于羧酸邻近时，会使羧酸酸性增强；基团距离羧基越远，产生的影响越弱，一般来说，距离羧基 3 个原子（即间隔 3 个原子），其产生的影响很微弱，可以不予考虑。当斥电子基团处于羧基邻近时，则羧酸酸性减弱。

由于羧酸类化合物分子结构复杂，没有一个适合于所有羧酸测定的通用方法。要根据其酸性强弱和对不同试剂的溶解性，选择适当的溶剂和滴定方式。具体见表 6-2 所示。

表 6-2　羧酸类化合物的分析方法简介

方法	中和法测定 可溶于水的羧酸	中和法测定 难溶于水的羧酸	中和法测定 难溶于水的羧酸
过程简述	NaOH 标准溶液直接滴定	过量 NaOH 标准溶液与试样反应→酸标准溶液滴定剩余 NaOH	中性乙醇溶解试样→NaOH 标准溶液滴定分析
应用范围	可溶于水的羧酸定量测定	难溶于水的羧酸含量的测定	难溶于水的羧酸含量的测定
应用举例	冰乙酸的测定	工业乙酸酐的测定	工业癸二酸的测定
方法特点	仪器简单、操作简便快速	仪器简单、操作简便快速	仪器简单、操作简便快速

（一）可溶于水的羧酸化合物

对于电离常数大于 10^{-8} 且能溶解于水的羧酸化合物，例如冰乙酸的测定，在水溶液中用氢氧化钠标准溶液直接滴定。

（二）难溶于水的羧酸化合物

对于难溶于水的羧酸化合物，可将试样先行溶解于过量的碱标准溶液中，再用酸标准溶液滴定过量的碱，例如工业乙酸酐的测定。但是，分子中含碳原子数大于10的羧酸，在用碱溶解时，往往生成胶状溶液，难以用酸滴定。这种情况可用甲醇、乙醇、异丙醇等中性溶剂溶解试样，其中，以中性乙醇应用最为普遍，然后，用标准氢氧化钠水溶液进行滴定，例如工业癸二酸的测定。

通常使用酸碱指示剂确定终点，根据酸性的强弱而选择单一指示剂或混合指示剂。滴定终点难以观测或不突变，应该改为用电位法确定终点。

（三）测定时可能的干扰

① 在水溶液中，甲酸酯、乙酸酯、二羟醇酯等易水解的酯极易皂化，有干扰；水解酯的存在，滴定终点极易褪色。

② 酸酐、酰氯存在，也易水解成羧酸，用碱滴定时水解更易发生。

③ 活泼醛在水溶液中，有碱存在时易羟醛缩合消耗碱产生干扰。

④ 针对前述干扰，有时可控制反应温度减少或防止干扰。例如，乙酸甲酯在0℃时水解相当缓慢；低级酯、酸酐、酰卤及醛的干扰，可采用惰性非水溶剂以防止干扰。

⑤ 可事先测定试样中的干扰物含量，然后在对试样测定后的计算中加以修正。

二、醛类化合物的分析方法简介

由于醛类化合物都含有羰基，在分析过程中，常归类于羰基类化合物的分析，具体分析方法见表6-3。

表6-3　羰基类化合物的分析方法简介

方法	亚硫酸氢钠加成法	肟化法	分光光度法
过程简述	过量 $NaHSO_3$ 溶液与试样反应→碘量法滴定。 或过量 Na_2SO_3 溶液与试样反应→H_2SO_4 标准溶液滴定分析	过量羟胺溶液肟化试样→碱标准溶液滴定分析	制备标准贮备液→标准工作液、试样与2,4-二硝基苯肼或希夫试剂（亚硫酸品红）显色→分光光度法进行比色分析
方法特点	仪器简单、操作简便快速	仪器简单、操作简便快速	仪器简单、操作简便快速
应用范围	醛、甲基酮、α、β不饱和醛定量测定	多数醛、酮的定量测定	有机化工产品中微量羰基化合物含量的测定
应用举例	甲醛的测定	羰基化合物含量的测定（容量法）、环己酮测定	羰基化合物含量的测定（光度法）、工业乙醇测定
备注		酸、碱及氧化性物质产生干扰	所有试剂不得含醛或酮

（一）亚硫酸氢钠加成法

对于醛、甲基酮、α、β-不饱和醛等定量测定常采用亚硫酸氢钠加成法。醛或甲基酮与过量的亚硫酸氢钠反应，生成α-羟基磺酸钠。

$$RCHO + NaHSO_3 \longrightarrow R-\underset{SO_3Na}{\overset{H}{\underset{|}{\overset{|}{C}}}}-OH$$

反应完全后，通过测定剩余的 $NaHSO_3$ 的量，来求出醛或甲基酮的含量。通常用碘标准溶液直接滴定过量的 $NaHSO_3$。也可以加入过量的碘标准溶液，用硫代硫酸钠标准溶液回滴。

$$NaHSO_3 + I_2 + H_2O \longrightarrow 2HI + NaHSO_4$$

$$I_2 + 2Na_2S_2O_3 \longrightarrow 2NaI + Na_2S_4O_6$$

在实际应用中，鉴于该法中亚硫酸氢钠的不稳定性，通常用亚硫酸钠代替亚硫酸氢钠，其化学反应如下。

$$RCHO + Na_2SO_3 + H_2O \longrightarrow R{-}\underset{}{\overset{OH}{\overset{|}{C}H}}{-}SO_3Na + NaOH$$

$$H_2SO_4 + 2NaOH \longrightarrow Na_2SO_4 + 2H_2O$$

用硫酸标准滴定溶液滴定生成的氢氧化钠，测定工业甲醛水溶液就是采用这种方法。也可以先加入过量的硫酸标准溶液，反应完成后再用氢氧化钠标准溶液滴定剩余的硫酸。

采用该方法测定醛或甲基酮，加成反应生成的α-羟基磺酸钠呈弱碱性，化学计量点溶液的 pH 在 9.0～9.5 之间，故应选择酚酞或百里酚酞作指示剂，或以电位滴定确定终点。试样中若含有酸性或碱性基团，对测定有干扰时，可另取试样测定出酸或碱的含量加以校正。试剂亚硫酸钠中含有少量游离碱，应该用酸预先中和或通过空白试验进行校正。

（二）肟化法

多数醛、酮的定量测定分析中，常采用肟化法。试样中的羰基化合物与盐酸羟胺发生肟化反应，然后以溴酚蓝作指示剂，用氢氧化钠标准溶液滴定游离出的等量盐酸。

$$RCHO + NH_2OHHCl \longrightarrow RCH{=}NOH + H_2O + HCl$$

$$HCl + NaOH \longrightarrow NaCl + H_2O$$

上述反应可逆性大，为使化学反应完全，盐酸羟胺要过量 50%～100%。有时同时加入吡啶与生成物盐酸形成盐的办法抑制逆反应过程。由于吡啶的毒性和臭味，没有较好的通风设备的实验室是不宜采用此方法的。加入乙醇使反应生成的水稀释，降低水在溶液中的浓度，可抑制逆反应的速率，且对有机物有较好的溶解性能。

盐酸羟胺不应含有过量的游离酸，分析样品前应先将配制的盐酸羟胺溶液中和达到溴酚蓝终点，否则结果将偏高。

试样中有酸性或碱性物质存在时会影响测定结果，必须用另一份试样滴定校正。另外，羟胺是强还原剂，要避免氧化物质的干扰。

（三）分光光度法

对于有机化工产品中微量羰基化合物含量的测定，其质量分数在 0.00025%～0.01%，常采用分光光度法。试样中的羰基化合物在酸性介质中与 2,4-二硝基苯肼反应，生成 2,4-二硝基苯腙，在碱性介质中呈红色。或与希夫试剂（亚硫酸品红）作用生成紫蓝色化合物，通过分光光度法测定，即可确定试样中羰基化合物的含量。

羰基化合物在酸性介质中与 2,4-二硝基苯肼生成 2,4-二硝基苯腙，反应一般需要在水浴上加热一定时间才能定量完成。生成的苯腙溶液显色在碱性条件下进行。试样溶液的颜色变化是先呈暗色，后呈现略有暗色的酒红色。2,4-二硝基苯肼是一种弱碱，不能用水稀释，否则将水解析出不溶于水的游离碱而产生沉淀。

三、化工产品色度的测定方法简介

在化工生产过程中，由于原料、工艺等原因，本应无色透明的液体化工产品有时带有淡棕黄色。为了测定其色度，国家标准规定采用铂-钴色度标准法。

液体色度的单位是黑曾（Hazen），一个黑曾单位是每升含有 1mg 以氯铂酸（H_2PtCl_6）形式存在的铂和 2mg 六水合氯化钴（$CoCl_2 \cdot 6H_2O$）配成的铂-钴溶液的色度。

样品的颜色与标准铂-钴对比液的颜色目测比较，并以黑曾（铂-钴）颜色单位表示结果。

1. 标准比色母液的制备（500 黑曾）

准确称取 1.000g 氯化钴和 1.245g 氯铂酸钾（K_2PtCl_6），溶于 100mL 盐酸和适量水中，稀释至 1000mL，摇匀，贮于棕色瓶中。

此标准液是否合格，可按下法进行检验。用 1cm 比色皿，以蒸馏水为参比进行分光光度测定，应符合表 6-4 范围。

表 6-4　500 黑曾单位铂-钴标准液吸光度允许范围

波长(λ)/nm	吸光度(A)	波长(λ)/nm	吸光度(A)
430	0.110～0.120	480	0.105～0.120
450	0.130～0.145	510	0.055～0.065

2. 标准铂-钴对比溶液的配制

在 10 个 500mL 及 14 个 250mL 的两组容量瓶中，分别加表 6-5 所示数量的标准比色母液，用水稀释至刻度，保存在棕色玻璃瓶中。

表 6-5　标准铂-钴对比溶液的配制

500mL 容量瓶		250mL 容量瓶	
标准母液的体积/mL	相应的铂-钴色号/黑曾	标准母液的体积/mL	相应的铂-钴色号/黑曾
5	5	30	60
10	10	35	70
15	15	40	80
20	20	45	90
25	25	50	100
30	30	62.5	125
35	35	75	150
40	40	87.5	175
45	45	100	200
50	50	125	250
		150	300
		175	350
		200	400
		225	450

3. 测定

向一支 50mL 或 100mL 比色管中注入一定量的样品，使注满到刻度；向另一支比色管中注入具有类似样品颜色的标准铂-钴对比溶液，使注满到刻度。比较样品与标准铂-钴对比溶液的颜色。在日光或日光灯照射下正对白色背景，从上往下观察，确定接近的颜色。

练　习

1. 工业冰乙酸色度的测定

(1) 什么是色度？色度的大小对物质的质量有何影响？

(2) 解释液体色度的单位是黑曾？

2. 工业冰乙酸含量的测定

(1) 常用的酸、碱标准滴定溶液有哪些？通常使用的浓度有哪些？

（2）如何配制无CO_3^{2-}的NaOH标准滴定溶液？

（3）滴定乙酸时，为什么要用酚酞作指示剂？可不可以用甲基橙或甲基红作指示剂？

3. 用具塞称量瓶称取2.4966g工业冰乙酸试样，置于已盛有50mL无二氧化碳水的250mL锥形瓶中，并将称量瓶盖摇开，加0.5mL酚酞指示液，用氢氧化钠标准滴定溶液［$c(NaOH)=1.020mol/L$］滴定至微粉红色，消耗氢氧化钠标准滴定溶液体积为40.35mL，已知甲酸的质量分数为0.20%，计算工业冰乙酸中乙酸含量，并判断其质量级别。(98.73%，合格品)

4. 工业冰乙酸中甲酸含量的测定

（1）写出工业冰乙酸中甲酸含量的测定原理？

（2）简述冰乙酸中甲酸含量测定的具体操作过程？

（3）计算甲酸换算为乙酸的换算系数——1.305。

5. 工业冰乙酸中乙醛含量的测定

（1）测定乙醛有哪些方法，试述各种方法的基本原理？

（2）碘量法测定乙醛有哪些影响因素？如何提高检测结果的准确度？

任务七　工业硬脂酸的分析检验

【知识目标】

1. 了解工业硬脂酸生产的基本原理及质量控制；
2. 了解工业硬脂酸的产品质量标准；
3. 掌握工业硬脂酸试样的采取、制备及溶液的配制；
4. 掌握工业硬脂酸中碘值、皂化值、酸值等质量指标测定的方法原理；
5. 了解工业硬脂酸的凝固点、水分及组成的测定方法和测定原理。

【技能目标】

1. 能选用合适的工具正确采取和制备样品；
2. 能正确应用氯化碘加成法准确测定工业硬脂酸的碘值；
3. 能正确操作皂化回滴法准确测定工业硬脂酸的皂化值；
4. 能采用酸碱滴定法准确测定工业硬脂酸的酸值；
5. 能用分光光度法准确测定工业硬脂酸的色度；
6. 能准确测定工业硬脂酸的凝固点和灰分。

任务内容

一、工业硬脂酸生产工艺及质量控制

（一）硬脂酸的生产方法

油脂是脂肪酸工业的主要原料。硬脂酸生产首先是将油脂进行水解制成脂肪酸，然后将合成脂肪酸中固体和液体进一步分离得到粗制的硬脂酸和油酸。国内现行以合成脂肪酸为原料生产硬脂酸的方法有压榨法、连续精馏法、乳化分离法、溶剂结晶法（萃取法）、分馏法、脂肪酸加氢法等。

1. 压榨法

压榨法是以动物油为原料，在氧化锌存在下于 1.17～1.47kPa 压力下水解，经酸洗、水洗、蒸馏、冷却、凝固、压榨除去油酸后得成品。

压榨法包括配方的制定、脂肪酸的分步结晶、脂肪酸的压榨等过程。由于形成板状结晶有利于压榨和分离，而生产中油脂原料配比决定着混合脂肪酸能否生成满意的板状晶型，因此，化验室要对每批原料油脂的皂化值、酸值和碘值等进行测定，根据测定结果计算出脂肪酸实验配方，再在化验室进行几个小型配方验证，以确定投产的实际配方。

在经过验证配比后油脂中加入催化剂，加热水解并通过蒸馏除去未分解的油脂和杂质，使产品达到理化指标，再采用分步结晶得到粗大的结晶型，再经外加压力（加压半成品和冷压油酸）使硬脂酸、棕榈酸和油酸分离。化验室要在浇盘前进行小样结晶，测量结晶是否合乎要求，并及时进行调整。通常所得油酸凝固点在 5～7.5℃，若在 25℃以上需进行二次压榨。压榨工序包括冷压、精压、热压三个环节，料冷后 80～90℃时刮片，以工业三级硬脂酸为主产品。

压榨分离法是传统的固液分离工艺，主要产品是油酸和硬脂酸，其副产品老焦、合脂油

及甘油水可用于建筑和铸造等方面。该工艺具有加工简单、成本低、无污染且产品质量好等优点。但劳动强度大，脂肪酸循环操作量大。

2. 乳化分离法

乳化分离法是利用混合脂肪酸中饱和脂肪酸和不饱和脂肪酸熔点的不同，加入乳化剂、电解质、水进行搅拌，控制合适的温度经高速离心机使之进行液-液分离。把分离的饱和酸再与极度氢化油分解的脂肪酸配比，得到十六烷酸与十八烷酸的比例是55：45的工业硬脂酸。

乳化法只能适应于含不饱和脂肪酸成分多、碘值高的原料，多用于精油酸的生产。最好的产品碘值只能达到6～10，且不稳定和得率不高，乳化法主要生产工业三级硬脂酸。

3. 溶剂结晶分离法

溶剂结晶分离法（萃取法）是1940年埃默公司开发的用甲醇作溶剂在低温下析出结晶，并实现了工业化。其基本原理是：混合脂肪酸能溶解于有机溶剂中，根据混合脂肪酸中硬脂酸和油酸在有机溶剂中溶解度不同，选择适当的分离温度，使硬脂酸在有机溶剂中先进行分步结晶分离，油酸仍留在溶剂中，从而使两者得以分离，可得到碘值为5～6的硬脂酸产品。

溶剂结晶分离法工业上采用溶剂主要是甲醇，由于我国甲醇的来源困难和毒性大，多选择乙醇和冰乙酸。国外有的企业还采用异丙醇、丙酮、糠醛、环己烷、三氯甲烷、乙酸乙酯、乙腈、液化丙烷等，都被认为是较好的溶剂。

溶剂结晶分离法得到的硬脂酸热稳定性能较好，无异味，可实现机械化及自动化连续生产。但该法应注意生产过程中水的添加量，防止酯化反应。另外溶剂回收率低，挥发进入空气中污染空气。

4. 脂肪酸加氢法

脂肪酸加氢生成硬脂酸，是在催化剂的作用下，脂肪酸与氢气反应，使不饱和双键变成饱和键，从而得到各种用途的硬脂酸。目前国内生产硬脂酸的中小型企业多采用进口棕榈油或精炼动、植物油为原料，经加氢、水解、酸处理、蒸馏生产硬脂酸。其工艺大致流程为：油脂→预处理→氢化→过滤→水解→粗脂肪酸→蒸馏→产品。

由于该工艺不能利用低档油脂、不能联产价格较高的油酸、回收甘油难度较大，存在油耗高、油源范围窄、催化剂易中毒、产品成本高等缺点，生产的硬脂酸市场竞争能力小。

据报道，安徽省国家脂肪酸研究所研制开发的硬脂酸生产新技术，可以杂质较多的高酸值低质油脂及油脚为原料，先通过高温、高压水解，蒸馏得到精制混合脂肪酸（碘值为50～110），混脂酸可直接加氢，也可分离出油酸后对固体脂肪酸（碘值＜50）进行加氢生产硬脂酸的专利技术。该工艺路线简单，油源范围变宽，能充分利用我国的劣质油料资源，原料及生产成本低，且产品质量好，并可应用于工业化生产。

（二）工业硬脂酸的生产工艺与检测

1. 传统硬脂酸生产工艺

传统硬脂酸、甘油的生产工艺如图7-1所示。

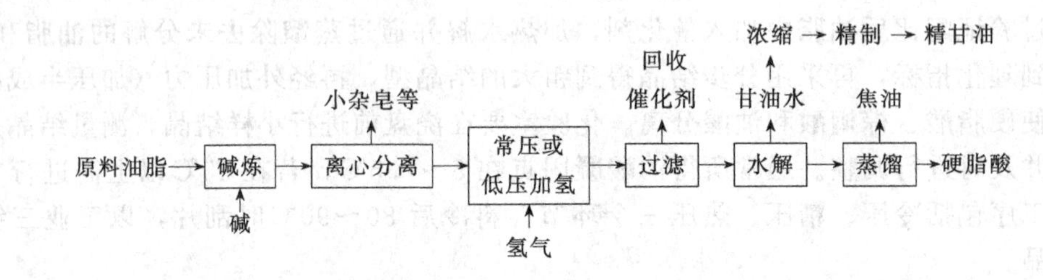

图7-1 传统硬脂酸、甘油生产工艺

传统硬脂酸生产工艺有很大的局限性。

① 原料依赖棕榈油、精制动植物油等高档油脂，原料成本高，处理餐饮杂油等低档油脂难度较大，难以发挥效益；

② 加氢条件要求苛刻，油脂中的少量胶体色素、蛋白、不皂化物等常常使催化剂中毒失活；

③ 需经碱炼处理脂肪酸，甘油损失较大；

④ 不能联产油酸；

⑤ 甘油回收时物料加热时间长，色泽深、品质差、效益低。

2. 脂肪酸催化加氢的生产工艺与检测

脂肪酸直接加氢新工艺制硬脂酸是目前国际上较先进的工艺，其技术关键是油脂先水解再氢化和使用高性能催化剂。该工艺（见图 7-2）的大致流程为：油脂→水解→粗酸精馏→脂肪酸氢化→过滤→蒸馏→产品。

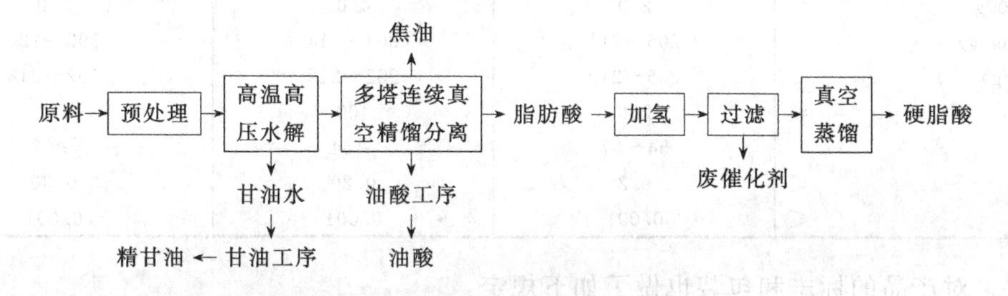

图 7-2　直接氢化生产硬脂酸新工艺

（1）原料的处理　新工艺以含杂质较多的高酸值低质油脂及油脚（如餐饮泔水油、牛羊油、骨油、皮油、植物油、棉油脚、豆油脚、菜油脚等）为原料，可用机械除杂和油水分离除去大杂质，化验室要对每批原料进行酸值分析，根据颜色深浅基本确定酸洗和水洗次数。

（2）油脂的水解　原料水洗后，化验室进行采样分析，根据实验数据及中试放大实验确定水解的工艺条件。

油脂水解是水在油相内进行的反应，影响水解主要因素之一是水在油中的溶解度，当温度逐渐升高时，水在脂肪酸中的溶解性会显著提高；同时油脂水解为可逆反应，为提高水解度，必须及时将甘油从反应区移去。出塔甜水和脂肪酸经真空脱去水分后进入下一工序。国内中小企业多采用间歇法（一次进料，多次换水的方式）或连续水解法（多塔法和单塔法）。

（3）脂肪酸蒸馏　将水解产物在高效填料塔内进行高温蒸馏，除去水解后粗脂肪酸夹带的杂质和色素，以达到精制目的。化验室要测定蒸馏后的脂肪酸中硫和磷的含量，以确定催化剂的添加量。

由于脂肪酸为热敏性物质，常压下沸点高达 350～370℃，在空气中受热易氧化和聚合，在高温下长时间停留还将发生分解反应。故常采用高真空或水蒸气真空蒸馏，以降低脂肪酸沸点。高效填料塔从下至上有洗涤层、冷凝层和轻馏分洗涤层三段填料层，该装置设备简单，可使压力降至 266.6～333.3Pa（2～2.5mmHg），蒸馏温度降至 215℃以下，可有效避免脂肪酸在高温下长时间停留容易引起的色泽升高现象，提高脂肪酸成品色泽的稳定性。

（4）脂肪酸加氢　把蒸馏后的物料加入脂肪酸加氢釜（容积 2000mL，专利号：

ZL95223148.4)，按比例加入镍型催化剂，通氮置换脱氧，在高温低压下进行加氢反应，反应到压力表30min不再下降，表明反应到达终点，化验室须采样化验产品是否符合国家标准要求，检验合格后方能出料，再进行过滤得硬脂酸粗品。

(5) 硬脂酸粗品的提纯及成型　采用真空负压蒸馏的方法对硬脂酸粗品提纯，硬脂酸成型可采用片状或粒状造片机。

二、工业硬脂酸产品标准及分析方法标准

(一) 工业硬脂酸产品标准

工业硬脂酸现行有效的标准是国家标准GB 9103—1988。该标准对工业硬脂酸的型号、外观、色度及理化指标都做了相应的规定，见表7-1。

表7-1　工业硬脂酸理化指标

指标名称		200型	400型	800型
碘值/(g/100g)	≤	2.0	4.0	8.0
皂化值/(mg/g)		206～211	203～214	193～220
酸值/(mg/g)		205～210	202～212	192～218
色度/黑曾	≤	200	400	400
凝固点/℃		54～57	≥54	≥52
水分/%	≤	0.2	0.20	0.30
无机酸/%	≤	0.001	0.001	0.001

同时，对产品的标志和包装也做了如下规定：

产品可使用纸箱（内衬一层洁净的牛皮纸）、聚丙烯编织袋（内衬塑料袋）包装。纸箱必须用包装带扎牢，编织袋及内衬塑料袋必须缝合。

产品每箱（袋）净重25kg或50kg。包装箱（袋）上应有：生产厂名称、产品名称、注册商标、型号、净重、批号及包装日期等标志。产品运输时必须有遮盖物，避免日晒、雨淋、受热。搬运时应轻装轻放。

(二) 工业硬脂酸分析方法标准

由动物、植物油脂经水解后加工精制而成，供化妆品、橡胶、金属盐、印染和精密铸造等工业使用的工业硬脂酸（主要成分为十八烷酸和十六烷酸），GB 9103—1988规定了理化指标的检验方法。

(1) 碘值　按GB 9104.1《工业硬脂酸试验方法　碘值的测定》进行，等同采用日本工业标准JISK 3331《工业用硬化油脂肪酸》中碘值的测定。

(2) 皂化值　按GB 9104.2《工业硬脂酸试验方法　皂化值的测定》进行。

(3) 酸值　按GB9104.3《工业硬脂酸试验方法　酸值的测定》进行，等效采用日本工业标准JISK 3331《工业用硬化油脂肪酸》中酸值的测定。

(4) 色度　按GB9104.4《工业硬脂酸试验方法　色度的测定》进行。

(5) 凝固点　按GB 9104.5《工业硬脂酸试验方法　凝固点的测定》进行，等效采用日本工业标准JISK 3331《工业用硬脂酸脂肪酸》中凝固点的测定。

(6) 水分　按GB 9104.6《工业硬脂酸试验方法　水分的测定》进行，等效采用日本工业标准DISK 3331《工业用硬化油脂肪酸》中水分和挥发物的测定——烘箱法。

(7) 无机酸　按GB 9104.7《工业硬脂酸试验方法　无机酸的测定》进行。

(8) 灰分　按GB 9104.8《工业硬脂酸试验方法　灰分的测定》进行，等效采用日本工业标准JISK 3331《工业用硬化油脂肪酸》中灰分的测定。

（9）组成：按 GB 9104.9《工业硬脂酸试验方法　组成的测定》进行。

工作项目

项目一　工业硬脂酸分析检验准备工作

一、试样的采取与制备

（一）硬脂酸试样的采取

1. 采样工具

用采样探子或其他合适的工具，从采样单元中取有代表性的定向样品。

2. 样品数和样品量

同一型号硬脂酸产品以一次交货量为一批。在交货地点随机抽取样品，具体数量如表7-2所示。从每个取样单位的任意部位等量取300～750g，总量约为2kg，做为终样。

表 7-2　采样的样品数

交货件数	采样单位	交货件数	采样单位
30件以下	3	51～100件	6
31～50件	5	100件以上	7

（二）硬脂酸试样的制备与保存

将所取硬脂酸样品用研钵或锤子等手工工具粉碎，也可用适当装置和研磨机粉碎样品；粉碎后将样品充分混匀，用四分法或分样器缩分样品。将样品分三等份保存在洁净干燥的密封容器中，签封。生产单位、收购单位各执一份，另一份妥善保存，以备仲裁检验使用。样品瓶外须标明产品名称、牌号、型号、制造厂名称、批号、取样日期及取样人等。保存期为两个月。

二、溶液、试剂的准备

液体溶剂有无机溶剂和有机溶剂两大类。水是用得最多、性能最稳定、价格最便宜的溶剂。无机溶剂除水外，主要是不同浓度的各种酸、碱溶液。与无机溶剂相比，有机溶剂不仅种类多，而且性能也多种多样。常用有机溶剂有烷烃类、芳烃类、醇、羧酸等，有些实验对溶剂的纯度要求很高，使用前需要进行干燥和提纯。

（一）工业硬脂酸碘值测定的准备工作

1. 试剂

（1）三氯甲烷或四氯化碳。

（2）碘化钾：150g/L。

（3）淀粉指示液：10g/L，称取可溶性淀粉1g，在搅拌下注入100mL沸水中，冷却至室温后备用。淀粉是一种有机物，稳定性差，若要保持稳定，可在溶解时加入碘化汞。

（4）硫代硫酸钠标准滴定溶液：$c(Na_2S_2O_3)=0.1mol/L$。

（5）碘。

（6）氯气：99.8%，或用密度为1.19g/mL的盐酸滴加于高锰酸钾中，再使生成的氯气，通过盛有密度为1.84g/mL的硫酸洗气瓶干燥的方法进行制备。

（7）氯化碘-冰乙酸溶液（韦氏液）：0.1mol/L。

① 配制　溶解13g碘于1000mL冰乙酸中（溶解时可略加热），冷却后，留出100～

200mL 于另一棕色瓶中，置阴暗处供调整浓度用。

将其余的碘-冰乙酸溶液转入 1000mL 棕色瓶中，通入干燥的氯气至溶液由棕红色渐渐变淡直到橘红色透明为止。氯气通入量按校正方法校正后，用预先留存的碘液予以调整。

② 标定校正　分别取碘溶液及新配制的韦氏溶液各 25mL，各加入 15%碘化钾溶液 20mL，再各加蒸馏水 100mL，用 0.1mol/L 硫代硫酸钠标准溶液滴定至溶液呈淡黄色时，加 1mL 淀粉指示液，继续滴定至蓝色消失为止，记录数据。新配制的韦氏溶液所消耗的硫代硫酸钠标准溶液的体积应接近于碘溶液的两倍。

也可将 16.24g 氯化碘溶解于 1000mL 冰乙酸中直接制备，但该法试剂不稳定、难以保存，且成本高。

2. 仪器与设备

(1) 制备氯气装置

圆底烧瓶、滴液漏斗、洗气瓶、导气管。

(2) 碘值测定分析仪器

常用容量分析仪器，其中移液管、碘量瓶、量筒等应在使用前干燥。

(二) 工业硬脂酸皂化值测定的准备工作

1. 试剂

(1) 氢氧化钾-乙醇标准滴定溶液：0.5mol/L，称取 33g 氢氧化钾溶于 30mL 水中，用乙醇稀释至 1000mL（必要时可对乙醇精制成无醛乙醇），摇匀，放置 24h，取清液贮于棕色瓶中备用。滴定前用基准试剂邻苯二甲酸氢钾标定其准确浓度。

无醛乙醇制法：称取硝酸银 1.5～2g，溶于 3mL 蒸馏水中，然后倒入 1000mL 乙醇中摇匀。另取化学纯氢氧化钾 3g，溶于 15mL 热乙醇中，冷却后再注入以上乙醇溶液中摇匀，静置澄清后，移出澄清液再进行蒸馏。

(2) 盐酸标准滴定溶液：0.5mol/L。

(3) 酚酞指示剂：10g/L 乙醇溶液。

2. 仪器与设备

回流装置、恒温水浴锅、常用容量分析仪器等。

(三) 工业硬脂酸酸值测定的准备工作

1. 试剂

(1) 氢氧化钾标准滴定溶液：0.2mol/L。

(2) 乙醇：95%。

(3) 酚酞指示剂：10g/L 乙醇溶液。

2. 仪器与设备

一般常用容量分析仪器。

(四) 工业硬脂酸色度测定的准备工作

1. 试剂

(1) 六水合氯化钴：$CoCl_2 \cdot 6H_2O$。

(2) 氯铂酸钾：K_2PtCl_6。

(3) 盐酸。

2. 仪器与设备

分光光度计、六孔恒温水浴锅。

（五）工业硬脂酸凝固点测定的准备工作

1. 温度计：分度 0.1℃，50～100℃，需经校准。

2. 凝固管：直径约 25mm，长 100mm，离底部约 57mm 处有一刻度，管口配有软木塞，软木塞有两孔，中间一孔插入温度计，另一孔插入玻璃（或不锈钢）搅拌器。

3. 广口瓶：450mL、瓶颈内径约 38mm，瓶口配带有直径为 25mm 孔的软木塞。

4. 搅拌器，玻璃或不锈钢，下端弯成直径为 20mm 的圆环与杆垂直。

（六）工业硬脂酸水分测定的准备工作

1. 恒温烘箱。

2. 扁型称量瓶：50mm×30mm。

（七）工业硬脂酸无机酸测定的准备工作

1. 试剂

（1）甲基橙指示剂：10g/L 水溶液。

（2）硫酸标准溶液：0.001%。

① 0.125mol/L 硫酸标准溶液的制备　量取密度为 1.84g/mL 的浓硫酸 7.5mL，缓缓倒入少量蒸馏水中，不断搅拌，稀释至 1000mL，配制得到的硫酸溶液浓度大约为 0.125mol/L。用基准试剂无水碳酸钠标定其浓度。

② 0.001%硫酸标准溶液的制备　将已标定的硫酸，按 $V=\frac{1}{c(H_2SO_4)\times 0.98}$ 计算所需硫酸溶液的体积。

量取按上述计算体积的硫酸标准溶液，注入 250mL 容量瓶中，用蒸馏水稀释至刻度，充分摇匀。再准确吸取 25mL 上述稀释液，注入 1000mL 容量瓶中，用蒸馏水稀释至刻度，混匀，即为 0.001%硫酸标准溶液。

2. 仪器与设备

分析实验室常用仪器。

项目二　工业硬脂酸碘值的测定

一、试样溶液的制备

精确称取干燥样品 2～3g（根据碘值的大小，称样量可增减），精确至 0.0001g，置于 250mL 碘量瓶中，加 15mL 三氯甲烷或四氯化碳，摇动使样品完全溶解。

试样中不饱和化合物含量越高，碘值越大，其称样量应越少，为使氯化碘加入量和硫代硫酸钠标准溶液消耗量在适宜的范围内，根据工业硬脂酸中十八烯酸含量的多少来确定称样量。一般可按：称样量（g）=2.5/样品碘值，估计称样量。

二、试样的测定

用移液管准确量取 25mL 氯化碘溶液加入待测溶液，充分摇匀后置于 25℃左右的暗处 30min。将碘量瓶从暗处取出，加入 20mL15%碘化钾溶液和 100mL 蒸馏水，摇匀，用 0.1mol/L 硫代硫酸钠标准溶液边摇边滴定，滴定至溶液呈淡黄色时，加入淀粉指示液 1mL，再继续滴定至蓝色消失。同时在相同条件下作空白试验。

三、结果计算

试样的碘值 IV（g/100g）按式(7-1) 计算：

$$碘值=\frac{(B-S)c\times 0.1269}{m}\times 100 \tag{7-1}$$

式中 B——空白试验所耗用硫代硫酸钠标准溶液的体积，mL；

S——样品试验所耗用硫代硫酸钠标准溶液的体积，mL；

c——硫代硫酸钠标准溶液的浓度，mol/L；

m——样品的质量，g；

0.1269——碘原子的毫摩尔质量，g/mmol。

平行试验结果的允许误差为 0.05。

项目三 工业硬脂酸皂化值的测定

一、试样的测定

称取样品 2g（精确至 0.0001g），置于 250mL 锥形瓶中。用移液管准确加入氢氧化钾乙醇标准溶液 50mL，然后装上回流冷凝管，置于水浴（或电热板）上维持微沸状态回流 1h，勿使蒸汽逸出冷凝管。

停止加热，稍冷取下冷凝管，加入 1% 酚酞指示剂 6～10 滴，趁热用 0.5mol/L 盐酸标准溶液滴定至红色恰消失为止。同时在相同条件下作空白试验。

二、结果计算

试样的皂化值 SV 按式(7-2) 计算：

$$\text{皂化值}=\frac{(V_2-V_1)c\times 56.11}{m} \tag{7-2}$$

$$\text{酯值}=\text{皂化值}-\text{酸值}$$

式中 V_2——空白试验所耗用 0.5mol/L 盐酸标准溶液的体积，mL；

V_1——样品试验所耗用 0.5mol/L 盐酸标准溶液的体积，mL；

c——盐酸标准溶液的浓度，mol/L；

m——样品的质量，g；

56.11——KOH 的摩尔质量，g/mol。

平行试验结果的允许误差为 0.5。

项目四 工业硬脂酸酸值的测定

酸值是指中和 1 g 样品消耗的氢氧化钾的质量（以 mg 计）。酸值的测定有氢氧化钾乙醇溶液法和氢氧化钾水溶液中和法。GB 9104.3 酸值测定采用氢氧化钾乙醇溶液法。

一、试样溶液的制备

取 150mL95%乙醇于锥形瓶中，加 6～10 滴酚酞指示剂，用 0.2mol/L 的氢氧化钾标准溶液中和滴定至微红色，备用。

称取样品 1g 左右（精确至 0.0001g），置于 150mL 锥形瓶中。加入上述已中和过的 95%乙醇约 70mL，在水浴上加热使其溶解，剩余乙醇作滴定终点的比色标准。

二、试样的测定

在含试样的溶液中加入 1%酚酞指示剂 6～10 滴，立即用 0.2mol/L 氢氧化钾乙醇标准溶液滴定至溶液呈微红色，并能维持 30s 不褪色即为终点。

三、结果计算

试样的酸值（mg/g）按式(7-3) 计算：

$$酸值=\frac{Vc\times 56.11}{m} \tag{7-3}$$

式中　V——滴定时耗用氢氧化钾标准溶液的体积，mL；

c——氢氧化钾标准溶液的浓度，mol/L；

m——样品的质量，g；

56.11——KOH 的摩尔质量，g/mol。

平行试验结果的允许误差为 0.5。

项目五　工业硬脂酸凝固点的测定

一、试样制备和仪器准备

将约 30g 样品加热熔化，使其温度至少应高于凝固点 10℃。将熔化样品加入干燥的凝固管中，样品在管中约高于 60mm，插入温度计和搅拌器，使温度计的水银球在刻度下约 45mm 处，勿使温度计接触管壁。

二、试样的测定

将凝固管置于有软木塞的广口瓶中，如图 7-3 所示。保持水浴温度在 30℃左右，用套在温度计上的搅拌器以上下约 40mm 幅度匀速搅拌（80～100 次/min），注意观察温度变化，当温度停止下降达 30s 时，立即停止搅拌，并仔细观察温度骤然上升现象。

（1）温度计　分度 0.1℃，50～100℃，需经校准。

（2）凝固管　直径约 25mm，长 100mm，离底部约 57mm 处有一刻度，管口配有软木塞，软木塞有两孔，中间一孔插入温度计，另一孔插入玻璃（或不锈钢）搅拌器。

（3）广口瓶 450mL、瓶颈内径约 38mm，瓶口配带有直径为 25mm 孔的软木塞。

（4）搅拌器玻璃或不锈钢，下端弯成直径为 20mm 的圆环与杆垂直。

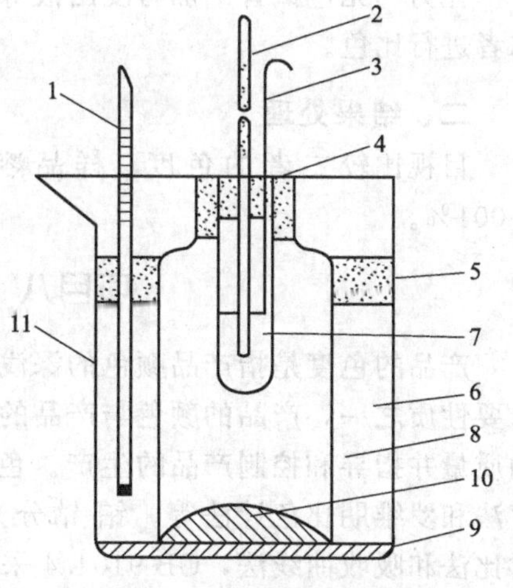

图 7-3　凝固点测定装置

1—温度计；2—精密温度计；3—搅拌器；4,5,9—软木塞（垫）；6—水浴；7—凝固管；8—广口瓶；10—重物；11—烧杯

三、结果处理

读取突然上升的最高温度，即为该样品的凝固点（准确至 0.1℃）。

取两次试验的平均值为最后结果。两次平行试验结果的允许误差为±0.2℃。

项目六　工业硬脂酸水分的测定

一、试样的测定

准确称取充分混匀、具有代表性的样品约 10g（称准至 0.0001g），于已在 105℃±1℃下干燥恒重的洁净称量瓶中。将称量瓶盖子稍微打开，放入 105℃±1℃的恒温烘箱中，烘干 2h；然后盖上盖，取出放入干燥器内，冷却 30min 后称量。再按上述操作烘干 1h 后，取出称量瓶，冷却相同时间，称量，直至恒重。所谓恒重即两次连续称量操作的结果之差不大于0.0003g，取最后一次称量值作为测定结果。

二、结果计算

试样中水分的含量以质量分数$w(H_2O)$表示，按式(7-4)计算：

$$w(H_2O)=\frac{m_1-m_2}{m}\times 100\% \tag{7-4}$$

式中　m——试样的质量，g；

m_1——称量瓶及试样在烘干前的质量，g；

m_2——称量瓶及试样在烘干后的质量，g。

平行试验结果的允许误差为0.02%。

项目七　工业硬脂酸无机酸的测定

一、试样测定

称取硬脂酸样品5g（精确至0.0001g），置于洁净干燥的50mL烧杯中，加热使样品熔化。用量筒加入煮沸过的蒸馏水5mL，加热搅拌2min，冷却使硬脂酸凝固。取出硬脂酸块，将溶液倒入5mL无色试管中，加1滴甲基橙指示剂。

在另一无色试管中加与浸出液等体积0.001%的硫酸标准溶液，加1滴甲基橙指示剂，二者进行比色。

二、结果处理

目视比较二者的色度。样品溶液色度不深于硫酸标准溶液，即视为无机酸低于0.001%。

项目八　工业硬脂酸色度的测定

产品的色度是指产品颜色的深浅，物质的颜色是产品重要的外观标志，也是鉴别物质的重要性质之一，产品的颜色与产品的类别和纯度有关。因此，检验产品的颜色可以鉴定产品的质量并指导和控制产品的生产。色度的测定方法主要有加德纳色度标准法、铂-钴分光光度法和罗维朋比色计法等。铂-钴分光光度法测定常用的有目视比色法、标准工作曲线法、对比法和吸收曲线法，GB 9104.4采用标准工作曲线法测定工业硬脂酸色度。

一、分光光度计及校正

① 分光光度计应安置在干燥房间内平稳的工作台上，室内照明不宜太强，并禁止用电风扇直接向仪器吹风。

② 检查各调节旋钮位置是否正确，接通电源，调整电表的指针，使其处于“0”位上。

③ 接通电源，打开比色皿暗箱盖，调节“波长”旋钮，把波长调整到420nm，将“放大器灵敏度选择”旋钮置于“2”。调节“调零”旋钮，使电表指针处于“0”位。盖好比色皿暗箱，比色皿处于蒸馏水校正位置，使光电管受光，调节“满度”旋钮，使电表指针到满度位置。

④“放大器灵敏度”旋钮位置的选择原则是：保证能使“满度”旋钮良好地调节，使电表处于满度状态时，尽可能使灵敏度旋钮调到较低一挡的位置，以便使仪器有更高的稳定性。使用时先置“1”的位置，如灵敏度不够再逐渐升高。改变灵敏度位置后需重新调整电表的“0”位和满度。

⑤ 仪器按步骤3的规定调整后，预热约20min，然后再按步骤3的规定反复调整几次，

直到电表指针正确指向“0”位和满度为止。

二、标准工作曲线的绘制

1. 标准色度母液的制备

在1000mL容量瓶中准确称取1.000g六水合氯化钴（$CoCl_2 \cdot 6H_2O$）和1.245g氯铂酸钾（K_2PtCl_6），加适量水溶解，再加入100mL浓盐酸，用水稀释至刻度，混合均匀，贮于棕色瓶中，即为标准色度母液。此溶液的质量浓度为500mg/L，即色度为500。如果试剂不纯，应根据试剂纯度修正称取量。

注：此标准色度母液是否合格，可以用1cm比色皿，以蒸馏水为参比溶液在波长430nm处用分光光度计检查其吸光度。其吸光度范围应为0.110～0.120。

2. 标准色度溶液的配制

将标准色度母液按表7-3所列的体积数分别移入20支100mL容量瓶中，用蒸馏水稀释至刻度，摇匀，即成铂-钴标准色度溶液。

表7-3　铂-钴标准色度溶液的配制

铂-钴色度单位/黑曾	5	10	15	20	25	30	35	40	50	60
吸取标准母液/mL	1	2	3	4	5	6	7	8	10	12
铂-钴色度单位/黑曾	70	100	150	200	250	300	350	400	450	500
吸取标准母液/mL	14	20	30	40	50	60	70	80	90	100

3. 铂-钴色度单位（Hazen）-吸光度（A）标准工作曲线的绘制

将配制的20支铂-钴标准色度溶液，逐一置于10cm比色皿中。用蒸馏水作参比，以分光光度计在波长420nm处测定其吸光度（A）。然后用回归分析法求出直线方程Y(黑曾)＝$a+bX$（吸光度A）。利用此直线方程，以铂-钴色度单位（Hazen）为纵坐标，吸光度（A）为横坐标，分二段绘制标准工作曲线。

注：标准曲线的绘制及直线方程的计算见“问题探究”。

三、样品测定

将硬脂酸样品放入干燥洁净的50mL烧杯中，在水浴锅上加热至75℃±5℃，待全部熔化后，立即倒入预先温热过的10cm比色皿中，用蒸馏水作参比，在分光光度计上于波长420nm处测定其吸光度（A）。重复三次测定的读数值的平均值作为最后的测定结果。三次测定的读数值极差不大于0.005。

四、结果表示

将上述所得三次测定的吸光度平均值，查Hazen-吸光度（A）标准工作曲线，得到相应的色度值，或将吸光度平均值代入直线方程式求得色度值，此值即为样品的色度。

对于800型工业硬脂酸，技术标准规定将样品配制成15%无水乙醇溶液，按上述同样条件测定其吸光度。

项目九　工业硬脂酸灰分的测定

一、试样的测定

准确称取样品约10g（精确至0.0001g）于已灼烧恒重的50mL瓷坩埚中，在电炉（至少能加热至1000℃）上加热并点火，使之完全炭化。然后移入800～850℃的高温炉中，灼烧成灰白色（约需0.5h）后，移置干燥器内冷却1.5h，称量。

二、结果计算

试样中灰分的质量分数按下式计算：

$$灰分=\frac{m_2-m_1}{m}\times100\% \tag{7-5}$$

式中 m——试样的质量，g；

m_1——空瓷坩埚的质量，g；

m_2——灰分和空瓷坩埚的质量，g。

平行试验结果的允许误差为0.005%。

问题探究

一、工业硬脂酸化学组成、性能及应用

（一）工业硬脂酸组成及性质

硬脂酸又称十八酸、十八烷酸、脂蜡酸，是一种高级饱和脂肪酸，分子式为 $C_{18}H_{36}O_2$，结构式为 $CH_3(CH_2)_{16}COOH$，相对分子质量为284.47。常温下纯品为带有光泽的白色柔软小片。相对密度0.9408(20℃)，熔点69～70℃，沸点383℃，折射率1.4299(80℃)，相对密度在60℃时为0.85，在90～100℃下慢慢挥发。几乎不溶于水，溶于乙醇、丙酮，易溶于乙醚、氯仿和苯等有机溶剂。

硬脂酸很少单独存在于自然界中，常以甘油酯的结合形态存在于油脂中，几乎所有动物脂肪和植物油脂中都有含量不等的硬脂酸，在动物脂肪中含量较高，如牛油中含量可达24%；植物油中含量较少，茶油为0.8%，棕榈油为6%，但可可脂中的含量则高达34%。硬脂酸为正构十八碳酸。商品硬脂酸实际上是45%硬脂酸和55%软脂酸的混合物。

（二）工业硬脂酸的应用

硬脂酸是现代工业生产中用途广泛的一种重要的化工原料，硬脂酸的钠盐或钾盐是肥皂的组成部分，硬脂酸钠盐的去污能力不及软脂酸钠，但它能增加肥皂的硬度。

硬脂酸及其盐类除用作表面活性剂外，还用于雪花膏等日用化妆品、橡胶工业、塑料行业、润滑脂、涂料、绝缘材料等中，此外，还广泛应用于医药工业、食品工业、油田化学和机械工业等领域。

二、工业硬脂酸的测定方法解读

（一）工业硬脂酸碘值的测定——氯化碘加成法分析条件的控制

1. 方法原理

碘值：指100g硬脂酸试样所吸收的卤素，以相当量碘的质量（g）来表示。

氯化碘与硬脂酸中不饱和酸起加成反应，过量的氯化碘以碘化钾还原，然后用硫代硫酸钠滴定，计算出硬脂酸中的不饱和酸反应所消耗的氯化碘相当的硫代硫酸钠溶液的体积，再计算出碘值。

① 氯化碘（韦氏碘液）溶液制备

$$2KMnO_4+16HCl \longrightarrow 2KCl+2MnCl_2+8H_2O+5Cl_2\uparrow$$

$$I_2+Cl_2 \longrightarrow 2ICl$$

② 氯化碘与硬脂酸中不饱和酸加成反应

$$RCH=CHR_2+ICl \longrightarrow RCHI\text{-}CHClR_2$$

③ 加入过量的碘化钾还原剩余的氯化碘，析出碘

$$ICl + KI \longrightarrow KCl + I_2$$

④ 析出的碘用硫代硫酸钠标准溶液进行滴定

$$I_2 + 2Na_2S_2O_3 \longrightarrow 2NaI + Na_2S_4O_6$$

2. 分析条件选择与控制

(1) 韦氏碘液的制备及质量要求　配制韦氏碘液的冰乙酸质量必须符合要求，且不能含有还原性物质。鉴定是否含有还原性物质的方法：取冰乙酸 2mL，加 10mL 蒸馏水稀释，加入 1mol/L 高锰酸钾溶液 0.1mL，所呈现的红色应在 2h 内保持不变。如红色褪去，说明有还原性物质存在，其精制方法为：取冰乙酸 800mL 放入圆底烧瓶内，加 8～10g 高锰酸钾，接上回流冷凝器，加热回流约 1h 后移入蒸馏瓶中进行蒸馏，收集 118～119℃间的馏出物。

制氯时，浓盐酸要缓缓加入，如反应太慢，可以微微加热。所产生的氯气应通过水洗及浓硫酸干燥，方可通入碘液内。通氯气应在通风橱内进行，防止中毒。

(2) 样品称样量的确定　本方法至关重要的因素之一是 ICl 溶液必需过量 100%～150%，以保证加成反应充分进行。过量少，反应不完全；过量多，易发生取代反应。不同级产品，碘值不相同，称样量也不同。

判断 ICl 溶液是否过量，可通过计算掌握，设样品消耗 ICl 为 V_1，剩余 ICl 为 V_2，则：

$$\frac{V_2}{V_1} = 1.0 \sim 1.5$$

$$V(ICl) = V_1 + V_2$$

$$m = \frac{[V_0(Na_2S_2O_3) - V(Na_2S_2O_3)]c \times 126.9}{1000 \times 碘值} \times 100 \qquad (7\text{-}6)$$

式中　m——待测样品的称样量，g；

$V_0(Na_2S_2O_3)$——空白时，ICl 消耗 $Na_2S_2O_3$ 标准滴定溶液的体积，mL；

$V(Na_2S_2O_3)$——称取 mg 时，剩余 ICl 消耗 $Na_2S_3O_3$ 标准滴定溶液的体积，mL；

c——硫代硫的钠的浓度，mol/L；

126.9——碘的摩尔质量，g/mol。

(3) 加成反应条件控制

① 忌水水分的存在，会与氯化碘发生反应：

$$ICl + H_2O \longrightarrow HCl + HIO$$

$$5HIO \longrightarrow HIO_3 + 2I_2 + 2H_2O$$

因此，在加成反应未完成前，水的引入将使 ICl 的浓度降低，反应活性亦随之降低，影响反应的完全程度。

② 温度条件的控制　氯化碘易与双键发生亲电加成反应，由于氯与碘元素电负性不同，与双键加成时，极性分子 ICl 具有更低的活化能，反应更容易发生。

$$-\overset{|}{C}=\overset{|}{C}- + ICl \rightleftharpoons -\overset{|}{C}\overset{}{=}\overset{|}{C}- \ (\pi\text{-配合物})$$

（π-配合物中 I—Cl 与双键配位）

根据化学动力学理论，当反应物浓度恒定时，温度每升高 10K，反应速率增加 2～3 倍；但温度过高，会影响 ICl 的稳定性。

有分析工作者强调一定要严格控制反应温度为 (25±2)℃ 。也有学者认为室温高于 25℃时的测定结果似乎更可信（排除其他干扰因素），因为在相同的反应时间内，温度越高，反应越快，加成反应可能进行得更完全。

然而，在一般的实验室要营造一个严格的恒温环境是很困难的。由经验总结，笔者认为实际操作中无需严格控制温度。

③ 反应时间的控制　由于有机反应大多反应速率较慢，要使反应进行完全，需要一定的时间，一般需暗处反应 15～30min 不等。对于不饱和度大的样品或试验温度较低的情况，可采用适当延长停放时间或增大试剂溶液浓度的方法来提高碘值测定结果的准确性，达到使加成反应进行完全的预期目的。

但需注意的是：平行样品与空白试验放置作用的时间和温度应相一致，以保证分析结果的精密度。

为提高碘值的测定速度，分析工作者报道了一种测定油脂碘值的新方法，不改变操作步骤，只需在测定过程中加入催化剂醋酸汞，可使测定反应由 30min 缩短为 4min 即可完成，测定结果精密度和准确度高，其相对误差小于 0.5%，变异系数小于 0.2%。

④ 反应环境控制　在光照的情况下，ICl 溶液极不稳定，试剂需用棕色瓶盛装并放于暗处，加成反应也应在暗处进行。

$$ICl \xrightarrow{\text{光或热}} I_2 + Cl_2$$

（4）滴定条件的控制

① 滴定速度　为防止 I^- 被空气中 O_2 氧化及 I_2 的挥发，滴定时应快滴慢摇。

② 指示剂的加入　淀粉指示剂应在近终点时加入，防止加入过早淀粉吸附较多的 I_2，使滴定结果产生误差。

（5）滴定剂的配制要点　由于溶解在水中的 CO_2 和空气的氧化作用：$2Na_2S_2O_3 + O_2 \longrightarrow 2Na_2SO_4 + 2S$，会使 $Na_2S_2O_3$ 溶液浓度慢慢减小，另外水中微生物和光、热作用会使 $Na_2S_2O_3$ 分解，使 $Na_2S_2O_3$ 溶液不稳定。故配制 $Na_2S_2O_3$ 溶液时要采取下列措施：第一，用新煮沸并冷却的蒸馏水（除去 CO_2 和杀死微生物）；第二，配制时加入少量的 Na_2CO_3，使溶液呈弱碱性，以抑制微生物再生长；第三，配制好的标准溶液置于棕色瓶中，放置暗处 8～10 天，再用基准物（通常选用 $K_2Cr_2O_7$）标定。若发现溶液浑浊，需重新配制，$Na_2S_2O_3$ 不宜长期保存，应定期标定。

（二）工业硬脂酸皂化值的测定——皂化回滴法分析条件控制

1. 方法原理

皂化值：在规定的试验条件下，皂化 1g 样品所需氢氧化钾的质量（以 mg 计）。

皂化值的大小与油脂中甘油酯的平均相对分子质量有密切关系。甘油酯或脂肪酸的平均相对分子质量越大，皂化值越小。若油脂内含有不皂化物、一甘油酯和二甘油酯，将使油脂皂化值降低；而含有游离脂肪酸将使皂化值增高。

测定硬脂酸的皂化值是利用皂化-酸碱滴定法，将工业硬脂酸在加热回流状态下与一定量过量的氢氧化钾-乙醇溶液进行皂化反应，剩余的氢氧化钾以标准盐酸溶液进行滴定，并同时做空白试验，由此可计算出硬脂酸的皂化值。

工业硬脂酸中含有少量未水解的酯类，故测得的皂化值比酸值略高一些。一般酯值在 1～2mg/g 试样。

① 氢氧化钾与试样中的少量未水解的酯反应。

$$C_3H_5(OCOR)_3 + 3KOH(\text{过量}) \longrightarrow C_3H_5(OH)_3 + 3RCOOK$$

② 氢氧化钾与试样中硬脂酸、软脂酸及油酸等发生中和反应。

$$RCOOH + KOH(\text{过量}) \longrightarrow RCOOK + H_2O$$

③ 用标准 0.5mol/L 盐酸标准溶液滴定剩余氢氧化钾。

$$HCl + KOH(\text{剩余}) \longrightarrow KCl + H_2O$$

2. 分析条件选择与控制

(1) 溶剂、滴定剂的选择　工业硬脂酸不溶于水而溶于乙醇，采用氢氧化钾-乙醇溶液加热回流，可促进皂化反应完全。

由于硫酸钾不溶于乙醇，易生成沉淀而影响测定结果，因此，皂化反应后剩余的碱应用盐酸中和。

(2) 碱液浓度及用量控制　对于皂化反应而言，碱液的浓度增大，能加速反应，但可能导致空白试验酸标准溶液消耗过大，造成测定误差，因此，应注意控制滴定样品消耗液酸标准溶液为 15～20mL。

(3) 温度的控制　测定过程中要保持微沸，可加速反应而缩短测定时间，但要注意防止乙醇从冷凝管口挥发，可加长冷凝管。

(4) 指示剂的选择　用盐酸滴定剩余碱时，若试样液颜色较浅，可采用酚酞指示剂，若试样液颜色较深，则用百里酚酞或碱性蓝 6B，可使终点更容易观察而增强测定准确性。

(三) 工业硬脂酸酸值的测定分析条件控制

1. 方法原理

酸值的测定实质是酸碱中和反应，即

$$RCOOH + KOH \longrightarrow RCOOK + H_2O$$

2. 分析条件选择与控制

强碱滴定弱酸时，由于生成强碱弱酸盐，溶液显碱性，因此，应选用处于碱性范围内变色的酚酞和百里酚蓝等作指示剂。

(四) 工业硬脂酸凝固点的测定分析条件控制

1. 方法原理

熔化的样品缓缓冷却逐渐凝固时，由于凝固放出的潜热而使温度略有回升，回升的最高温度，即是该物质的凝固点，所以熔化和凝固是可逆的平衡现象。纯物质的熔点和凝固点应相同，但通常熔点要比凝固点略低（低 1～2℃）。每种纯物质都有其固定的凝固点。工业硬脂酸为混合物，其凝固点是按规定程序硬脂酸冷却至熔点以下，凝固时达到的最高温度。

2. 分析条件选择与控制

① 常用冷却浴为水、冰水、冰盐水等。

② 加热浴应选用沸点高于固体样品熔点，而且性能稳定，清澈透明，黏度较小的液体，如水、硅油或其他合适的介质。

③ 温度计插入样品之前，用滤纸包着水银球，以手温热，避免玻璃表面温度较低而结一层薄膜，影响观察读数。

(五) 工业硬脂酸水分的测定——干燥减量法分析条件控制

1. 方法原理

干燥减量法指通过加热使固体产品中包括水分在内的挥发性物质挥发尽，从而使固体物质的质量减少的方法。将试料在 105℃±2℃下加热烘干至恒重，试样减少的质量即为水分含量。

2. 分析条件选择与控制

(1) 干燥减量法的前提条件　采用干燥减量法测定产品中真实水分时，应满足三个条件：水分是样品中唯一的挥发物质；在加热过程中不发生化学变化或虽然发生了化学变化，但不伴随有质量变化；水分可以完全除去。

(2) 操作条件的选择　使用干燥法进行水分测定时，操作条件的选择相当重要，主要有称量瓶的选择、称样量、干燥设备和干燥条件等。

① 称量瓶　水分测定的称量瓶有玻璃和铝制两种，玻璃称量瓶耐酸碱，不受样品性质限制；铝制称量瓶导热性强，但不耐酸。称量瓶在使用之前需在（105±2)℃烘箱中进行干燥。在移动称量瓶时应用坩埚钳，不能用手直接取放。

② 干燥设备　在进行烘箱干燥时，除了使用特定的温度和时间条件外，还应考虑不同类型的烘箱引起的温度变化。对流型烘箱由于没有安装风扇，空气循环慢，温差最大可达10℃；强力通风型烘箱温差是最小的，通常不超过1℃；真空干燥烘箱装有耐热钢化玻璃窗，可观察干燥进程。故干燥时称量瓶应放在温度计水银球的周围。

③ 干燥条件　需控制好干燥温度和时间。

另外，操作中应避免试样中水分的损失或从空气中吸收水分。

（六）工业硬脂酸色度的测定——分光光度标准工作曲线法分析条件控制

1. 方法原理

根据硬脂酸样品与铂-钴标准色号有相似光谱吸收的特性，用分光光度计在一定波长下，测定一系列标准色度的吸光度，绘出工作曲线。在相同波长下测定样品溶液的吸光度，对照已绘出的工作曲线，查得硬脂酸相应的色度值，以铂-钴色度单位（Hazen）表示。

2. 分析条件选择与控制

(1) 回归分析法求直线方程式　对于铂-钴色度单位-吸光度标准工作曲线的绘制及直线方程的求法，可按照下列步骤进行。

① 测定铂-钴标准色度溶液的吸光度（波长420nm，10cm比色皿，测定数据不少于12对)，得吸光度数值见表7-4所示。

表7-4　标准色度及吸光度数值列表

标准色度/黑曾	吸光度(A)	标准色度/黑曾	吸光度(A)	标准色度/黑曾	吸光度(A)
5	0.022	30	0.097	100	0.301
10	0.035	35	0.114	150	0.452
15	0.046	40	0.127	250	0.738
20	0.065	50	0.152	300	0.901
25	0.084	60	0.196	400	1.180

② 用回归分析法求直线方程式：

直线方程：$Y(\text{Hazen})=bX$（吸光度 A）$+a$

式中

$$b=\frac{n\sum XY-\sum X\sum Y}{n\sum X^2-(\sum X)^2} \tag{1}$$

$$a=\overline{Y}-b\overline{X} \tag{2}$$

式(1)和式(2)中的有关数值利用表7-5计算得到。

表7-5　回归分析法中的数据列表

n	X	Y	X^2	XY	n	X	Y	X^2	XY
1	0.022	5	4.84×10^{-4}	0.11	10	0.196	60	0.038	11.70
2	0.035	10	1.255×10^{-3}	0.35	11	1.301	100	0.091	30.10
3	0.046	15	2.116×10^{-3}	0.69	12	0.452	150	0.204	67.80
4	0.065	20	4.225×10^{-3}	1.30	13	0.738	250	0.545	184.50
5	0.084	25	7.056×10^{-3}	2.10	14	0.901	300	0.812	270.30
6	0.097	30	9.409×10^{-3}	2.91	15	1.180	400	1.392	472.0
7	0.114	35	0.013	3.99	Σ	4.51	1490	3.16	1060.6
8	0.127	40	0.016	5.08	平均	0.3007	99.33		
9	0.152	50	0.023	7.60					

将表 7-5 有关数据代入式(1)、式(2) 得：

$$b=\frac{15\times1060.6-4.51\times1490}{15\times3.16-(4.51)^2}=340 \quad a=99.33-340\times0.3007\approx-3$$

得直线方程： $Y(\text{Hazen})=340X(\text{吸光度}\ A)-3$ (3)

③ 绘制标准工作曲线 以铂-钴色度单位（Hazen）为纵坐标，吸光度（A）为横坐标，根据式(3) 分二段绘制标准工作曲线。绘制标准工作曲线时，由于铂-钴标准色度变化幅度较大，通常分二段绘制。二段的划分范围以查表方便为原则。一般第一段色度值为 0～60，相应吸光度值 0～0.19；第二段色度值为 50～500，相应吸光度 0.1～1.3，后者适用于工业硬脂酸色度的检验。

(2) 比色皿的选择 本测定需要使用具有 10cm 比色皿的专用分光光度计，如采用普通分光光度计，可用 3cm 比色皿测量吸光度，测得的吸光度值较小，读数误差较大。

(3) 试剂的控制 为使色度测定结果准确，在配制铂-钴标准溶液称量前，应测定所用试剂中 $CoCl_2\cdot6H_2O$ 和 K_2PtCl_6 的实际含量，并根据实测含量对称量加以修正，GB 605—2006 规定的测定方法如下。

① 六水合氯化钴含量的测定 称取 0.4g 样品，精确至 0.0001g。溶于 50mL 水中，用 0.05 mol/L 的 EDTA 标准滴定溶液滴定至终点前约 1mL 时，加 10mL 氨-氯化铵缓冲溶液（pH=10）及 0.2g 紫脲酸铵指示剂，继续滴定至溶液呈紫红色。

六水合氯化钴的质量分数 $w(\%)$，按下式计算：

$$w=\frac{VcM}{m\times1000}\times100\% \tag{7-7}$$

式中 V——EDTA 标准滴定溶液的体积，mL；

c——EDTA 标准滴定溶液的浓度，mol/L；

M——六水合氯化钴的摩尔质量，$M(CoCl_2\cdot6H_2O)=237.9$g/mol；

m——六水合氯化钴样品的质量，g。

② 氯铂酸钾含量的测定 称取 0.5g 样品，精确至 0.0001g。用 170mL 硫酸溶液（40%）加热溶解，再加 2g 甲酸钠，于电炉上煮沸至反应完全，上层溶液澄清（可不断补充水，保持溶液体积不变）。冷却，加 130mL 水，搅匀，用慢速定量滤纸过滤，再用 0.1mol/L 热盐酸洗涤至滤液无硫酸盐反应。将沉淀置于已在 800℃恒重的坩埚中，于 800℃灼烧至恒重。

氯铂酸钾的质量分数 $w(\%)$，可按下式计算：

$$w=\frac{m_1\times2.491}{m}\times100\% \tag{7-8}$$

式中 m_1——沉淀的质量，g；

m——氯铂酸钾样品的质量，g；

2.491——$M(K_2PtCl_6)/M(Pt)$ 的比值。

(4) 铂-钴标准溶液应置于具塞棕色瓶中，避光保存，标准比色母液可以保存 6 个月，稀释溶液可以保存 1 个月。

(5) 由于氯铂酸钾价格昂贵，且不易随时购得，有时可用重铬酸钾代替。使用重铬酸钾时，色度为 500 度的标准溶液的制备方法是：称取 0.0437g 重铬酸钾及 1.000g 七水硫酸钴，溶于少量蒸馏水中，加入 0.50mL 浓硫酸，在容量瓶中配成 500mL 溶液。

知识拓展

一、硬脂酸生产的主要原料

硬脂酸是现代工业生产中的一种重要化工原料。目前国内大多采用进口棕榈油或精炼动、植物油为原料，经加氢、水解、酸处理、蒸馏、压榨生产硬脂酸。

（一）天然原料

我国生产硬脂酸主要的天然原料（含 C_{16}～C_{18}的脂肪酸）有很多，但并不是所有的都能用做生产硬脂酸和油酸的原料。油脂中含有较多的二十碳以上高碳酸或十四碳以下的脂肪，或含有羟基酸等，这类油脂就不适于生产硬脂酸，如椰子油、蓖麻油等。

1. 桕油、梓油、木油

这三种油都是由乌桕籽制取的。乌桕籽树是我国的特产，大都分布在长江流域及其以南地区。乌桕籽的外皮有一层白色的蜡状物，叫桕白，用桕白制成的油是白色固体，叫做桕蜡，俗称桕油或皮油。乌桕籽的种子叫梓籽。用梓籽仁榨出的油是红棕色液体，叫做梓油。若把乌桕籽混合压榨，制出一种半固体的混合油脂，俗称木油。

桕油和梓油的脂肪酸组成和性质不同。桕油几乎完全由棕榈酸和油酸组成，棕榈酸与油酸之比为 2∶1，它是硬脂酸工业和制皂工业的上等原料。桕油的主要甘油三酸酯是棕榈酸-油酸-棕榈酸（POP），含量达到 80%；其次为棕榈酸-棕榈酸-棕榈酸（PPP），类似可可脂，为代可可脂的理想原料。梓油为高度不饱和油脂，它由 70%的普通甘油三酸酯和 30%的稀有不饱和脂肪酸的甘油四酸酯组成。

2. 棕榈油

棕榈油是提供生产 C_{16}～C_{18}脂肪酸的原料，东南亚地区拥有丰富的棕榈油和椰子油。

棕榈油是由新鲜油棕果实（也叫油椰子）中所得的油。油棕属于棕榈科，产于热带和亚热带，油的颜色因含有胡萝卜素而呈黄棕色，须经高温处理才能除去。

它的脂肪酸组成为：十六烷酸 43%～45%，十八烷酸 4%～5%，十四酸 0.6%～2.4%，油酸 38.0%～40%，亚油酸 9%～11%，碘值 32～55，皂化值 190～202。

棕榈油中含有大量十六烷酸，是生产硬脂酸的优良原料。但它在我国产量较少，主要产在海南岛一带。棕榈树以马来西亚、印度尼西亚最多。

3. 牛油、羊油

牛油，又称牛脂。由熬煮牛的内脏脂肪组织而得，因含有胡萝卜素而略呈黄色。它的脂肪酸组成为：十六烷酸 17%～29%，十八烷酸 14%～29%，十四酸 2.0%～2.5%，油酸 43%～45%，亚油酸 2%～5%，碘值 32～47，皂化值 190～202。

羊油，又称羊脂。主要由熬煮羊的内脏脂肪组织而得。组成性质与牛脂相近，脂肪酸组成为十六烷酸 25%～27%，十八烷酸 25%～31%，十四酸 2%～4%，油酸 36%～43%，亚油酸 3%～4%，碘值 31～47，皂化值 194～199。

牛油、羊油也是生产硬脂酸的好原料。但由于牛羊油精制后可以食用，目前不是生产硬脂酸的主要油种。

4. 棉籽油

棉花是重要的经济作物，是植物纤维的主要来源，在我国分布广泛，几乎各地都有种植，产量丰富。整粒棉籽含油为 17%～26%，去壳的棉仁含油为 31%～39%。粗制棉籽油呈红棕至棕色，含有少量有毒的棉酚，经碱炼后可除去，成为淡黄色无毒的油脂，可食用。

棉籽油大量用于制皂和硬脂酸、油酸工业，是我国生产硬脂酸和油酸的最主要油种。

棉籽油脂肪酸组成为十六烷酸20%～22%，十八烷酸2%，十四酸0.3%～0.5%，二十酸0.1%～0.6%，油酸30%～35%，亚油酸40%～45%，碘值101～116，皂化值189～199。

5. 米糠油

我国是世界上最主要的产稻国之一，米糠是稻谷碾成米时的副产品。米糠中含油14%～24%，用压榨法或萃取法可制取米糠油。其脂肪酸组成为十六烷酸11.7%～20%，十八烷酸1.7%～2.5%，十四酸0.4%～0.6%，二十酸0.5%，油酸37%～43%，亚油酸26%～35%，碘值91～115，皂化值183～194。

6. 骨油

骨油是从动物的骨骼中熬煮、萃取或压榨得到的油脂。是一种低级的动物油脂，呈深黄色至棕褐色。脂肪酸组成为十六烷酸20%～21%，十八烷酸19%～21%，油酸50%～55%，亚油酸5%～10%，碘值46～56，皂化值190～195。

骨油由于杂质多、色泽深，只能生产800型硬脂酸。它含有50%以上的油酸，是生产油酸的好原料。

7. 茶油

茶油得自山茶的种子，含油量约50%，饮用茶叶的茶种子含油量较少，约30%。茶油色泽淡黄，可以食用。其脂肪酸组成为十六烷酸9.9%，十八烷酸1.1%，十四酸1%，油酸70.2%，亚油酸16.5%，碘值80～90，皂化值188～196。茶油可以生产硬脂酸，但由于它含油酸在70%左右，所以主要用于生产油酸。

8. 漆油

漆油又称漆蜡或漆脂。是由漆树、野漆树的果皮中取得的，我国西南各地均有出产。其十六烷酸含量可达到77%～79%，十八烷酸5.9%，油酸12%，碘值5～18，皂化值205～230。它可与棉籽油等其他油种配合，生产硬脂酸。

9. 猪油

猪油为我国生产量较大的动物油脂，是制皂工业和硬脂酸工业的常用原料。猪油由于品种、产地等的不同，特别是由于熔炼部位和来源不同，组成和质量差异较大。猪油的脂肪组成约为十六烷酸28%，十八烷酸12%，十四酸1%～3%，油酸36%，亚油酸4%～5%，碘值53～77，皂化值187～193。

（二）合成原料——氢化油

天然油脂中所含饱和脂肪酸成分是较少的，特别是液体植物油脂是不能直接用作原料生产硬脂酸的，必须先经过氢化。

油脂的氢化过程就是用氢气加成在不饱和脂肪酸甘油酯的双键上，使不饱和脂肪酸甘油酯变为饱和脂肪酸甘油酯，从而使液体油脂变为固体油脂，提高熔点，降低碘值。油脂的氢化产物叫氢化油，俗称硬化油。

油脂的氢化包括原料油脂精制、氢气的制造与精制、催化剂制作及再生、油脂加氢、氢化油脂过滤等工序。一般在专门的氢化油厂或氢化车间进行，是一个独立的工业部门，不包括在硬脂酸制造工艺以内。硬脂酸工业要求用极度氢化油。

二、基本有机化工产品知识

基本有机化工是基本有机化学工业的简称，它利用自然界中大量存在的煤、石油、天然气及生物质等资源，通过各种化学加工的方法，制成一系列重要的基本有机化工产品。

1. 基本有机化工的原料

基本有机化工的原料主要有合成气（$CO+H_2$）、甲烷、乙烯、乙炔、丙烯、C_4 以上脂肪烃、苯、甲苯、二甲苯、萘等（它们来源于石油、天然气和煤）；另外，还可以从农林副产物获取原料。基本有机化工产品品种繁多，可从以上每一类原料出发，制得一系列产品。

2. 基本有机化工的主要产品

（1）合成气和甲烷系产品　天然气中甲烷的化工利用主要有三个途径：在镍催化剂作用下经高温水蒸气转化或部分氧化制成合成气，进一步合成甲醇、高级醇、尿素以及一碳化学品；另可部分氧化制乙炔，发展乙炔工业；还可直接生产各种化工产品，如炭黑、氢氰酸、各种卤代甲烷、硝基甲烷等。合成气可氧化制得甲醇，再与CO催化得到乙酸、醋酐、甲酸甲酯、乙醛等；可于烯烃酰化制得醛、醇等。

（2）乙烯系产品　由乙烯出发可生产许多重要的基本有机化工产品。乙烯聚合可得到高压聚乙烯、低压聚乙烯、线性低密度聚乙烯和乙丙橡胶；氧化得到环氧乙烷、二氯乙烷和乙醛；另外还可制得醋酸乙烯、乙苯、丁烯、乙醇等。

（3）丙烯系产品　丙烯系产品在基本有机化工中的重要性仅次于乙烯系产品。其主要产品有：丙烯通过聚合反应得到聚丙烯、乙丙橡胶、丙烯三聚体和四聚体；丙烯氧化得到丙烯醛、丙烯酸、丙酮及与氨氧化得丙烯腈等，另外，由丙烯还可得到氯丙烯、环氧氯丙烷、环氧丙烷、异丙醇、异丙苯等化工产品。

（4）碳四烃系产品　从油田气、炼厂气和烃类裂解制乙烯的副产品中都可获得碳四烃。油田气中主要含有碳四烷烃，炼厂气中除碳四烷烃外，还含有大量碳四烯烃，裂解制乙烯的副产物主要是碳四烯烃和二烯烃。碳四烃是基本有机化工的重要原料，其中尤以正丁烯、异丁烯和丁二烯等最重要，其次是正丁烷。由丁二烯通过聚合加成得到产品有：顺丁橡胶、丁苯橡胶、丁腈橡胶、ABS塑料、环辛二烯、环十二三烯（制尼龙12)、己二腈、己二酸、1，4-丁二醇、顺丁烯二酸酐等。由正丁烯得到产品有：甲乙酮、2-丁醇、丁二烯、丁基橡胶、聚1-丁烯等。由正丁烷可制得产品有：醋酸、丁二烯、顺丁烯二酸酐和（丙）乙烯等。由异丁烯可制得产品有：聚异丁烯、二异丁烯、叔丁醇、甲基叔丁基醚（MTBE)、甲基丙烯腈。

（5）乙炔系产品　乙炔直接加成得主要产品有乙醛、醋酸、氯乙烯、醋酸乙烯、1，4-丁二醇和丙烯腈等。另外通过聚合可制得乙烯基乙炔，进一步加成得丁二烯和2-氯丁二烯；或直接氯化得三氯乙烯和四氯乙烯。

（6）芳烃系产品　芳烃中以苯、甲苯、二甲苯和萘最为重要。不仅可直接作为溶剂，还可加工成各种基本有机化工产品。其中苯通过取代可制得乙苯、异丙苯、十二烷基苯、氯苯，加氢得环己烷，氧化制得顺丁烯二酸酐等。由甲苯可制得苯甲酸、甲乙苯、二甲苯等，由二甲苯氧化可得对苯二甲酸、间苯二腈和邻苯二甲酸等。

3. 基本有机化工产品的用途

基本有机化工产品的用途可概括为三个主要方面：一是生产合成橡胶、合成纤维、塑料、树脂和其他高分子化工产品的原料，即聚合反应的单体；二是用作合成洗涤剂、表面活性剂、水质稳定剂、染料、医药、农药、香料、涂料、增塑剂、阻燃剂等精细有机化工产品的原料和中间体；三是按产品所具性质用于某些独立用途，例如用作溶剂、冷冻剂、抗冻剂、载热体、萃取剂、气体吸收剂等，广泛应用于涂料工业、油脂工业、运输工业及其他工业。还有可直接用于医药的麻醉剂、消毒剂等。由上可以看出基本有机化工的重要性，与国民经济的许多部门都有密切的关系。

三、不饱和化合物的测定方法简介

（一）不饱和化合物的测定结果表示

有机化合物的不饱和化合物主要有烯烃、炔烃、部分脂肪酸及油脂等。在化工产品检验中，如油脂、石油产品通常需要测定其不饱和度。不饱和烃含量可用不饱和化合物含量表示，也可用碘值、溴值和溴指数来间接表示。

1. 不饱和化合物含量

在不饱和化合物中，每 1mol 双键可以加成 1mol ICl，相当于 2mol 滴定剂硫代硫酸钠，故试样中不饱和化合物（B）的质量分数按下式计算：

$$w(B)=\frac{c(V_0-V)M\left(\frac{1}{2}B\right)}{mn\times 10^3}\times 100\% \qquad (7\text{-}9)$$

式中　c——硫代硫酸钠标准滴定溶液的准确浓度，mol/L；

V——试样消耗硫代硫酸钠标准滴定溶液的体积，mL；

V_0——空白试验消耗硫代硫酸钠标准滴定溶液的体积，mL；

m——试样的质量，g；

$M\left(\frac{1}{2}B\right)$——不饱和化合物$\frac{1}{2}$B 的摩尔质量，g/mol；

n——不饱和化合物分子中双键的个数。

2. 碘值、溴值和溴指数

氯化碘加成法测定动、植物油脂的不饱和度时，由于不能与动、植物油脂中的所有双键发生加成反应，只能测出相对值，所以不能用不饱和化合物的质量分数表示测定结果，通常用“碘值”表示测定结果。

碘值是指在规定条件下，100g 试样所能吸收的碘的质量，以 $g(I_2)/100g$ 表示。

溴值是指在规定条件下，100g 试样所能吸收的溴的质量，以 $g(Br_2)/100g$ 表示。

溴指数是指在规定条件下，与 100g 试样反应所消耗溴的质量，以 $mg(Br_2)/100g$ 表示，碘值≈1.588 溴值＝1588 溴指数。

不饱和化合物的化学定量分析，主要是利用发生在双键上的加成反应，根据采用的加成试剂不同，有卤素加成法、催化加氢法、氧加成法和硫氰加成法等。油品的溴值可采用电位滴定法和电量法等。

碘值的测定方法很多，如氯化碘-乙醇法、氯化碘-乙酸法、韦氏法、碘酊法、溴化法、溴化碘法等。各方法不同点在于加成反应时卤素的结合状态和对卤素采用的溶剂不同。通常为避免取代反应的产生，一般不用游离卤素反应，而是采用卤素的化合物。GB 9104.1 中采用氯化碘-乙酸法测定工业硬脂酸的碘值。

（二）溴值测定方法

1. 卤素加成法

卤素加成法，特别是采用氯化碘作为加成试剂的方法（韦氏法）应用较为普遍。另外还有溴化碘加成法，又分为“汉纳斯”法和“乌百恩”法。

（1）汉纳斯（Hanus）法　用分析天平准确称取样品 0.2～0.5g（精确至 0.0001g）至干燥的碘量瓶中，加入 10mL 四氯化碳，轻轻摇动，使试样全部溶解；用移液管准确加入 Hanus 试剂 25mL，立即塞好瓶塞。在瓶塞与瓶口之间加数滴 10%KI 溶液封闭缝隙，以防止碘挥发而造成测定误差，在 20～30℃暗处放置 30min，小心打开瓶塞，使瓶塞旁 KI 溶液流入瓶内，并用 10%KI 溶液 10mL 和 50mL 蒸馏水把瓶塞和瓶颈上的液体冲入瓶内，摇匀后用0.1mol/L $Na_2S_2O_3$ 标准溶液迅速滴定至浅黄色，加入1%淀粉溶液1mL，继续滴定，接近终点时用力振荡，使碘由四氯化碳全部进入水溶液中，再滴定至蓝色消失为止，记录所消耗的硫代硫酸钠标准溶液体积。同时做空白对照试验，除不加试样外，其余操作同上。

(2) 乌百恩 (Wijs) 法　将试样在溶剂中溶解，加入 Wijs 试剂与不饱和酯充分反应，再加入KI，用硫代硫酸钠标准溶液滴定析出的碘，计算出碘值。

2. 电位滴定法

电位滴定法是将已知量的试样溶解在规定的溶剂中，用溴酸钾-溴化钾溶液进行电位分析。当试样中能与溴作用的物质反应完毕后，溶液中有游离溴出现时，溶液的电位突然变化，终点以"死停点"电位滴定仪指示或以电位滴定曲线的电位滴定突跃判断，根据滴定过程所消耗溴酸钾-溴化钾溶液的体积，即可计算出试样的溴值。

3. 电量法

电量法是将试样注入一定量溴的特殊电解液中，使样品中的不饱和烃与溴加成，消耗的溴由库仑仪阳极电解补充，测量补充溴所消耗的电量，根据法拉第定律计算出试样的溴值。

包括不饱和化合物在内的复杂混合物，还可以用气相色谱进行分离分析。对于沸点不高的混合物可直接进样。例如，异戊二烯产品中含有烷烃、烯烃、环烷烃、环烯烃、炔烃、芳烃等数十种组分，用毛细管色谱法一次进样即可完成全分析。对于沸点较高的高级脂肪酸（包括饱和的和不饱和的），一般需要进行甲酯化，然后进样分析。测定某些不饱和化合物，还可以采用紫外-可见分光光度法或电化学方法，但应用较少。

四、酯类化合物的测定方法简介

酯在碱性条件下水解生成酸的钠盐或钾盐及一种醇，借此可以进行酯的测定，即皂化法测定酯的含量；微量酯的测定可用羟肟酸铁比色法，还有气相色谱法、电位滴定法等。酯类化合物的测定方法如表7-6所示。

表7-6　酯类化合物的测定方法简介

方法	皂化-回滴法	皂化-离子交换法	比色法
过程简述	过量碱标准溶液与试样反应→酸标准溶液滴定剩余碱	过量碱乙醇溶液与试样反应→强酸型离子交换树脂柱→NaOH标准溶液滴定分析	酯样品与游离羟胺反应→高氯酸铁显色→比色
应用范围	大多数的酯化合物		特别适合于痕量酯的测定
应用举例	工业邻苯二甲酸酯类检验方法		
方法特点	仪器简单、操作简便快速	仪器简单、操作稍复杂	仪器简单、操作简便快速
备注	酸、酸酐、酰胺、腈和醛能产生干扰	比皂化法准确性高	酸酐、酰胺、腈能产生干扰

（一）皂化-回滴法

1. 方法原理

用过量的氢氧化钾乙醇标准溶液皂化试样中的酯，以酚酞为指示剂，用盐酸标准溶液返滴定过量的碱，根据消耗的标准盐酸溶液的体积计算酯的含量。同样条件下做空白实验。

2. 测定过程

分别于两个硅硼酸盐玻璃烧瓶中，用同一支移液管接连加入50mL氢氧化钾标准溶液，同时再各加入5mL水，用称量瓶称量一定量试样，加入其中一个烧瓶中。把烧瓶与回流冷凝器接上，置于沸水中加热 1h 后取出烧瓶。将仍然附着冷凝器的烧瓶浸入流动的冷水中。冷却后，以少量水由上至下洗涤各个冷凝器内部，拆下烧瓶，以 20mL 的水进一步洗涤各个接头。

在两烧瓶中分别加入 0.5mL 的酚酞指示剂，立即用 1mol/L 盐酸标准溶液相继滴定样品和空白样，直至粉红色消失为止。

（二）皂化-离子交换法

用过量的强碱（氢氧化钾或氢氧化钠）醇溶液使试样中的酯皂化，生成羧酸盐和醇。反应液通过 40～80 目 H 型阳离子交换树脂，溶液中的钾离子（或钠离子）与树脂上的氢离子发生交换，过量的碱被中和；羧酸盐转化为游离的羧酸，以酚酞为指示剂，用碱标准溶液滴定。另需用溶剂和氢氧化钾溶液经过离子交换后做空白实验。根据消耗的碱标准溶液量即可求出酯的含量。

$$RCOOR'+KOH \longrightarrow RCOOK+R'OH$$

离子交换：$\left.\begin{matrix}RCOOK\\KOH\\K_2CO_3\end{matrix}\right] \xrightarrow{\text{H 型阳离子交换树脂}} \left[\begin{matrix}RCOOH\\H_2O\\CO_2+H_2O\end{matrix}\right.$

滴定：$RCOOH+KOH \longrightarrow RCOOK+H_2O$

皂化-离子交换法的优点是：可用浓度较大的碱液进行皂化，以缩短皂化时间；因碳酸盐通过离子交换柱时分解，生成的 CO_2 可在滴定前通过加热去除，因此，该法不受皂化时二氧化碳浸入的影响，准确性比皂化法-回滴法高，但操作较烦琐且费时。

（三）比色法

在样品中加入盐酸羟胺乙醇溶液和氢氧化钾乙醇溶液，加热，冷却后用盐酸酸化，再加入三氯化铁溶液。各种酯生成的羟肟酸铁配合物最大吸收波长，脂肪酸酯的 $\lambda_{max}=530nm$；芳香酸酯是 $\lambda_{max}-550\sim560nm$。

（四）气相色谱法

1. 毛细管柱法

首先根据酯的性质确定合适的毛细管色谱柱及色谱操作条件，在选定的工作条件下，启动气相色谱仪，在规定的色谱操作条件下调试仪器，稳定后准备进样分析。用进样器将样品经汽化通过毛细管色谱柱，使其中各组分得到分离，用氢火焰离子化检测器检测分析。测定定量校正因子，根据校正面积归一化法测定出酯和醇的含量，用卡尔·费休库仑法等测得水分进行校正，用色谱数据处理机或积分仪处理计算结果，得出酯和醇的含量。

2. 填充柱法

该法测定步骤和毛细管色谱柱法相似，用气相色谱法，在选定的工作条件下，试料经汽化通过填充色谱柱（色谱柱在首次使用前应进行老化处理，老化方法为在 180℃下通氮气老化 24h），使其中各组分得到分离，用热导检测器检测。根据校正面积归一化法，得出乙酸酯和醇的含量，当样品的杂质中只有水和醇存在的情况下，也可采用外标法，同时可测定出水分。

练　习

1. 工业硬脂酸的生产方法有哪几种？生产硬脂酸的原料主要有哪些？
2. 简述工业硬脂酸的质量标准。产品分析检验的标准有哪些？

3. 韦氏加成法测定碘值的取样量是如何确定的？测定碘值需注意哪些操作条件？为什么？

4. 欲采用韦氏法测定牛油的碘值，预计其碘值在35～59g/100g之间，试确定适宜的取样量？

5. 测定皂化值和酸值所用的乙醇为什么要预先中和？皂化过程为什么采用回流冷凝装置？

6. 工业硬脂酸凝固点的测定为什么要预先熔化和脱水？

7. 测定硬脂酸中的少量水分为什么采用蒸馏法？可否采用烘干法或气相色谱法？

8. 测定硬脂酸中少量无机酸的含量所用的硫酸标准溶液（0.001%）是如何配制的？试解释有关计算式。

9. 用分光光度法测定铂-钴标准色度溶液和硬脂酸的色度时，为什么使用10cm比色皿？如果使用3cm比色皿，测得的吸光度值应在什么范围？

10. 工业硬脂酸中包含哪些化学成分？

11. 测定一植物油试样的皂化值时，称取3.727g样品，用KOH乙醇溶液皂化后，用硫酸标准滴定溶液返滴定，耗用20.06mL。同样条件下空白试验消耗硫酸标准滴定溶液45.20mL。另取该植物油试样测得酸值为1.50mg/g（试样）。求该植物油的皂化值和酸值？

12. 简述基本有机化工的主要产品。

13. 酯类化合物的分析项目主要有哪些？

任务八　聚醚多元醇的分析检验

【知识目标】

1. 了解聚醚多元醇的合成线路及用途；
2. 掌握聚醚多元醇羟值、酸值、不饱和度等相关质量指标的化学测定方法原理；
3. 了解高分子有机化工发展史及聚氨酯塑料的发展趋势；
4. 掌握黏度等基本物理参数测定的方法原理。

【技能目标】

1. 能合理控制分析条件，准确测定聚醚多元醇羟值、酸值、不饱和度等相关质量指标；
2. 能正确使用旋转黏度计迅速准确测定化工产品的黏度。

任务内容

一、聚醚多元醇的简要制法

（一）制备机理

聚醚多元醇一般都是以多元醇、多元胺或其他含有活泼氢的有机化合物为起始剂与环氧化物开环聚合而成，其中以环氧丙烷开环聚合制备的聚醚多元醇，由于其用途广，需求量大，适合于合成各种聚氨酯泡沫塑料，而称之为通用聚醚多元醇。

通用聚醚多元醇的工业化生产一般以负离子催化开环聚合为主。通常以氢氧化钾（氢氧化钠）或二甲胺为催化剂，以甘油或蔗糖等小分子多元醇或其他含活泼氢化合物如胺、醇胺为起始剂，以氧化丙烯（环氧丙烷，简称PO）或者氧化丙烯和氧化乙烯（环氧乙烷，简称EO）的混合物为单体，在一定的温度及压力下进行开环聚合，得到粗聚醚，再经过中和、精制等步骤，得到聚醚成品。

（二）生产工艺及影响因素

聚醚多元醇作为聚氨酯的主要原料，其生产技术一直存在技术壁垒，关键生产技术垄断在巴斯夫、亨斯迈、拜耳等少数几家大型跨国公司中。

目前工业生产方法各生产厂家存在一定差异，但基本采用加成聚合法，主要生产过程由加成聚合及后处理（中和、脱水、过滤）两部分组成。

通用聚醚多元醇的生产工艺有连续法和间歇法两种，一般采用间歇法生产方式，其特点是设备简单，根据不同的工艺配方，同一设备要生产多个品种，产品质量稳定，收率高，较为通用的工艺如图8-1所示。

原料的预处理：通常先将起始剂和催化剂进行预混合，经真空脱水后加到反应釜中。为防止氧化反应，反应前必须通入干燥氮气。

开环聚合反应：该反应为放热反应，必须及时移走反应热。

后处理工序：主要包括中和、吸附、脱水、过滤、精馏等单元。

间歇法生产工艺一般分为聚合、中和及精制三个工序。

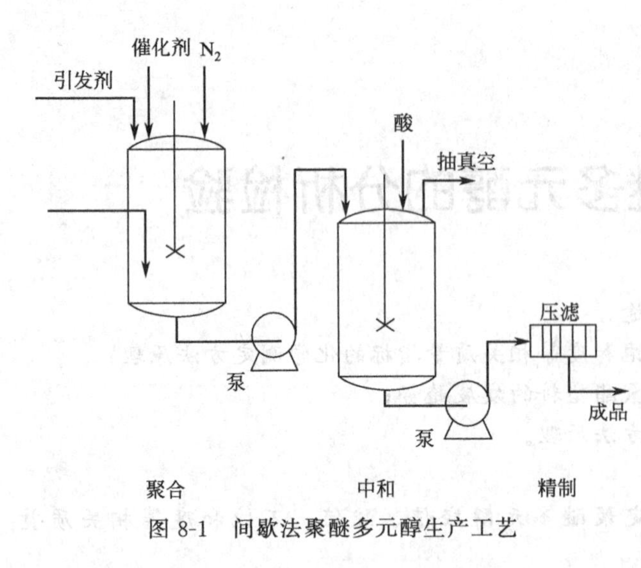

图 8-1 间歇法聚醚多元醇生产工艺

聚合工序的任务是环氧丙烷在KOH催化剂作用下，与起始剂在聚合条件中进行聚合反应合成粗聚醚多元醇，催化剂一次性定量投入，环氧丙烷按照工艺要求逐步加入；反应完毕后用酸中和除去催化剂；粗聚醚多元醇经检验合格后进入到精制工序，精制工序的任务是对粗聚醚多元醇进行中和脱水过滤处理，制得成品。脱水除去水及低沸物，过滤除去固体残渣。

影响环氧丙烷聚合工艺的因素较多，主要有反应温度、催化剂及原料中杂质含量（如水、醛、氯）的影响等。水分的存在会产生副反应，生成二元醇，降低了聚醚产品的有效成分，亦使环氧化物的消耗增加，影响产品的收率和质量。醛的存在会使羟基化合物积累，影响产品的外观，使产品颜色变深。

二、聚醚多元醇产品标准及分析方法标准

（一）聚醚多元醇产品检验中的指标术语

(1) 羟值：与1g试样中羟基含量相当的氢氧化钾的质量（以mg计），mg KOH/g。

(2) 碱值：与1g试样中碱性物质相当的氢氧化钾的质量（以mg计），mg KOH/g。

(3) 酸值：中和1g试样中的酸性物质所需要的氢氧化钾的质量（以mg计），mg KOH/g。

(4) 不饱和度：试样中含有的碳-碳不饱和化合物的浓度，单位为mol/kg。

（二）聚醚多元醇产品理化性能指标

聚醚多元醇产品的理化性能指标见表 8-1。

表 8-1 聚醚多元醇产品的理化性能指标

指标名称		指标							
		聚醚二元醇		聚醚三元醇		聚醚四元醇			聚醚五元醇
		优级品	一级品	优级品	一级品	404	405	406	
色度(Pt-Co)	≤	50	300	50	300	50	50	50	—
羟值/(mg KOH/g)	≤	54.0～58.0	53.0～59.0	54.0～58.0	53.0～59.0	560	448	374	550±20
酸值/(mg KOH/g)	≤	0.05	0.10	0.05	0.10	0.05	0.04	0.03	0.10
水分含量/%	≤	0.06	0.10	0.08	0.10	0.10	0.10	0.10	0.10
黏度(25℃)/mPa·s		280～320	260～370	450～550	445～595	2800	1500	1100	—
钠、钾含量/%	≤	0.005	0.020	0.005	0.02	0.1	0.075	0.05	—
不饱和值/(mol/kg)	≤	0.05	0.08	0.05	0.07	0.002	0.003	0.004	—
pH		5.5～7.5	5.5～7.5	5.5～7.5	5.5～7.5	7.0	7.0	7.0	—

（三）聚醚多元醇检验相关标准

① GB 12008.2—1989 聚醚多元醇规格；

② GB 12008.3—1989 聚醚多元醇中羟值测定方法；

③ GB 12008.4—1989 聚醚多元醇中钠和钾测定方法；

④ GB 12008.5—1989 聚醚多元醇中酸值测定方法；

⑤ GB 12008.6—1989 聚醚多元醇中水分测定方法；

⑥ GB 12008.7—1989 聚醚多元醇中不饱和度测定方法；

⑦ GB 12008.8—1989 聚醚多元醇中黏度测定方法。

工作项目

项目一　聚醚多元醇的分析检验准备工作

一、聚醚多元醇羟值测定的准备工作

1. 试剂准备

(1) 吡啶（C_5H_5N）。

(2) 邻苯二甲酸酐-吡啶溶液：称取 111～116g 邻苯二甲酸酐置于 700mL 吡啶中，摇至溶解，于棕色瓶中放置过夜后使用。如溶液出现颜色则应弃去。必要时做空白滴定试验，25mL 该溶液应消耗 1mol/L 氢氧化钠标准溶液 45～50mL。

(3) 酚酞指示液：10 g/L 吡啶溶液。

(4) 氢氧化钠标准滴定溶液：$c(NaOH)=0.1mol/L$、$c(NaOH)=1mol/L$。

(5) 盐酸标准滴定溶液：$c(HCl)=0.1mol/L$。

2. 仪器准备

(1) 酯化瓶：250mL，带有磨口空气冷凝管，冷凝管长度大于 60cm。

(2) 油浴，115℃±2℃。

(3) 滴管称量瓶。

(4) 常用容量分析仪器。

二、聚醚多元醇酸值测定的准备工作

1. 试剂准备

(1) 吡啶（C_5H_5N）。

(2) 氢氧化钠标准滴定溶液：$c(NaOH)=0.1mol/L$。

(3) 酚酞指示液：10g/L 吡啶溶液。

2. 仪器准备

分析天平等常用容量分析仪器。

三、聚醚多元醇不饱和度测定的准备工作

1. 试剂准备

(1) 甲醇。

(2) 溴化钠。

(3) 乙酸汞-甲醇溶液：称取 40g 乙酸汞［$Hg(COOH)_2$］溶于足量甲醇中，制得 1L 溶液，加适量冰乙酸（通常加 3～4 滴），使 50mL 试剂空白消耗 1～10mL 氢氧化钾-甲醇标准滴定溶液。溶液需每周配制，使用前过滤。

(4) 酚酞指示液：10g/L 甲醇溶液。

(5) 氢氧化钾-甲醇标准滴定溶液：$c(KOH)$ = 0.1 mol/L。每周标定一次。

① 配制：称取6.9g氢氧化钾，精确至0.1g，溶于甲醇中，稀释至1L，摇匀。

② 标定：称取约0.6g（精确至0.0002g）基准邻苯二甲酸氢钾（$KHC_8H_4O_4$，于105～110℃烘至恒重），以50mL不含二氧化碳的水溶解，加2滴酚酞指示液（10 g/L甲醇溶液），用待标定氢氧化钾-甲醇（0.1 mol/L）标准滴定溶液滴定至粉红色，15s内不褪色为终点。同时做空白试验。

氢氧化钾-甲醇标准滴定溶液的实际浓度，按下式计算：

$$c=\frac{m_0}{(V_1-V_2)\times 0.2042}$$

式中　c——氢氧化钾-甲醇标准滴定溶液的实际浓度，mol/L；

m_0——邻苯二甲酸氢钾的质量，g；

V_1——待标定的氢氧化钾-甲醇标准滴定溶液的用量，mL；

V_2——空白试验时氢氧化钾-甲醇标准滴定溶液的用量，mL；

0.2042——与1.00mL氢氧化钾-甲醇标准滴定溶液［$c(KOH)$ =1.000mol/L］相当的，以g表示的邻苯二甲酸氢钾；

2. 仪器准备

分析天平等常用容量分析仪器。

四、聚醚多元醇黏度测定的准备工作

恒温水浴：控温精度为±0.1℃。

旋转式黏度计：NDJ-1型，量程为0～1kPa·s，测量误差不大于5%。

温度计：0～50℃，分度值0.1℃。

烧杯：内径不得小于70mm，高度不得低于130mm。

项目二　聚醚多元醇羟值的测定

按照GB 12008.3的规定，用邻苯二甲酸酐酯化法测定聚醚多元醇中的羟值。该法适应于由多元醇与环氧乙烷、环氧丙烷在催化剂作用下开环聚合制得的聚氨酯泡沫塑料用聚醚多元醇中羟值的测定。

一、聚醚多元醇中羟值的测定

称取适量（按“561/估计羟值”计算称样量）样品（试样中水分含量不得超过0.2%，如果超过必须脱水后测定），准确至0.0001g，置于酯化瓶中（注意，勿使试样接触瓶颈）。

用移液管移取25.00 mL邻苯二甲酸-吡啶溶液加到盛有样品的酯化瓶中，轻摇，使样品溶解。装上空气冷凝管并以吡啶封口，将酯化瓶置于（115±2)℃油浴中（油浴的液面需浸过酯化瓶一半），回流1h；保持微沸，回流过程中摇动酯化瓶1～2次。

回流结束后，从冷凝管上端沿口壁仔细加入一定量1∶1吡啶-蒸馏水溶液，均匀冲洗冷凝管内壁，使冲洗液流入酯化瓶后取下冷凝管，以水解剩余酸酐。从油浴中取出酯化瓶，以流水冲瓶外壁，使溶液迅速冷却至室温，加入约0.5mL酚酞（10 g/L吡啶溶液）指示液，用$c(NaOH)$ = 1mol/L氢氧化钠标准溶液滴定至粉红色并保持15s不褪色为终点。

用同样方法做空白试验，空白与样品消耗的$c(NaOH)$ = 1mol/L体积之差为9～11mL。否则，应适当调整试样质量，重新测定。

二、测定结果的计算

1. 羟值的计算

羟值按下式计算

$$x=\frac{(V_1-V_2)c\times 56.1}{m} \tag{8-1}$$

式中　x——羟值，mgKOH/g；

V_1——空白滴定时氢氧化钠标准溶液的用量，mL；

V_2——试样滴定时氢氧化钠标准溶液的用量，mL；

c——氢氧化钠标准溶液的浓度，mol/L；

m——试样的质量，g；

56.1——氢氧化钾的摩尔质量，g/mol。

测定结果以平行测定两个结果的算术平均值表示，准确至 0.1 mgKOH/g。

2. 羟值校正

样品若含游离酸或游离碱时应进行羟值的校正，方法如下：

① 当样品呈酸性时，校正羟值为测得羟值加上按项目三测得的酸值；

② 当样品呈碱性时，校正羟值为测得羟值减碱值的测定中的碱值。

3. 精密度

项　目	羟值/(mgKOH/g)	允许误差/(mgKOH/g)
重复性	＜120	1.0
	≥120	1.0%
再现性	＜120	1.0
	≥120	1.0%

4. 碱值的测定

在 250mL 锥形瓶中称入样品（与羟值测定的样品量相当），准确至 0.0001g，再加入 50mL 吡啶、50mL 蒸馏水和约 0.5mL 酚酞指示液。如果溶液呈粉红色，用盐酸［c(HCl) ＝ 0.1mol/L］滴定至无色，再过量 1.0mL。然后用氢氧化钠标准溶液［c(NaOH) ＝0.1mol/L、c(NaOH) ＝1mol/L］滴定至粉红色并保持 15s 不褪为终点，同时做空白试验。碱值按下式计算：

$$A=\frac{(V_1-V_2)c\times 56.1}{m} \tag{8-2}$$

式中　A——碱值，mgKOH/g；

V_1——空白滴定时氢氧化钠标准溶液的用量，mL；

V_2——试样滴定时氢氧化钠标准溶液的用量，mL；

c——氢氧化钠标准溶液的浓度，mol/L；

m——试样的质量，g；

56.1——氢氧化钾的摩尔质量，g/mol。

项目三　聚醚多元醇酸值的测定

按照 GB 12008.5 的规定，用酸碱滴定法测定聚醚多元醇中酸的含量。适应于由多元醇与环氧乙烷、环氧丙烷在催化剂作用下开环聚合制得的聚氨酯泡沫塑料用聚醚多元醇中酸值的测定。

一、分析测定

用滴管称量瓶称取样品（按“561/估计羟值”计算称样量），准确至 0.0002 g，置于

250mL 锥形瓶中。加 50mL 吡啶、50mL 水，摇至样品完全溶解。加约 0.5mL 酚酞（10 g/L 吡啶溶液）指示液，用氢氧化钠标准滴定溶液 [$c(NaOH)=0.1mol/L$] 滴定至粉红色 15s 不褪为终点。

同时做空白试验。

二、滴定结果的计算

酸值按下式计算：

$$x=\frac{(V_1-V_2)c\times 56.1}{m} \tag{8-3}$$

式中 x——酸值，mgKOH/g；

V_1——试样滴定时氢氧化钠标准滴定溶液的用量，mL；

V_2——空白滴定时氢氧化钠标准滴定溶液的用量，mL；

c——氢氧化钠标准滴定溶液的浓度，mol/L；

m——试样的质量，g；

56.1——氢氧化钾（KOH）的摩尔质量，g/mol。

测定结果以平行测定两个结果的算术平均值表示。

项目四　聚醚多元醇不饱和度的测定

按 GB 12008.7 规定，聚醚多元醇的不饱和度用滴定分析方法进行测定。该方法适应于聚氨酯聚醚多元醇的碳-碳不饱和化合物的测定，不适用于分子中不饱和部分与羰基、羧基或氰基相连的化合物。也不适用于含有无机盐特别是卤化物或水分超过 0.2%（质量分数）的试样。

一、分析步骤

用移液管吸取 50mL 甲醇置于锥形瓶中，加几滴酚酞（10g/L 甲醇溶液）指示液，用氢氧化钾-甲醇标准滴定溶液（0.1mol/L）中和至粉红色。称取 25～30g 试样（精确至 0.1g）置于该锥形瓶中，摇动至试样溶解，继续用氢氧化钾-甲醇标准滴定溶液滴定至粉红色保持 15s 为终点。记下消耗的标准滴定溶液的体积 V_3。

用移液管吸取 50mL 乙酸汞-甲醇溶液置于锥形瓶中。称取 25～30g 试样（精确至 0.1g），加入该锥形瓶中。塞好瓶塞，摇匀后于室温下放置 30min，并不时摇动。加入 8～10g 溴化钠（NaBr），摇匀，加入 1mL 酚酞（10g/L 甲醇溶液）指示液，立即用氢氧化钾-甲醇标准滴定溶液滴定至粉红色并保持 15s 为终点，记下消耗的标准滴定溶液的体积 V_4。

按上述做空白试验，记下消耗的标准滴定溶液的体积 V_0。

二、分析结果的计算

1. 试样的不饱和度按下式计算

$$u=\frac{(V_4-V_0)c}{m_2}-A \tag{8-4}$$

式中 u——试样的不饱和度，mol/kg；

V_4——滴定试样时氢氧化钾-甲醇标准滴定溶液的体积，mL；

V_0——空白试验时氢氧化钾-甲醇标准滴定溶液的体积，mL；

c——氢氧化钾-甲醇标准的实际浓度，mol/L；

m_2——试样的质量，g；

A——试样中酸性物质的浓度，mol/kg。

2. 试样中酸性物质的浓度 A 按下式计算

$$A=\frac{V_3 c}{m_1} \tag{8-5}$$

式中　V_3——滴定试样中酸性物质时氢氧化钾-甲醇标准滴定溶液的体积，mL；

c——氢氧化钾-甲醇标准滴定溶液的实际浓度，mol/L；

m_1——测定试样中酸性物质时所用试样的质量，g。

测定结果以平行测定的两个结果的算数平均值表示。

3. 精密度

置信度为95%时，重复性不大于0.002；再现性不大于0.004。

项目五　聚醚多元醇黏度的测定

按照GB 12008.8的规定，用旋转式黏度计测定聚醚多元醇的黏度，本方法适用于测定25℃时黏度在10～100 000mPa・s范围内聚醚多元醇的黏度。

一、测定步骤

（一）试样恒温

将适量无机械杂质的试样缓缓注入烧杯中（勿引入气泡，若有气泡，需除去空气泡）。盖上表面皿，放在25℃±0.1℃恒温水浴中，间歇轻搅拌试样（切勿引入气泡），直至试样温度达到均匀为止。

（二）安装黏度计

以NDJ-4旋转黏度计操作为例，使用其他型号黏度计时请根据说明书进行。

根据试液的黏度值及仪器的量程表，选择适当的转子及转速，使读数在刻度盘的20%～80%范围内，把保护架装在仪器上，将选好的转子旋入连接螺杆，旋转升降旋钮，使仪器缓慢下降，让转子逐渐进入已在25℃±0.1℃恒定10min后的被测试样中，直至转子的液位标线和液面相平为止，调节水平螺旋，使仪器平衡。

（三）测定试液黏度

接通电源，按下指针控制杆，开启电机开关，放松指针控制杆，让转子在被测液体中旋转，待指针趋于稳定后，按下指针控制杆，使读数固定下来，指针停在读数窗内，读取读数。

同一试样在同一转速下必须重复两次读数。在第一次读数后按上述重新操作，读取第二次读数。

测定结束后，取下转子及保护架，洗净擦干后放入转子盒中。

二、测定结果的计算

根据所选的转子及转速由仪器的系数表查得系数 K，计算试液的动力黏度：

$$\eta=K\alpha \tag{8-6}$$

式中　η——试样的黏度，mPa・s；

K——仪器系数，mPa・s；

α——黏度计刻度盘上两次读数的算术平均值。两次读数与 α 之差不能大于平均值的3%。

问题探究

一、聚醚多元醇化学组成、性能及应用

结构式：$HO\!\left[RO\right]_nH$

聚醚多元醇可分为聚醚多元醇（PPG）、聚合物聚醚多元醇（POP）、聚四氢呋喃型多元醇（PTMEG）三类。

（一）聚醚多元醇（PPG）

以多元醇或有机胺为起始剂，与环氧丙烷聚合物（或环氧丙烷与环氧乙烷共聚物）反应制得，是目前我国聚醚多元醇的主要产品。

聚醚多元醇为清澈透明或淡黄色液体，通常易溶于芳烃、卤代烃、醇、酮，具有吸湿性，相对分子质量为数百至数千。可与异氰酸酯反应生成聚氨酯。常见的有二元醇、聚醚三元醇、聚醚四元醇及聚醚五元醇等。

① 聚醚二元醇又称二元醇聚醚、丙二醇聚醚、二羟基聚醚、聚环氧丙烷二元醇、220聚醚，标称分子量为2000。

② 聚醚三元醇又称三元醇聚醚、三羟基聚醚、聚氧化烯烃三元醇、330聚醚，标称分子量为3000。

③ 聚醚四元醇又称四元醇聚醚、四羟基聚醚、聚环氧丙烷四元醇，标称分子量为400～600。

④ 聚醚五元醇又称五元醇聚醚、木糖醇聚醚、五羟基聚醚、505聚醚，标称分子量为550。

（二）聚合物聚醚多元醇（POP）

聚合物聚醚多元醇是以PPG为母体经乙烯基单体接枝聚合制得的改性聚醚多元醇品种。主要用在聚氨酯泡沫塑料中，可提高聚氨酯软泡的硬度，改进泡沫综合性能。用以生产高载（HL）与高回弹（HR）软质块泡沫和模塑泡沫，用于地毯衬底、家具垫材、车辆坐垫以及汽车内饰件等领域。

（三）聚四氢呋喃型多元醇（PTMEG）

由四氢呋喃均聚或共聚而成的聚四氢呋喃型多元醇（PTMEG），主要用于聚氨酯弹性体和纤维等高性能产品。

二、聚醚多元醇相关分析方法解读

（一）聚醚多元醇羟值的测定分析条件控制

羟基是聚醚分子中重要的官能团，羟基在聚醚分子中的位置及含量决定了聚醚的化学特点和活性，聚醚分子中羟基的含量一般用羟值来表征。

由于聚醚多元醇是聚氨酯材料的主要原料之一，羟值测定不仅是生产厂家控制聚醚生产质量的重要手段，亦是聚氨酯制品生产时配方设计计算的主要依据。

1. 方法原理

在115℃回流条件下，聚醚多元醇中的羟基与溶解在吡啶中的邻苯二甲酸酐进行酯化反应，未参加反应的苯酐经水解后，用标准NaOH或KOH溶液滴定。

2. 聚醚多元醇羟值的测定分析条件的选择与控制

由于邻苯二甲酸酐的酰化能力强，不受醛类和酚类化合物的干扰，试剂不易挥发，反应完全，测试的羟值数据较为稳定可靠，在国内外聚氨酯行业中普遍使用该方法测定聚醚羟

值，但缺点是酰化反应速率较慢。

在实际分析过程中，影响聚醚羟值测定准确性的具体因素有：聚醚的称样量、酰化试剂的浓度、存放及其取用量、回流时间、酰化温度、标准碱溶液的浓度、空白试验滴定值、装置的气密程度等。

（1）样品称样量的确定　聚醚的称样量对羟值测定准确性有很大的影响。样品的称样量偏大或偏小，将造成酰化剂相对量不足或太多，都会导致测定结果的误差。

一般应控制样品的称样量，使$V_{空}-V_{样}$在10 mL左右，测定时，按“561/估计羟值”估算称样量，对于羟值为500～1350的样品，称样量均可采用0.45 g左右；对于羟值为200～500的样品，称样量均可采用1.1g；对于羟值为60～200的样品，称样量均可采用3g，按此称样量进行测定，羟值的测定误差均可控制在小于1×10^{-2}的范围以内。

（2）酰化试剂的影响　在邻苯二甲酸酐酰化法中，若酰化剂浓度太小，造成酰化反应不完全，会导致测定结果偏低；若因酰化剂浓度过大，则造成酰化过度，诱发醚键断裂等其他副反应，影响结果的准确性。制好酰化剂后，应用已知羟值的基准物如二甘醇、丙二醇等对酰化剂事先进行标定。

同时，若酰化剂配制时间过长，则常常发生颜色改变，应重新配制，否则会使终点的判断失误，影响测定结果。

酰化剂苯酐是一种易升华的物质，在加热回流过程中，苯酐的挥发直接影响测定结果的准确性，因此酰化装置的气密性与测定结果密切相关。为保证酰化装置的气密性，酰化瓶与空气冷凝管磨口接合处应密封良好；空气冷凝管长度应为960cm，以保证冷凝升华物质，当油浴反应完成酰化装置降至室温后，先用吡啶彻底清洗，再进行滴定操作。装置的气密性以减少酰化剂的升华损失，可提高测定结果的准确度。

（3）溶剂的选择　吡啶对于酸酐来说是不活泼的溶剂，同时，由于吡啶是一个弱的三级胺，作为质子清除剂及亲核催化剂，可中和反应中生成的酸，加速反应的进行，并使酰化反应趋于完全。

但吡啶易挥发、有恶臭，对工作人员身体不利，有分析工作者提出了使用丙酮代替吡啶，在催化剂苯磺酸的作用下，也是可行的。此法操作简单，滴定终点明显，适合测定高羟值试样。由于丙酮沸点低，易挥发，因此对酰化瓶口的密闭性要求高，对加热系统温控数据要求准确，否则影响分析结果。

（4）回流时间、温度的控制　在酰化反应过程中，回流时间过短，酰化程度不足，会导致羟值偏低；回流时间过长，又延长样品测定的周期。一般情况下，酰化回流时间45～60min，测定聚醚羟值的重复性较好。

若加入咪唑作催化剂，可加快反应速率，减少反应所需要的时间。

（二）聚醚多元醇酸值的测定分析条件控制

1. 方法原理

试样溶解于吡啶和水的混合液中，以酚酞为指示液，用氢氧化钠标准溶液直接滴定。

2. 溶剂的选择

吡啶有强烈刺激性，能麻醉中枢神经系统，对眼及上呼吸道有刺激作用。高浓度吸入后，轻者有欣快或窒息感，继之出现抑郁、肌无力、呕吐；重者意识丧失、大小便失禁、强直性痉挛、血压下降。误服可致死。

聚醚多元醇酸值的测定中大剂量使用吡啶，应在通风橱中进行分析测定。

（三）聚醚多元醇不饱和度的测定条件控制

1. 原理

试样中的碳碳不饱和化合物与乙酸汞-甲醇溶液反应，生成乙酰汞甲氧基化合物和乙酸。

$$>C{=}C< + (CH_3COO)_2Hg + CH_3OH \longrightarrow H_3CO\overset{|}{\underset{|}{C}}-\overset{|}{\underset{|}{C}}HgOCOCH_3 + CH_3COOH$$

用氢氧化钾-甲醇标准滴定溶液滴定等物质的量反应生成的乙酸，从而计算出不饱和度。

该法不适用于分子中不饱和部分与羰基、羧基或氰基相连的化合物。也不适用于含有无机盐特别是卤化物或水分超过 0.2%（质量分数）的试样。

2. 汞化试剂的配制及使用

配制乙酸汞-甲醇溶液时，为维持其稳定性，应加入冰乙酸，同时因乙酸汞对光有敏感性，久置后产生黄色沉淀，因此，乙酸汞-甲醇应保存于棕色瓶中并避光存放。

用氢氧化钾-甲醇标准滴定溶液滴定包括反应生成等物质的量的乙酸及配制试剂时加入的冰乙酸，因此，样品的称量与汞化剂的取用应加以注意，同时必须做空白实验。

3. 氢氧化钾-甲醇标准滴定溶液的配制及使用

用甲醇配制 KOH 溶液时，常产生沉淀、返黄现象。产生沉淀的原因是：KOH 试剂中含有少量的碳酸盐，当加入甲醇后，由于碳酸盐不溶于甲醇，即会沉淀下来；另外，由于 KOH 试剂中还存在铁、镍及硫酸根，醇中含有醛酮等杂质，这些杂质混合后，铁、镍与醛酮反应生成带色物质，使溶液逐渐变黄。因此，该标准溶液不宜一次配制过多，并保存于装配有碱石灰干燥管的试剂瓶中。

（四）聚醚多元醇黏度的测定条件控制

1. 黏度的定义

液体分子之间因流动或相对运动所产生的内摩擦阻力称为黏度。

2. 旋转式黏度计工作原理

聚醚多元醇的黏度通常采用旋转式黏度计测定。其原理为：在规定的温度下，旋转黏度计（见图 8-2、图 8-3）上的同步电机 1，以一定的速度带动刻度圆盘 2 旋转，又通过游丝 3 和转轴带动转子 4 旋转。若转子未受到阻力，则游丝与刻度圆盘同速旋转；当样液存在时，转子受到黏滞阻力的作用使游丝产生力矩。当两力达到平衡时，与游丝相连的指针 5 在刻度圆盘上指示出一数值，根据这一数值，结合转子号数及转速即可算出被测样液的绝对黏度。该方法适用于测定 25℃时黏度在 10 ～100000mPa · s 范围内的黏度。

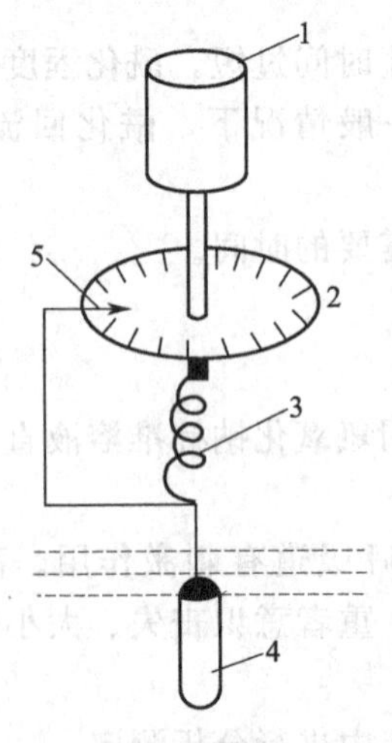

图 8-2　旋转黏度计原理

1—同步电机；2—刻度圆盘；3—游丝；4—转子；5—指针

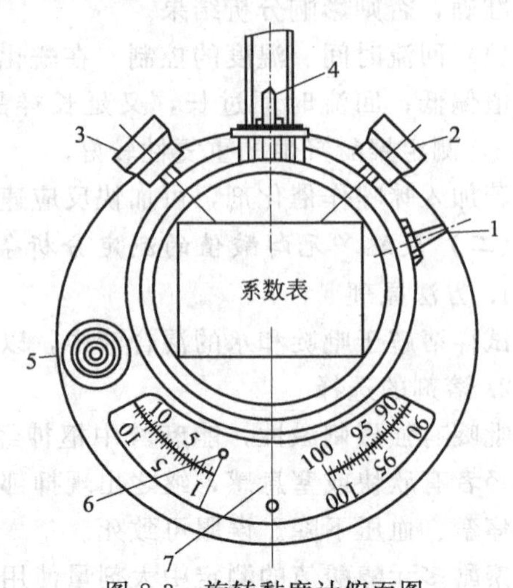

图 8-3　旋转黏度计俯面图

1—电源开关；2—旋钮 A；3—旋钮 B；4—指针控制杆；5—水准器；6—指针；7—刻度线

3. 旋转式黏度计使用注意事项

旋转黏度计虽然结构简单、使用方便，但如果不正确使用，一台检定合格的仪器却不能得到准确的测量结果，影响产品质量。根据黏度计的测量原理，为了获得准确可靠的测量数据必须注意以下几点。

（1）正确选择转子或调整转速，使示值在20～90格之间。

该类仪器采用刻度盘加指针方式读数，黏度计的稳定性及读数偏差综合在一起有0.5格，如果读数偏小如5格附近，引起的相对误差在10%以上；如果选择合适的转子或转速使读数在50格，那么其相对误差可降低到1%。如果示值在90格以上，使游丝产生的扭矩过大，容易产生蠕变，损伤游丝，所以一定要正确选择黏度计的转子和转速。

使用时，应根据试样黏度大小选择适当的转子和转速，使用由小到大的转子和由慢到快的转度，以使指针读数在刻度盘上20～90格之间。

（2）注意在转子浸入被测液时勿引入气泡。

转子如有气泡，需拆下转子，将转子在试样中轻轻搅动，直至气泡消失，再装上转子。倾斜缓慢地浸入黏度计转子是一个有效的办法。

（3）特别注意被测液体的温度。

在25℃±0.1℃恒定10min后，才能开始测量。

由于温度偏差对黏度影响很大，温度升高，黏度下降，因此，不能忽视温度的影响。有实验证明：当温度偏差0.5℃时，有些液体黏度值偏差超过5%，所以要特别注意将被测液体的温度恒定在规定的温度点附近，精确测量最好不要超过0.1℃。

（4）测量容器（外筒）的选择　对于双筒旋转黏度计要仔细阅读仪器说明书，不同的转子（内筒）匹配相应的外筒，否则测量结果会偏差巨大。对于单一圆筒旋转黏度计，原理上要求外筒半径无限大，实际测量时要求外筒即测量容器的内径不低于某一尺寸。例如上海天平仪器厂生产的NDJ-1型旋转黏度计，要求测量用烧杯或直筒形容器直径不小于70mm。实验证明特别在使用一号转子时，若容器内径过小引起较大的测量误差。

（5）黏度计转子的清洗　测量用的转子（包括外筒）要清洁无污物，一般要在测量后及时清洗，特别在测油漆和胶黏剂之后。要注意清洗的方法，可用合适的有机溶剂浸泡，千万不要用金属刀具等硬刮，因为黏度计的转子表面有严重的刮痕时会带来测量结果的偏差。

（6）其他　大部分黏度计需要调整水平，在更换转子和调节转子高度后以及在测量过程中随时注意水平问题，否则会引起读数偏差甚至无法读数。

有些黏度计需装保护架，仔细阅读黏度计说明书，按规定安装，否则会引起读数偏差。

确定是否为近似牛顿流体，对于非牛顿流体应经过选择后规定转子、转速和旋转时间，以免误解为仪器不准。

知识拓展

一、高分子化工

高分子化工是高分子化学工业的简称，是高分子化合物及以其为基础的复合或共混材料的制备和成品制造工业。按材料和产品的用途分类，高分子化工包括塑料工业、合成橡胶工业、橡胶工业、化学纤维工业，制造方便、加工简易、品种多并具有为天然产物所无或较天然产物更为卓越的性能，高分子化工已成为发展速度最快的化学工业部门之一。

(一) 高分子化工的发展

高分子化工经历了对天然高分子的利用和加工、对天然高分子的改性、以煤化工为基础生产基本有机原料（通过煤焦油和电石制取乙炔）和以大规模的石油化工为基础生产烯烃和双烯烃为原料来合成高分子四个阶段。

远在公元前已经开始应用木材、棉麻、羊毛、蚕丝、淀粉等天然高分子化合物。天然橡胶的硫化、赛璐珞（改性的天然纤维素、增塑的硝酸纤维素）的生产迄今已有 100 余年之久，但有关高分子的涵义、链式结构、分子量和形成高分子化合物的缩合聚合和加成聚合反应等方面的基本概念，则只有 20 世纪 30 年代才被明确。1907 年，美国人 L·H·贝克兰研制成功最早的合成树脂——酚醛树脂；20 世纪初期，出现了甲基橡胶（聚 2，3-二甲基丁二烯）、聚异戊二烯和丁钠橡胶；30 年代末，实现了第一个合成纤维——尼龙 66 的工业化。从此，高分子合成和工业蓬勃发展，为工农业生产、空间技术以及人们的衣食住行等，不断地提供许多不可缺少的、日新月异的新产品和材料。

(二) 成型加工

多数聚合物（或称树脂）需要经过成型加工的过程才能称为制品，有些产品在加工时还需要加入各种助剂或填料。加工方法、加入的助剂或填料，应根据材料的性质和制品的要求进行选择。

热塑性树脂的加工成型方法有挤出、注射成型、压延、吹塑或热成型等。

热固性树脂的加工方法一般采用模压或传递模塑，也用注射成型。将橡胶制成橡胶制品需要经过塑炼、混炼、压延或挤出成型和硫化等基本工序。化学纤维的纺丝包括纺丝熔体或溶液的制备、纤维成形和卷绕、后处理、初生纤维的拉伸和热定型等。与高分子合成工业相比，高分子加工工业的生产比较分散，但制品种类繁多，花色品种不胜枚举。目前高分子加工已逐渐成为一个独立的工业体系。

(三) 产品分类

按主链元素结构分类，产品可以分为碳链（主链全由碳原子组成）、杂链（主链除碳原子外还有氧、氮、硫等）和元素高分子（主链主要由硅、氮、氧、硼、铝、硫、磷等元素构成）。按形成高分子的主要历程分类，由加成聚合反应（低分子化合物通过连锁加成作用形成高分子的过程）制得的高分子称为加聚物，由缩合反应（由两个或两个以上具有不饱和官能团的小分子化合物相互作用形成高分子的过程）制得的高分子叫缩聚物。按功能分类，高分子可以分为通用高分子和特种高分子。通用高分子是产量大、应用面广的高分子，主要有聚乙烯、聚丙烯、聚氯乙烯和聚苯丙烯、涤纶、锦纶、腈纶、维纶和丁苯橡胶、顺丁橡胶、异戊橡胶和乙丙橡胶。特种高分子包括工程塑料（能耐高温和能在较为苛刻的环境中作为结构材料使用的塑料，例如聚碳酸酯、聚甲醛、聚砜、聚芳醚、聚芳酰胺、聚酰亚胺、有机硅树脂和氟树脂等）、功能高分子材料（具有光、电、磁等物理性能的高分子材料）、高分子试剂、高分子催化剂、仿生高分子、医用高分子和高分子药物。

(四) 工业现状

高分子化工是一种新兴的合成材料工业。1984 年，全世界合成塑料、纤维和橡胶的年产量已达到 96Mt，塑料的体积产量已大于钢铁，化学纤维的年产量已接近于天然纤维，合成橡胶的年产量已是天然橡胶的两倍。按地区产量是西欧第一，北美次之，亚洲第三。

中国 1984 年合成树脂、合成橡胶、合成纤维三大合成材料的年产量已达到 1.6 Mt 左右，其中合成树脂和塑料约占总产量的 74%，合成纤维约占总产量的 15%，合成橡胶约占总产量的 11%，橡胶工业、涂料和胶黏剂生产亦取得了很大进展。

（五）趋势

高分子合成工业的原料，在今后相当长时期内，仍将以石油为主。过去对高分子的研究，着重于全新品种的发掘、单体的新合成路线和新的聚合技术探索。目前，则以节能为目标，采用高效催化剂开发新工艺，同时从生产过程考虑，围绕强化生产工艺（装置的大型化，工序的高速化、连续化）、产品的薄型化和轻型化以及对成型加工技术的革新等方面进行工作。值得注意的是，利用现有原料单体和聚合物，通过复合或共混，可以取得一系列具有不同特点的高性能产品。近年来，从事这一方面的开发研究日益增多，新的复合或共混产品不断涌现。军事技术、电子信息技术、医疗卫生以及国民经济各个领域迫切需要具有高功能、新功能的材料。在功能高分子材料方面，特别是在高分子分离膜、感光高分子材料、光导纤维、变色高分子材料（光致变色、电致变色、热致变色等）、高分子液晶、热电高分子材料、高分子磁体、医用高分子材料、高分子医药以及仿生高分子材料等方面的应用和研究工作十分活跃。

二、醇类化合物的分析方法简介

醇类化合物的分析方法简介见表 8-2。

表 8-2　醇类化合物的分析方法列表

方　法	乙酰化法	高碘酸氧化法
过程简述	过量乙酰化试剂乙酰化→水解剩余乙酰化试剂→碱标准溶液滴定分析	过量 HIO_4 氧化试样→KI 还原剩余 HIO_4→$Na_2S_2O_3$ 标准溶液滴定分析
应用范围	伯醇、仲醇定量测定	多元醇定量的专属方法
不适用范围	聚氧化乙烯、聚氧化丙烯羟基的测定	
应用举例	工业用季戊四醇的测定	丙三醇含量的测定
方法特点	仪器简单，操作简便快速	仪器简单，操作简便快速
备注	醛、酮、烯、胺、叔醇、环氧化合物能产生干扰	α-羟基醇、α-羟基酮、α-羟基酸、α-羟胺产生干扰

（一）乙酰化法

醇的测定通常是根据醇易酰化成酯的性质，用酰化的方法测定。其中，以乙酰化法应用最为普遍。常用的乙酰化试剂有乙酸酐-吡啶、乙酸酐-吡啶-高氯酸、乙酸酐-乙酸钠等，乙酰化试剂中的吡啶、高氯酸起催化作用。

乙酰化法常用于伯醇和仲醇的测定中，酚、伯胺、仲胺、硫醇、环氧化物等产生干扰。

1. 方法原理

$$ROH + (CH_3CO)_2O + C_5H_5N \longrightarrow RCOOCH_3 + (C_5H_5NH)^+(CH_3COO)^-$$

$$H_2O + (CH_3CO)_2O + 2C_5H_5N \longrightarrow 2(C_5H_5NH)^+(CH_3COO)^-$$

$$(C_5H_5NH)^+(CH_3COO)^- + NaOH \longrightarrow CH_3COONa + C_5H_5N + H_2O$$

除采用乙酰化法外，还常采用邻苯二甲酸酐-吡啶作为酰化剂的方法对醇类化合物进行测定，该法能消除酚、醛等的干扰，少量水分的存在也不影响酰化反应，同时，邻苯二甲酸酐相对较稳定，不易挥发，但缺点是酰化反应进行较慢，须使用大剂量的试剂等。

2. 应用举例——工业用季戊四醇（GB/T 7815—1995）羟基含量测定

在试样中加入乙酰化试剂（乙酸酐-吡啶），在 90～100℃进行乙酰化，然后以酚酞为指示剂，用氢氧化钠溶液滴定之，可求取羟基含量。

（二）高碘酸氧化法

多羟基醇的分子在多数情况下至少有两个羟基位于相邻的碳原子上，这种特殊结构的有机化合物容易被氧化而发生断裂，氧化的结果是：碳链发生断裂，生成相应的羰基化合物及羧酸。

1. 方法原理

(1) 高碘酸氧化-碘量法

反应式为：

$$CH_2OH-(CHOH)_n-CH_2OH+(n+1)HIO_4 \longrightarrow 2HCHO+nHCOOH+(n+1)HIO_3+H_2O$$

$$IO_4^-+7I^-+8H^+ \longrightarrow 4I_2+4H_2O$$

$$IO_3^-+5I^-+6H^+ \longrightarrow 3I_2+3H_2O$$

$$I_2+2Na_2S_2O_3 \longrightarrow 2NaI+Na_2S_4O_6$$

酸度、温度对反应速率有较大的影响。pH＝4 时是氧化反应的合适酸度，温度应在室温或低于室温下进行，若温度高将导致生成的醛或酸进一步氧化为二氧化碳及水。

(2) 高碘酸氧化-酸碱滴定法　在强酸介质中，甘油被过碘酸钠冷氧化，反应产生的甲酸用氢氧化钠标准溶液滴定。反应式为：

$$CH_2OH-(CHOH)-CH_2OH+2NaIO_4 \longrightarrow HCOOH+2HCHO+2NaIO_3+H_2O$$

$$HCOOH+NaOH \longrightarrow HCOONa+H_2O$$

2. 应用举例——丙三醇的测定（GB/T 13216.6—1991，GB 687—1994）

称取样品后，借助于溴百里香酚蓝指示液，用硫酸标准滴定溶液或氢氧化钠标准滴定溶液调整好适合的酸度条件。准确加入高碘酸钠溶液，于室温下密闭置暗处反应 30～50min，用氢氧化钠标准滴定溶液滴定。

三、化工产品物性参数测定技术简介

（一）熔点的测定

1. 基本概念

熔点的定义：是指在常压下该物质的固-液两相达到平衡时的温度。但通常把晶体物质受热后由固态转化为液态时的温度作为该化合物的熔点。纯净的固体有机化合物一般都有固定的熔点。晶体化合物的固液两态在大气压力下成平衡状态时的温度，称该化合物的熔点。

熔程：初熔至全熔的范围称熔程。纯物质的熔程不超过 0.5～1.0℃。含有杂质的物质，其熔点较纯物质低，且熔程较长。

意义：测定熔点对鉴定有机物和定性判断固体化合物的纯度有很大价值。

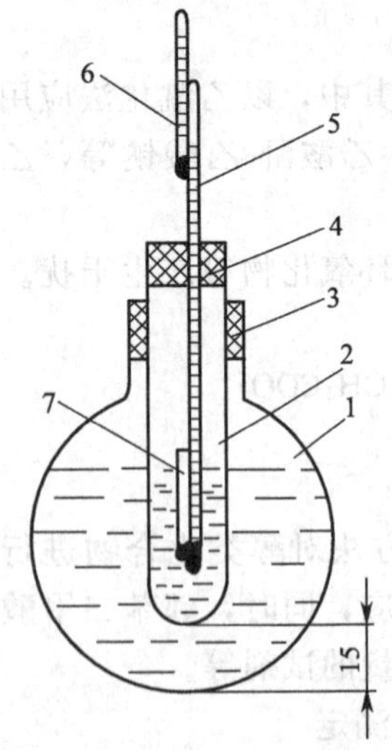

图 8-4　熔点测定装置

1—圆底烧瓶；2—试管；3,4—胶塞；5—温度计；6—辅助温度计；7—熔点管

2. 方法原理

以加热的方式，使熔点管中的样品从低于其初熔时的温度逐渐升至高于其终熔时的温度，通过目视观察初熔及终熔的温度，以确定样品的熔点范围。熔点测定装置如图 8-4 所示。

3. 操作步骤

将样品研成尽可能细密的粉末，装入清洁、干燥的熔点管中，取一长约 800mm 的干燥玻璃管，直立于玻璃板上，将装有试样的熔点管在其中投落数次，直到熔点管内样品紧缩至 2～3mm 高。如所测的是易分解或易脱水样品，应将熔点另一端熔封。

将传热液体的温度缓缓升至比样品规格所规定的熔点范围的初熔温度低 10℃，再将装有样品的熔点管附着于测量温度计上，使熔点管样品端与水银球的中部处于同一水平，测量温度计水银球应位于传热液体的中部。使升温速率稳定保持在（1.0±0.1）℃/min。如所测的是易分解或易脱水样品，则升温速率应保持在3℃/min。当样品出现明显的局部液化现象时的温度即为初熔温度，当样品完全熔化时的温度即为终熔温度。记录初熔温度及终熔温度。

4. 结果的表示

如测定中使用的是全浸式温度计，则应对所测得的熔点范围值进行校正，校正值按下式计算：

$$\Delta t = 0.00016h\ (t_1 - t_2)$$

式中　Δt——校正值，℃；

h——温度计露出液面或胶塞部分的水银柱高度，℃；

t_1——测量计读数，℃；

t_2——露出液面或胶塞部分的水银柱的平均温度，℃。该温度由辅助温度计测得，其水银球位于露出液面或胶塞部分的水银柱中部。

5. 测定注意事项

① 熔点管必须洁净。如含有灰尘等，能产生4～10℃的误差；

② 熔点管底未封好会产生漏管；

③ 样品粉碎要细，填装要实，否则产生空隙，不易传热，造成熔程变大；

④ 样品不干燥或含有杂质，会使熔点偏低，熔程变大；

⑤ 若样品量太少，不便观察，而且测定熔点会偏低；太多会造成熔程变大，测定熔点偏高；

⑥ 应使升温速度缓慢，以使热传导有充分的时间。若升温速度过快，测定熔点偏高；

⑦ 若熔点管壁太厚，热传导时间长，会导致测定熔点偏高。

（二）沸点的测定

1. 测定原理

当液体温度升高时，其蒸气压随之增加，当液体的蒸气压与外界大气压相等时，液体开始沸腾。液体在一个大气压下的沸腾温度即为该液体的沸点。

2. 仪器

三口圆底烧瓶：有效容积为500mL。

试管：长190～200mm，距试管口约15mm处有一直径为2mm的侧孔。

胶塞：外侧具有出气槽。

测量温度计：内标式单球温度计，分度值为0.1℃，量程适合于所测样品的沸点温度。

辅助温度计：分度值为1℃。

3. 测定方法

（1）仪器的安装　如图8-5所示，将三口圆底烧瓶、试管及测量温度计以胶塞连接，测量温度计下端与试管液面相距20mm。将辅助温度计附在测量温度计上，使其水银球在测量温度计露出胶塞上的水银柱中部。烧瓶中注入约为其体积的二分之一硫酸。

（2）操作步骤　量取适量样品，注入试管中，其液面略低于烧瓶中硫酸的液面。加热，当温度上升到某一

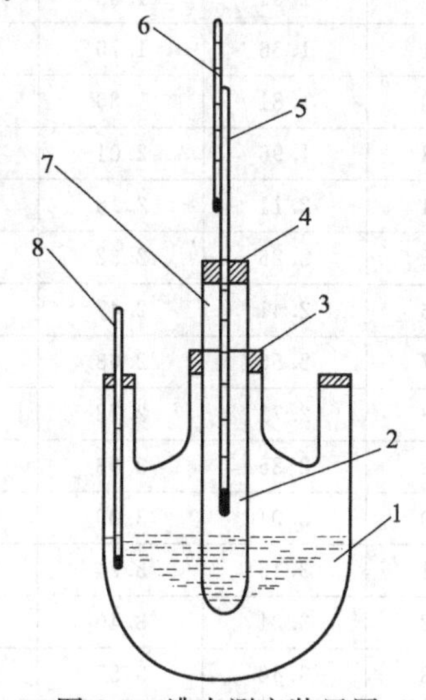

图8-5　沸点测定装置图

1—三口圆底烧瓶；2—试管；3，4—胶塞；5—测量温度计；6—辅助温度计；7—侧孔；8—温度计

定数值并在相当时间内保持不变时，此温度即为待测样品的沸点。记录下室温及气压。

（3）气压对沸点影响的校正　根据测定时的室温及气压，按下式换算出0℃时的气压：

$$p_0 = p_1 - \Delta p$$

式中　p_0——0℃时的气压，hPa；

p_1——室温时的气压，hPa；

Δp——由室温时的气压换算至0℃时气压的校正值（校正值见表8-3），hPa；

根据0℃时的气压与标准气压的差数及标准中规定的沸点温度，按GB 615《化学试剂　沸程测定通用方法》中表3求出相应的温度校正值。当0℃时的气压高于1013hPa时，自测得的温度减去此校正值，反之则加。

（4）测量温度计读数校正值的计算　若使用全浸式温度计进行测量，则应对温度计水银柱露出塞外部分进行校正。

温度计水银柱露出塞外部分的校正值按下式计算：

$$\Delta t = 0.00016h(t_1 - t_2)$$

式中　Δt——温度计水银柱露出塞外部分的校正值，℃；

h——温度计露出塞外部分的水银柱度数，℃；

t_1——观测温度，℃；

t_2——附着于$\frac{1}{2}h$处的辅助温度计温度，℃。

经气压对沸点影响的校正后的温度加上此校正值，即得到该样品的沸点温度。

附：气压计读数的校正

气压计读数的校正见表8-3～表8-5。

表8-3　气压计读数校正值（温度校正）

室温/℃	气压计读数/hPa							
	925	950	975	1000	1025	1050	1075	1100
10	1.51	1.55	1.59	1.63	1.67	1.71	1.75	1.79
11	1.66	1.70	1.75	1.79	1.84	1.88	1.93	1.97
12	1.81	1.86	1.90	1.95	2.00	2.05	2.10	2.15
13	1.96	2.01	2.06	2.12	2.17	2.22	2.28	2.33
14	2.11	2.16	2.22	2.28	2.34	2.39	2.45	2.51
15	2.26	2.32	2.38	2.44	2.50	2.56	2.63	2.69
16	2.41	2.47	2.54	2.60	2.67	2.73	2.80	2.87
17	2.56	2.63	2.70	2.77	2.83	2.90	2.97	3.04
18	2.71	2.78	2.85	2.93	3.00	3.07	3.15	3.22
19	2.86	2.93	3.01	3.09	3.17	3.25	3.32	3.40
20	3.01	3.09	3.17	3.25	3.33	3.42	3.50	3.58
21	3.16	3.24	3.33	3.41	3.50	3.59	3.67	3.76
22	3.31	3.40	3.49	3.58	3.67	3.76	3.85	3.94
23	3.46	3.55	3.65	3.74	3.83	3.93	4.02	4.12
24	3.61	3.71	3.81	3.90	4.00	4.10	4.20	4.29
25	3.76	3.86	3.96	4.06	4.17	4.27	4.37	4.47
26	3.91	4.01	4.12	4.23	4.33	4.44	4.55	4.66

续表

室温/℃	气压计读数/hPa							
	925	950	975	1000	1025	1050	1075	1100
27	4.06	4.17	4.28	4.39	4.50	4.61	4.72	4.83
28	4.21	4.32	4.44	4.55	4.66	4.78	4.89	5.01
29	4.36	4.47	4.59	4.71	4.83	4.95	5.07	5.19
30	4.51	4.63	4.75	4.87	5.00	5.12	5.24	5.37
31	4.66	4.79	4.91	5.04	5.16	5.29	5.41	5.54
32	4.81	4.94	5.07	5.20	5.33	5.46	5.59	5.72
33	4.96	5.09	5.23	5.36	5.49	5.63	5.76	5.90
34	5.11	5.25	5.38	5.52	5.66	5.80	5.94	6.07
35	5.26	5.40	5.54	5.68	5.82	5.97	6.11	6.25

表 8-4　气压计读数校正值（纬度校正值）

纬度	气压计读数/hPa							
	925	950	975	1000	1025	1050	1075	1100
0	−2.48	−2.55	−2.62	−2.69	−2.76	−2.83	−2.90	−2.97
5	−2.44	−2.51	−2.57	−2.64	−2.71	−2.77	−2.84	−2.91
10	−2.35	−2.41	−2.47	−2.53	−2.59	−2.65	−2.71	−2.77
15	−2.61	−2.22	−2.28	−2.34	−2.39	−2.45	−2.51	−2.57
20	−1.92	−1.97	−2.02	−2.07	−2.12	−2.17	−2.23	−2.28
25	−1.61	−1.66	−1.70	−1.75	−1.79	−1.84	−1.89	−1.94
30	−1.27	−1.30	1.33	−1.37	−1.40	−1.44	−1.48	−1.52
35	−0.89	−0.91	−0.93	−0.95	−0.97	−0.99	−1.02	−1.05
40	−0.48	−0.49	−0.50	−0.51	−0.52	−0.53	−0.54	−0.55
45	−0.05	−0.05	−0.05	−0.05	−0.05	−0.05	−0.05	−0.05
50	0.37	0.39	0.40	0.41	0.43	0.44	0.45	0.46
55	0.79	0.81	0.83	0.86	0.88	0.91	0.93	0.95
60	1.17	1.20	1.24	1.27	1.30	1.33	1.36	1.39
65	1.52	1.56	1.60	1.65	1.69	1.73	1.77	1.81
70	1.83	1.87	1.92	1.97	2.02	2.07	2.12	2.17

表 8-5　气压对沸程的校正值

标准中规定的沸程温度/℃	气压相差 1hPa 的校正值/℃	标准中规定的沸程温度/℃	气压相差 1hPa 的校正值/℃
10～30	0.026	210～230	0.044
30～50	0.029	230～250	0.047
50～70	0.030	250～270	0.048
70～90	0.032	270～290	0.050
90～110	0.034	290～310	0.052
110～130	0.035	310～330	0.053
130～150	0.038	330～350	0.056
150～170	0.039	350～370	0.057
170～190	0.041	370～390	0.059
190～210	0.043	390～410	0.061

（三）密度的测定

在一般的分析工作中通常只限于测定液体试样的密度而很少测量固体试样的密度。密度是液体有机化合物的重要物理常数之一，根据密度的测定可以鉴定有机化合物，特别是对不能形成良好衍生物的化合物的鉴定更有用处。例如液态脂肪烃类的鉴定，往往是借测量它们的沸点、密度、折射率来进行的。通常密度的测量，也能大致估量试样分子结构的复杂性，凡相对密度小于1.0的化合物通常不会含有一个以上的官能团，而含有多个官能团的化合物的相对密度总是大于1.0的。

如果物质中含有杂质，则改变分子间的作用力，密度也随着改变，根据密度的测定可以确定有机化合物的纯度。所以，密度是液体有机化工产品的质量控制指标之一。

有机酸、乙醇等水溶液浓度和密度的对应关系已制成表格，测得密度就可以由专门的表格查出其对应的浓度。

在油田开采和储运中，由油品的密度和储罐体积求出油品的数量及产量。原油密度数值也是评价油质的重要指标，所以，密度测定被称为油品分析的关键。

1. 密度瓶法测密度

密度瓶有各种形状和规格，常用的密度瓶容量为25mL、10 mL、5 mL，比较标准的是附有特制温度计、带磨口帽的小支管的密度瓶（见图8-6）。

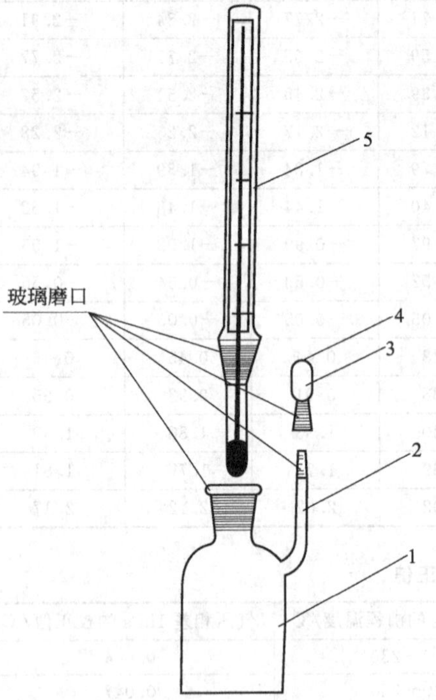

玻璃磨口

图8-6 密度瓶（比重瓶）

1—密度瓶主体；2—侧管；3—侧孔；4—侧孔罩；5—温度计

20℃时分别测定充满同一密度瓶的水及试样的质量，由水的质量可确定密度瓶的容积即试样的体积，根据试样的质量及体积即可求出密度。密度计算公式如下：

$$\rho=\frac{m}{V}$$

又

$$V=\frac{m_{水}}{\rho_0}$$

则

$$\rho=\frac{m_{样}}{m_{水}}\rho_0$$

式中 $m_{样}$——20℃时充满密度瓶的试样的表观质量，g；

$m_{水}$——20℃充满密度瓶的蒸馏水的表观质量，g；

ρ_0——20℃时蒸馏水的密度，g/cm^3，$\rho_0=0.99820g/cm^3$。

称量不是在真空中进行。因此受到空气的质量影响，实践证明，浮力校正仅影响测量结果（四位有效数字）的最后一位，因此通常视情况可以不必校正。

密度瓶法测密度要求平行测定两次结果差值小于0.0005，取其平均值。此法是测定密度最常用的方法，但不适用于易挥发液体密度的测定。

2. 韦氏天平法测定密度

本法依据阿基米德原理，当物体全部浸入液体时，物体所减轻的质量，等于物体所排开液体的质量。这种方法比较简便、快速，但准确率较低。适用于工业生产上大量液体密度的测定。因此，20℃时，分别测量同一物体在水及试样中的浮力。由于浮锤排开水和试样的体积相同，所以，根据水的密度和浮锤在水及试样中的浮力即可算出试样的密度。浮锤排开水或试样的体积相等。

即
$$\frac{m_{水}}{\rho_0}=\frac{m_{样}}{\rho}$$

试样的密度
$$\rho_0=\frac{m_{样}}{m_{水}}$$

式中　ρ——试样在20℃时的密度，g/cm³；

$m_{样}$——浮锤浮于试样中时的浮力（骑码）读数，g；

$m_{水}$——浮锤浮于水中时的浮力（骑码）读数，g；

ρ_0——20℃时蒸馏水的密度，$\rho=0.99820$g/cm³。

测定时将玻璃浮锤全部沉入液体中，玻璃浮锤在水中的浮力即骑码读数应为±0.0004，否则天平需检修或换新的骑码。注意严格控制温度为20℃±0.1℃。平行测定其结果误差应小于0.0005。

上海第二天平仪器厂生产的PZ-A-5型韦氏天平，用等重砝码校正仪器后，只要测定玻璃浮锤在试样中的浮力$m_{样}$，即可求出试样密度$\rho=0.99820m_{样}$，操作更简便。

韦氏天平的结构如图8-7所示。

注意：从恒温水浴中取出装有水和试样的密度瓶后，要迅速进行称量。当室温较高与20℃相差较大时，由于试样和水的挥发，天平读数变化较大，待读数基本恒定，读取四位有效数字即可。

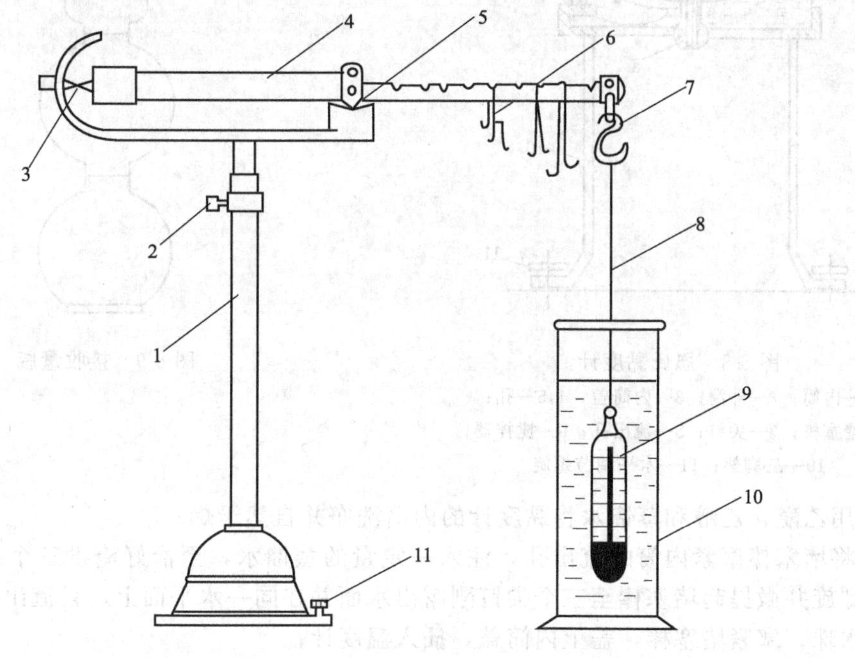

图8-7　韦氏天平

1—支架；2—调节器；3—指针；4—横梁；5—刀口；6—骑码；

7—小钩；8—细铂丝；9—浮锤；10—玻璃筒；11—调整螺丝

（四）黏度的测定

流体在流动时，相邻流体层间存在着相对运动，则该两流体层间会产生摩擦阻力，称为黏滞力。黏度是用来衡量黏滞力大小的一个物性数据。其大小由物质种类、温度、浓度等因素决定。温度升高，黏度将迅速减小。因此，要测定黏度，必须准确地控制温度的变化才有意义。

黏度参数的测定，对于预测产品生产过程的工艺控制、输送性以及产品在使用时的操作性，具有重要的指导价值，在印刷、医药、石油、汽车等诸多行业有着重要的意义。

黏度的测定有许多方法，如转桶法、落球法、阻尼振动法、杯式黏度计法、毛细管法等。对于黏度较小的流体，如水、乙醇、四氯化碳等，常用毛细管黏度计测量；而对黏度较大流体，如蓖麻油、变压器油、机油、甘油等透明（或半透明）液体，常用落球法测定；对于黏度为0.1～100Pa·s范围的液体，也可用转筒法进行测定。

1. 恩氏黏度计法

（1）恩氏黏度计法原理　恩氏黏度是试样在某温度，从恩氏黏度计流出200mL所需的时间与蒸馏水在20℃流出相同体积所需的时间（s）（即黏度计的水值）之比。为该液体的相对黏度，即恩氏黏度，单位为条件度。

（2）恩氏黏度计法方法步骤　恩氏黏度计如图8-8所示。

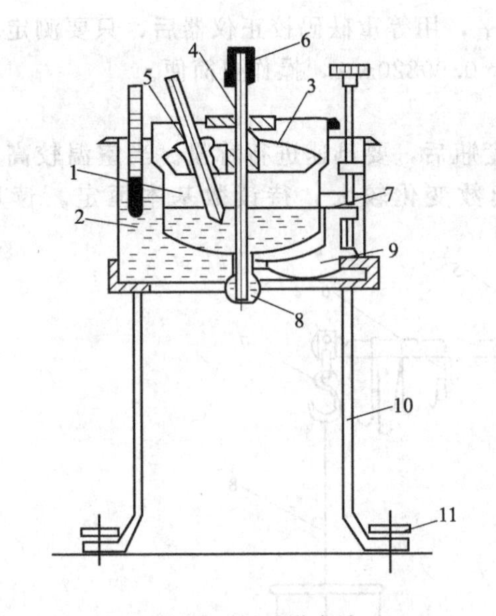

图8-8　恩氏黏度计

1—内筒；2—外筒；3—内筒盖；4,5—孔；6—堵塞棒；7—尖钉；8—流出孔；9—搅拌器；10—三脚架；11—水平调节螺旋

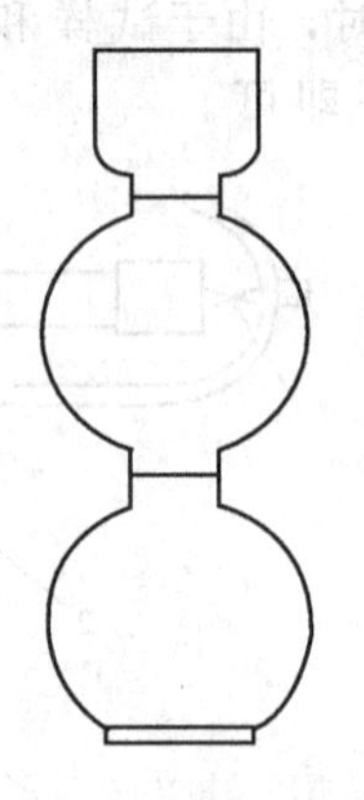

图8-9　接收量瓶

① 用乙醚、乙醇和蒸馏水将黏度计的内筒洗净并自然干燥；

② 将堵塞棒塞紧内筒的流出孔，注入一定量的蒸馏水，至恰好淹没三个尖钉。调整水平调节螺旋并微提起堵塞棒至三个尖钉刚露出水面并在同一水平面上，且流出孔下口悬留有一大滴水珠，塞紧堵塞棒，盖上内筒盖，插入温度计；

③ 向外筒中注入一定量的水至内筒的扩大部分，插入温度计。然后轻轻转动内筒盖，并转动搅拌器，至内外筒水温均为20℃（5min内变化不超过±0.2℃）；

④ 置清洁、干燥的接收量瓶（见图8-9）于黏度计下面并使其正对流出孔。迅速提起堵

塞棒，并同时按动秒表，当接收量瓶中水面达到 200mL 标线时，按停秒表，记录流出时间。重复测定四次，若每次测定值与其算术平均值之差不超过 0.5s，取其平均值作为黏度计水值（K_{20}）；

⑤ 将内筒和接收量瓶中的水倾出，并干燥。以试样代替内筒中的水，调节至要求的特定温度，按上述测定水值的方法，测定试样的流出时间；

⑥ 平行测定的允许差值，250s 以下，允许相差 1s；251～500s，允许相差 3s；501～1000s，允许相差 5s；1000s 以上，允许相差 10s。

⑦ 试样恩氏黏度的计算

$$E_t=\frac{\tau_t}{K_{20}}$$

式中　E_t——试样在 t℃时的恩氏黏度，(°)；

τ_t——试样在 t℃时从黏度计中流出 200mL 所需的时间，s；

K_{20}——黏度计的水值，s。

（3）恩氏黏度计法注意事项

① 恩氏黏度计的各部件尺寸必须符合规定的要求，特别是流出管的尺寸规定非常严格(GB 266—1988)，管的内表面经过磨光，使用时应防止磨损及弄脏；

② 符合标准的黏度计，其水值应等于 51s±1s，并应定期校正，水值不符合规定不能使用；

③ 测定时温度应恒定到要求温度的±0.2℃。试液必须呈线状流出，否则就无法得到流出 200mL 试液所需的准确时间；

④ 将恒温的试样注入内容器时，注意勿使其产生气泡，注入的液面，必须稍离尖顶尖端。

2. 毛细管黏度计法

（1）毛细管黏度计法原理　在 25℃恒定温度下，测定一定体积的液体在重力作用下流过一支已标定的玻璃毛细管黏度计的时间。黏度计的毛细管常数与流动时间的乘积，即为该温度下测定的液体的运动黏度。

（2）毛细管黏度计法方法步骤

① 黏度计的选择　测定试样的运动黏度时，应根据试样黏度的大致范围选择适当的黏度计，使试样的流动时间不少于 200s，毛细管内径为 0.4mm 的黏度计的流动时间不得少于 350s。

② 黏度计的清洗及干燥　黏度计必须干燥透明，无油污、无水垢，对新购置、长期未使用过的或连续使用沾有污垢的黏度计，要用铬酸洗液浸泡 2h 以上，再用自来水、蒸馏水依次洗涤。每次测定后的黏度计可用汽油、石油醚或其他适当的溶剂浸泡数小时后，再用自来水冲洗残液，然后用 95％乙醇和蒸馏水依次洗至内壁不挂水珠。管外用自来水或洗衣粉冲洗，将洗净的黏度计置于烘箱中，在 105℃±2℃下烘干，冷却至室温，管口用滤纸包好后存放待用。

③ 试样的装入　在内径符合要求且清洁干燥的毛细管黏度计中装入试样。按图 8-10 所示，在装样前，先将乳胶管套在支管“6”管口上，并用手指堵住管身“7”的管口，同时倒置黏度计，然后将管身“4”插入装有试样的容器中，这时利用洗耳球或其他减压装置将液体吸到标线“b”，同时注意不要使管身“4”、扩张部分“2”和“3”中的液体产生气泡。当液面达到标线“b”时，从容器内提起黏度计，并迅速恢复正常状

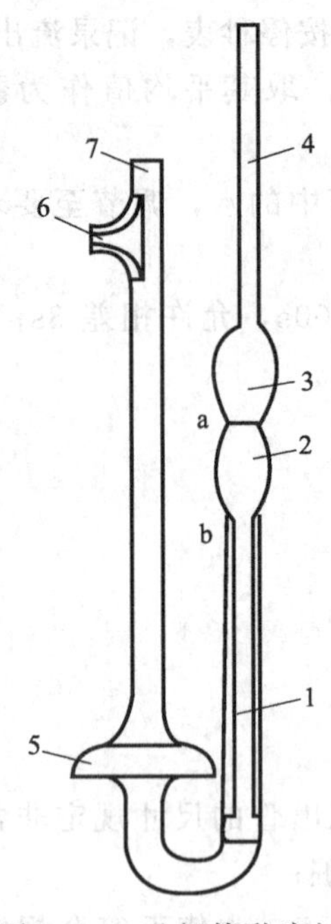

图 8-10 毛细管黏度计

1—毛细管；2,3,5—扩张部分；4,7—管身；6—支管；a,b—标线

态，同时将管身“4”的管端外壁沾着的多余试样擦去，并从支管“6”取下乳胶管套在管身“4”上。

④ 仪器的安装 将装有试样的黏度计浸入已准备好的恒温浴中，并将黏度计固定在支架上，浴温保持在25℃±0.1℃，恒温至少15min，注意在固定黏度计时，必须把黏度计扩张部分“3”浸没至少一半。

温度计要用另一支夹子来固定，务使水银球的位置接近毛细管中央点。

⑤ 试样的测定 将黏度计调整成垂直状态，利用铅垂线从互相垂直的两个方向观察毛细管的垂直情况。

利用毛细管黏度计管身“4”所套着的乳胶管，将试样吸入扩张部分“3”，使试样液面稍高于标线，并且注意不要让毛细管和扩张部分中的液体产生气泡。

让试样自由流下，观察试样在管中的流动情况，液面正好达到标线“a”时，启动秒表开始计时；液面正好达到标线“b”时，停止计时。

用秒表测定流动时间，应重复至少四次，其中各次测定的流动时间与其算术平均值的差不应超过算术平均值的±0.5%。

然后，取不小于三次的流动时间的算术平均值作为试样的平均流动时间。

⑥ 结果计算 在温度 T 时，试样的运动黏度按下式计算：

$$\upsilon_T^y = K\tau_T^y$$

式中 υ_T^y——25℃时，试样的运动黏度，mm^2/s；

K——黏度计常数，mm^2/s^2；

τ_T^y——试样的平均流动时间，s。

(3) 毛细管黏度计法注意事项

① 黏度计安装时，必须用铅垂线调整成垂直状态，因为若黏度计倾斜时，就会改变液柱高度，使静压力减少及内摩擦力增大，影响测定结果的准确；

② 要使温度计水银球的位置接近黏度计毛细管中央点的水平面，并使温度计上要测温的刻度位于恒温浴液上10mm处，否则温度计读数 t 应减去液柱露出部分的补正数 Δt，才能准确地量出液体的温度。

③ 温度是黏度测定重要条件之一，必须控制好水浴温度，毛细管黏度计安装恒温浴中时，必须把毛细管黏度计的扩张部分浸入一半以上，防止试油试验中露出恒温浴液面，影响测定结果。

④ 装入试样时不许有气泡存在，否则会形成“气阻”而增大试样的流动时间。从而使结果偏高。

⑤ 试样必须严格进行脱水和除机械杂质。若试样有水时，在高温测定黏度时，水则汽化，低温测定黏度则水易凝固。这些都会影响试样的正常流动。若试样有杂质存在时，它会黏附于毛细管壁使试样流动时间增加，造成结果偏高。

练　习

1. 联系实际谈谈聚氨酯塑料在工农业生产及国防中的应用。

2. 在分析检测聚醚多元醇之前，需要做什么准备工作？

3. 聚醚多元醇羟值的测定实验中，为什么需要回流 1h，然后再冷却至室温用 10mL 吡啶逐滴均匀冲洗冷凝管？

4. 查找相关资料，寻找聚醚多元醇酸值的测定中，是否有替代吡啶的溶剂？

5. 在聚醚多元醇不饱和度的测定实验中，乙酸汞-甲醇溶液的作用是什么？能否找到其他的代用品，请说明理由。

6. 物质黏度的测定方法有多少种？分别是什么方法？

7. 沸点测定中，为何需校正重力及气压？如何校正？

8. 熔点测定实验中，应该注意什么问题？

参 考 文 献

[1] 郭英凯．仪器分析．北京：化学工业出版社，2006．
[2] 蔡明招．实用工业分析．广州：华南理工大学出版社，2006．
[3] 张振宇主编．化工产品检验技术．北京：化学工业出版社，2005．
[4] 张小康主编．工业分析．北京：化学工业出版社，2004．
[5] 谢天俊主编．简明定量分析化学．广州：华南理工大学出版社，2004．
[6] 张允箱主编．磷肥及复合肥料工艺学．北京：化学工业出版社，2008．
[7] 贾玉琴等．浅析卡尔·费休滴定分析法的影响因素．中氮肥，2005，6：62～63．
[8] 孙毓庆主编．分析化学习题集．北京：科学出版社．2004．
[9] 黄一石，乔子荣主编．定量化学分析．北京：化学工业出版社，2004．
[10] 鲍祥霖．定量分析基础．上海：上海人民出版社，2003．
[11] 钟佩珩，郭璇华，黄如杕，吴奇藩．分析化学．北京：化学工业出版社，2001．
[12] 苗凤琴，于世林．分析化学实验．第2版．北京：化学工业出版社，2004．
[13] 贾欣欣，任丽萍．无机及分析化学．北京：中国建材工业出版社，2005．
[14] 肖新亮，古风才，赵桂英．实用分析化学．天津：天津大学出版社，2000．
[15] 金文才．用于脂肪酸加氢的镍催化剂活性评价．中国油脂，2000，1．
[16] 武汉大学主编．分析化学．第3版．北京：高等教育出版社，2000．
[17] 周明珠，许宏鼎，于桂荣编著．化学分析．第2版．长春：吉林大学出版社，2000．
[18] 彭崇惠，冯建章，张锡瑜，李克安，赵凤林．定量化学分析简明教程．第2版．北京：北京大学出版社，1997．
[19] 胡伟光，张文英主编．定量化学分析实验．北京：化学工业出版社，2004．
[20] 赵清泉，姜言权．分析化学实验．北京：高等教育出版社，1995．
[21] 李楚芝，王桂芝．分析化学实验．第2版．北京：化学工业出版社，2006．
[22] 王富海主编．硬脂酸及脂肪酸衍生物生产工艺．北京：轻工业出版社，1991．
[23] 汪习生等．餐饮泔水油及废动植物油下脚料深加工利用大有可为．再生资源研究，2001，3．
[24] GB/T 337．1—2002 工业硝酸 浓硝酸．
[25] GB 209—2006 工业用氢氧化钠．
[26] GB/T 11199—2006 高纯氢氧化钠．
[27] GB/T 7698—2003 工业用氢氧化钠碳酸盐含量的测定滴定法（仲裁法）．
[28] GB/T 11199—1989 离子交换膜法氢氧化钠．
[29] GB/T 4348．1—2000 工业用氢氧化钠中氢氧化钠和碳酸钠含量的测定．
[30] GB/T 4348．2—2002 工业用氢氧化钠 氯化钠含量的测定汞量法．
[31] GB/T 4348．3—2002 工业用氢氧化钠铁含量的测定 1,10-菲啰琳分光光度法．
[32] GB/T 11200．1—2006 工业用氢氧化钠 氯酸钠含量的测定 邻-联甲苯胺分光光度法．
[33] GB/T 11200．1—1989 离子交换膜法氢氧化钠中氯酸钠含量的测定 邻-联甲苯胺分光光度法．
[34] GB/T 11200．2—1989 离子交换膜法氢氧化钠中氧化铝含量的测定分光光度法．
[35] GB/T 11200．3—1989 离子交换膜法氢氧化钠中钙含量的测定 火焰原子吸收法．
[36] GB/T 11212—2003 化纤用氢氧化钠（代替 GB/T 11212—1989）．
[37] GB 11213．1—1989 化纤用氢氧化钠含量的测定方法（甲法）．
[38] GB 11213．2—1989 化纤用氢氧化钠中氯化钠含量的测定分光光度法．
[39] GB/T 11213．3—2003 化纤用氢氧化钠钙含量的测定 EDTA 络合滴定法代替 GB/T 11213．3—1989．
[40] GB 11213．4—1989 化纤用氢氧化钠中硅含量的测定还原硅相酸盐分光光度法．
[41] GB 11213．5—1989 化纤用氢氧化钠中硫酸盐含量的测定硫酸钡重量法（甲法）．
[41] GB 11213．6—1989 化纤用氢氧化钠中硫酸盐含量的测定比浊法（乙法）．
[43] GB 11213．7—1989 化纤用氢氧化钠中铜含量的测定分光光度法．
[44] GB 5175—2008 食品添加剂氢氧化钠．
[45] HGB 3121—1959 硫化钠．
[46] GB/T 10500—2000 工业硫化钠．
[47] JIS K8949—1995 硫化钠九水化合物．

[48] GB/T 176 水泥化学分析方法（GB/T 176—1996，eqv ISO 680：1990）.
[49] GB/T 203 用于水泥中的粒化高炉矿渣.
[50] GB/T 750 水泥压蒸安定性试验方法.
[51] GB/T 1345 水泥细度检验方法 筛析法.
[52] GB/T 1346 水泥标准稠度用水量、凝结时间、安定性试验方法（GB/T 1346—2001，eqv ISO 9597：1989）.
[53] GB/T 1596 用于水泥和混凝土中的粉煤灰.
[54] GB/T 2419 水泥胶砂流动度测定方法.
[55] GB/T 2847 用于水泥中的火山灰质混合材料.
[56] GB/T 5483 石膏和硬石膏.
[57] GB/T 8074 水泥比表面积测定方法 勃氏法.
[58] GB 9774 水泥包装袋.
[59] GB 12573 水泥取样方法.
[60] GB/T 12960 水泥组分的定量测定.
[61] GB/T 17671 水泥胶砂强度检验方法（ISO 法）（GB/T 17671—1999，idt ISO 679：1989）.
[62] GB/T 18046 用于水泥和混凝土中的粒化高炉矿渣粉.
[63] JC/T 420 水泥原料中氯离子的化学分析方法.
[64] JC/T 667 水泥助磨剂.
[65] JC/T 742 掺入水泥中的回窑窑灰.
[66] GB/T 1628. 2—2000 工业冰乙酸色度的测定.
[67] GB/T 3143—1990 工业冰乙酸色度的测定.
[68] GB/T 1628. 3—2000 工业冰乙酸含量的测定.
[69] GB/T 1628. 4—2000 工业冰乙酸中甲酸含量的测定.
[70] GB/T 1628. 5—2000 工业冰乙酸中甲酸含量的测定.
[71] GB/T 1628. 6—2000 工业冰乙酸中乙醛含量的测定.
[72] GB/T 1628. 7—2000 工业冰乙酸中铁含量的测定.
[73] GB 9103—1988 工业硬脂酸.
[74] GB 12008. 1—1989 聚醚多元醇 命名.
[75] GB 12008. 2—1989 聚醚多元醇 规格.
[76] GB 12008. 3—1989 聚醚多元醇 羟值的测定.
[77] GB 12008. 5—1989 聚醚多元醇 酸值的测定.
[78] GB 12008. 6—1989 聚醚多元醇 水分的测定.
[79] GB-T 12008. 7—1989 聚醚多元醇 不饱和度的测定.
[80] GB-T 12008. 8—1989 聚醚多元醇 黏度的测定.
[81] GB/T 13216. 6—1991 甘油试验方法 甘油含量的测定.
[82] JJG 1002—2005 旋转黏度计.
[83] GB/T 10512—1989 硝酸磷肥中磷含量的测定 磷钼酸喹啉重量法.